Leitfäden der angewandten Informatik

P. Gorny/A. Viereck
Interaktive grafische Datenverarbeitung

Leitfäden der angewandten Informatik

Herausgegeben von

Prof. Dr. L. Richter, Dortmund
Prof. Dr. W. Stucky, Karlsruhe

Die Bände dieser Reihe sind allen Methoden und Ergebnissen der Informatik gewidmet, die für die praktische Anwendung von Bedeutung sind. Besonderer Wert wird dabei auf die Darstellung dieser Methoden und Ergebnisse in einer allgemein verständlichen, dennoch exakten und präzisen Form gelegt. Die Reihe soll einerseits dem Fachmann eines anderen Gebietes, der sich mit Problemen der Datenverarbeitung beschäftigen muß, selbst aber keine Fachinformatik-Ausbildung besitzt, das für seine Praxis relevante Informatikwissen vermitteln; andererseits soll dem Informatiker, der auf einem dieser Anwendungsgebiete tätig werden will, ein Überblick über die Anwendungen der Informatikmethoden in diesem Gebiet gegeben werden. Für Praktiker, wie Programmierer, Systemanalytiker, Organisatoren und andere, stellen die Bände Hilfsmittel zur Lösung von Problemen der täglichen Praxis bereit; darüber hinaus sind die Veröffentlichungen zur Weiterbildung gedacht.

Interaktive grafische Datenverarbeitung

Eine einführende Übersicht

Von Dr.-Ing. Peter Gorny
Professor an der Universität Oldenburg

und Dipl.-Math. Axel Viereck
Universität Oldenburg

Mit zahlreichen Abbildungen und Tabellen

B. G. Teubner Stuttgart 1984

Prof. Dr.-Ing. Peter Gorny

Von 1955 bis 1962 Studium des Bauingenieurwesen an der T.H. Hannover. Von 1963 bis 1974 wiss. Mitarbeiter an der T.H. Hannover (Institut für Massivbau) und der Ruhr-Universität Bochum (Institut für Konstruktiven Ingenieurbau). Seit 1974 Professor für Angewandte Informatik an der Universität Oldenburg.

Dipl.-Math. Axel Viereck

Geboren 1952 in Bremen. Von 1975 bis 1981 Studium der Mathematik mit den Schwerpunkten Wirtschaftswissenschaften und Informatik an der Universität Oldenburg. Seit 1981 Mitarbeiter im Fachbereich Mathematik/Informatik der Universität Oldenburg.

CIP-Kurztitelaufnahme der Deutschen Bibliothek

Gorny, Peter:
Interaktive grafische Datenverarbeitung: e. einf.
Übersicht / von Peter Gorny u. Axel Viereck. –
Stuttgart: Teubner, 1984.
  (Leitfäden der angewandten Informatik)

   ISBN 978-3-519-02468-2   ISBN 978-3-322-92888-7 (eBook)
   DOI 10.1007/978-3-322-92888-7

NE: Viereck, Axel:

Gesamtherstellung: Zechnersche Buchdruckerei GmbH, Speyer
Umschlaggestaltung: W. Koch, Sindelfingen

Vorwort

Mit der grafischen Darstellung von Information mithilfe elektronischer
Geräte hat sich der Mensch ein neues Medium geschaffen. Die Leichtigkeit
und die Geschwindigkeit, mit der jetzt Bilder kreiert und verändert
werden können, wird - zusammen mit den elektronischen Massenmedien -
auch die menschliche Denkweise und die Vorstellungskraft für abstrakte
Zusammenhänge beeinflußen.

So wie die Informationstechnologien insgesamt dringt die grafische Datenverarbeitung in (fast) alle Bereiche des beruflichen und privaten
Lebens ein. Wir wissen, daß sie oft genug nicht zum Nutzen der betroffenen Mitarbeiter und Kunden, sondern wegen kurzfristiger und kurzsich-
tiger Vorteile im Konkurrenzkampf oder zum Bau immer schrecklicherer
Waffen und deren Abwehr eingesetzt wird. Trotzdem haben wir uns - zö-
gernd und mit schlechtem Gewissen - in diesem Buch auf die Methoden der
grafischen Datenverarbeitung zur Bildgenerierung beschränkt und die
Darstellung nicht mit einer Diskussion von Nutzen und Schädlichkeit
verknüpft. Wir fordern deshalb unsere Leser auf selbst zu prüfen, wo und
wann der Einsatz von grafischer Datenverarbeitung - aber auch Datenverarbeitung allgemein - gesellschaftlich verantwortet werden kann oder
abzulehnen ist.

Bei der Gestaltung des Buches haben wir versucht, den schmalen Pfad zu
beschreiten, zwischen einer fachwissenschaftlich sauberen Darstellung
und einer allgemeinverständlichen Beschreibung für den interessierten
Laien mit einigen wenigen Programmier-Kenntnissen. Es bleibt dem Urteil
des Lesers vorbehalten, wie weit es uns gelungen ist, ein brauchbares
Hilfsmittel für die Praktiker und Studenten im Ingenieurwesen und den
Naturwissenschaften, für den informierten Laien aus den Wirtschafts-,
Geistes- und Sozialwissenschaften, für Schule, Hochschule und Beruf zu
schaffen. Die Begrenzung des Umfangs hat uns an einigen Stellen zu einer
sehr knappen Beschreibung und zum Verweis auf weiterführende Literatur
gezwungen.

Unseren Familien sei gedankt für die Rücksicht, die sie während der
Entstehungszeit des Buches geübt haben. Danken wollen wir auch Frau
Wilhelma Viereck für die Mühe bei der Herstellung vieler Abbildungen.
Schließlich sei auch die geduldige Begleitung unserer Arbeit durch
Herausgeber und Verlag erwähnt.

Oldenburg, April 1984   Peter Gorny
                                                         Axel Viereck

Inhaltsverzeichnis

1 Grafische Datenverarbeitung: Ein intuitiver Zugang

Computer werden als "Rechenmaschinen" oder "Datenverarbeitungsanlagen" bezeichnet. Die "Daten", die sie verarbeiten, sind im allgemeinen Verständnis Zahlen und Texte, also numerische und alphanumerische Daten. Für "grafische Information" haben wir in unserer Denkweise keine direkten Begriffe. Wir müssen sie erst durch Analogien aus der Text- und Zahlenverarbeitung bilden. Entsprechend ist "grafische Information" in den DV-Anlagen durch numerische und alphanumerische Daten dargestellt. Deshalb wird mit dem Begriff "grafische Informationsverarbeitung" (oder ungenauer: grafische Datenverarbeitung, engl.: computer graphics) üblicherweise sowohl die bildhafte Darstellung von numerischen Ergebnissen (sogenannte Präsentationsgrafik) wie die Bearbeitung von grafischen Objekten oder grafisch darstellbaren Objekten gemeint. (Dieser Begriff wird später noch erläutert.)

Offensichtlich muß dazu der Computer "zeichnen lernen". Die Techniker haben eine Vielzahl von höchst unterschiedlichen Geräten entwickelt, die als Eingabe- und Ausgabegeräte einem Computersystem die notwendigen Fähigkeiten geben sollen. Für den Anfang stellen wir uns eine Maschine vor, die mit einem Zeichenstift Striche auf die Zeichenfläche zu bringn vermag. (Wir wollen hier nicht festlegen, wie der Stift aussieht, was eigentlich ein Strich ist und was als Zeichenfläche verwendet wird.)

Für ein pädagogisches Experiment wurden am MIT Geräte und Programme entwickelt, die diese Vorstellung am leichtesten unterstützen: die

```
PENDOWN            (stift senken)
TO RECTANGLE       (name eines musters/unterprogramm)
    FORWARD 40     (schritte)
    RIGHT 90       (grad)
    FORWARD 10
    RIGHT 90
    FORWARD 40
    RIGHT 90
    FORWARD 10
    RIGHT 90
END
PENUP              (stift heben)
```

Abb. 1.1.: Ein Rechteck mit der Turtle-Grafik

"Turtles" (mechanische Schildkröten), die bei ihrer Wanderung über die
Zeichenfläche auf Befehl eine Spur hinterlassen. Kinder, die spielerisch
mit den Turtles umgingen, konnten sie durch Befehle wie "5 Schritte
vorwärts", "30 Grad Rechtsdrehung", "Stift senken" usw. steuern und sie
so veranlassen, Muster zu zeichnen (/Abelson81/).

Durch eine kleine Verdrehung der Turtle, z.B. 5o nach rechts, und eine
19malige Wiederholung läßt sich so ein Muster erzeugen, das einen Fächer
darstellen könnte (Abb. 1.2.).

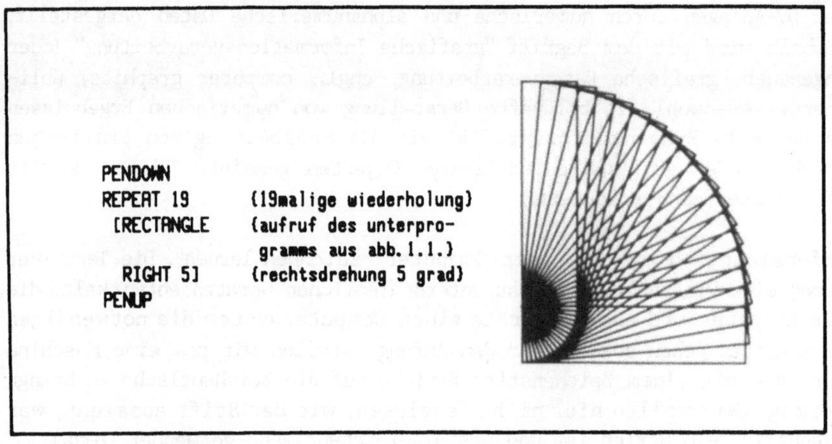

Abb. 1.2.: 19 Rechtecke als Fächer durch die Turtle-Grafik

Ein kompliziertes Bild, möglicherweise noch mit Beschriftung versehen,
wäre mit der Turtlegrafik nur recht mühselig zu programmieren, wenn auch
durch systematische Nutzung der Unterprogrammdefinition einiger Komfort
geschaffen werden kann. (Die hier angedeutete Turtlegrafik ist Bestandteil der Programmiersprache LOGO, die zu der Klasse der listenorientier-
ten Sprachen wie LISP gehört.) Die Turtle stellt mit ihren nur vier
Grundfunktionen "Vorwärts" (1 Schritt), "Rechtsdrehung" (1 Grad),
"Stiftsenken", "Stiftheben" ein Grundmodell, eine Art Turing-Maschine,
der Computer Graphics dar und wir werden bei Gelegenheit wieder auf sie
zurückkommen.

Die in Abb. 1.1. und 1.2. dargestellten Muster erscheinen uns "sinnlos",
auch wenn oft solche "sinnlosen" Bilder ihre Bedeutung in der Kunst
haben. Die ästhetischen Gesichtspunkte wollen wir im folgenden jedoch
völlig außer acht lassen und betrachten deshalb zuerst, wie wir - auf
dem Hintergrund unserer kulturgeschichtlichen Entwicklung - heute Information bildlich darzustellen gewohnt sind. Danach beschreiben wir in
Kapitel 3 Methoden, wie diese Information auf Datenstrukturen in Digi-

talrechnern abgebildet wird. In den Kapiteln 4, 5 und 6 werden dann die Techniken besprochen, mit denen Bilder erzeugt und dem Menschen präsentiert werden, die dafür notwendigen Geräte erläutert, sowie einige typische Systeme zum Erstellen grafischer Darstellungen vorgestellt. Im letzten Kapitel beschreiben wir mathematische Methoden für einige wichtige Aufgaben in den Computer Graphics.

2 Bildliche Darstellung von Information

Damit Menschen untereinander Information(en) austauschen können, muß die
Information auf ein physikalisches Medium übertragen werden. Dazu muß
sie in Signale umgesetzt werden. Die Festlegung der Signale hängt in
erster Linie von den physiologischen Eigenschaften der menschlichen
Sinnesorgane zum Empfangen der Signale und dann auch vom physikalischen
Medium ab. Der Mensch kann Signale (theoretisch) über sechs Sinnesorgane
aufnehmen: Gehör, Gesicht, Geruch, Gefühl, Geschmack und Gleichgewicht.
Für die Informationsübermittlung zwischen Menschen spielen Sprechen und
Hören, Schreiben und Sehen die Hauptrolle.

Das gesprochene Wort ist eine Codierung für das Medium Schall. Mund und
Rachen erzeugen die Signale, die die Nachricht zum Ohr des Anderen
tragen und die dieser - auditiv - wahrnehmen kann. Die Art und Weise,
mit der die Information in die Signale codiert wird, nennt man Sprache.
Dieser Begriff wird in unserem Zusammenhang sehr allgemein benutzt -
unabhängig vom Medium Luftschall. Es gibt z.B. auch Körpersprache, die
ein Mensch mithilfe von Gestik und Mimik einem anderen - visuell -
übermittelt. Wenn dazu ein Code mit einer endlichen Menge von Zeichen
verwendet wird, so spricht man von Zeichensprache.

Auch für das Bild und das geschriebene Wort wird Licht als Medium benutzt. Hand (und Werkzeug) hinterlassen auf einem Trägermaterial Spuren,
die die gleiche Aufgabe haben wie die Schallsignale, nämlich Information
an einen anderen Menschen zu übermitteln, der sie visuell wahrnehmen
kann. Ohne daß wir hier auf die Probleme der Wahrnehmung näher eingehen
wollen, können wir einen wichtigen Unterschied feststellen: für das
gesprochene Wort und die Körpersprache ist der Mensch von Natur aus mit
den notwendigen Sinnesorganen ausgestattet, für Bild und Schrift benötigt er zusätzliche Werkzeuge und Trägermaterial - und gewinnt den
Vorteil, daß die Information gespeichert, also die Übertragung der
Information von den Zeitpunkten der Codierung und der Decodierung unabhängig wird. Die Höhlenmalereien von Lasceaux sind Beleg dafür, daß für
die Aufzeichnung (Speicherung) visueller Information bereits seit zehn-
tausenden von Jahren die Kulturtechniken existieren, für auditive Information ist sie dagegen erst wenige hundert Jahre alt: Spieldosen,
Schallplatten, Tonbänder.

2.1 Bedeutung von bildlichen Darstellungen

Wenn visuelle Information von einem Menschen aufgezeichnet wird, so gibt
es dafür prinzipiell zwei Möglichkeiten: entweder wird die Information

codiert oder sie wird so dargestellt, daß in den Augen des Betrachters (fast) das gleiche Abbild entsteht wie beim Betrachten des entsprechenden natürlichen Vorbilds. Die erste Form stellt eine visuelle Codierung von "Sprache" dar, die wir Schrift nennen, die zweite Form ist eine visuelle Imitation der Natur, ein Bild. Dazwischen finden sich viele Mischformen.

Bei der Erzeugung von Bildern muß eine Anpassung an die verwendete Technik vorgenommen werden. Dabei gehen immer Eigenschaften einer 1:1-Abbildung, d.h. einer "naturgetreuen" Abbildung, verloren. Man denke nur an die Techniken der Strichzeichnung, Rasterung, Farb- oder Schwarz-weiß-Abbildungen, Malerei und Druck, Fotografie und Reproduktion. Außer wenn fotografische Methoden zur Erreichung von "visuellem Realismus" (vgl. Abschnitt. 3.3.3. und die Tafeln 1, 2, 3 und 4) verwendet werden, ist der Mensch immer genötigt, bei der Bilderzeugung Details fortzulassen, d.h. Vereinfachungen und Hervorhebungen vorzunehmen, deren Art vom Zweck der Darstellung abhängt. Die Methoden zur bildlichen Wiedergabe von Körpern, gleichgültig ob sie schon existieren oder nur erdacht sind (virtuelle Objekte), nennt man geometrische Modellierung. Wenn dabei neben den Vereinfachungen auch noch auf die maßstäbliche Wiedergabe des Objekts verzichtet wird, so kommen wir von der projektiven zur schemati-schen Darstellung.

Beim "Visualisieren" von abstrakten Objekten (oder nicht sichtbaren Eigenschaften realer Objekte) und von Beziehungen zwischen Objekten spricht man von Symbolisierung.

Als Beispiel betrachten wir die Fotografie eines Stückes der Erdober-fläche ("Luftaufnahme"), die heute die bestmögliche Technik zur Imita-tion eines visuellen Eindrucks ist (Tafel 5). Die beim Fotografieren auftretenden "Vereinfachungen" entstehen nur durch die Auflösung des Filmmaterials und der Optik. Wenn ein Kartograf vom gleichen Gebiet eine Landkarte erstellt, so hebt er die für den jeweiligen Zweck wesentlichen Bildelemente hervor, beispielsweise die Verkehrswege, die Flußläufe und die Höhenschichten (Tafel 6). Deren Grenzverlauf wird er allerdings nur "geglättet", genähert wiedergeben. Vegetationsarten, Ortschaften, Ver-kehrswege usw. werden schematisch dargestellt (codiert) und das Schema kann nur interpretiert werden, wenn man die Kartenlegende (die Codeta-belle) hinzuzieht. Auf einer "thematischen" Karte können dann auch abstrakte Sachverhalte, z.B. Warenströme zwischen zwei Ländern, Auftei-lung eines Landes in einzelne politische Bezirke o.ä. visualisiert werden (vgl. Abb. 5.23.).

Wir haben bereits die Schrift erwähnt, die eine visuelle Codierung von Sprache ist. (Unter Sprache sei hier eine Übereinkunft über die Verwen-dung einer endlichen Menge von Zeichen und einer dazugehörenden Inter-

Tafel 1:Visueller Realismus: Die Eingangshalle eines Gebäudes. Von Roy
Hall und Donald P. Greenberg, Cornell University. Nachdruck aus
IEEE Computer Graphics & Application, vol 3, no 8 (1983).
© 1983 by IEEE

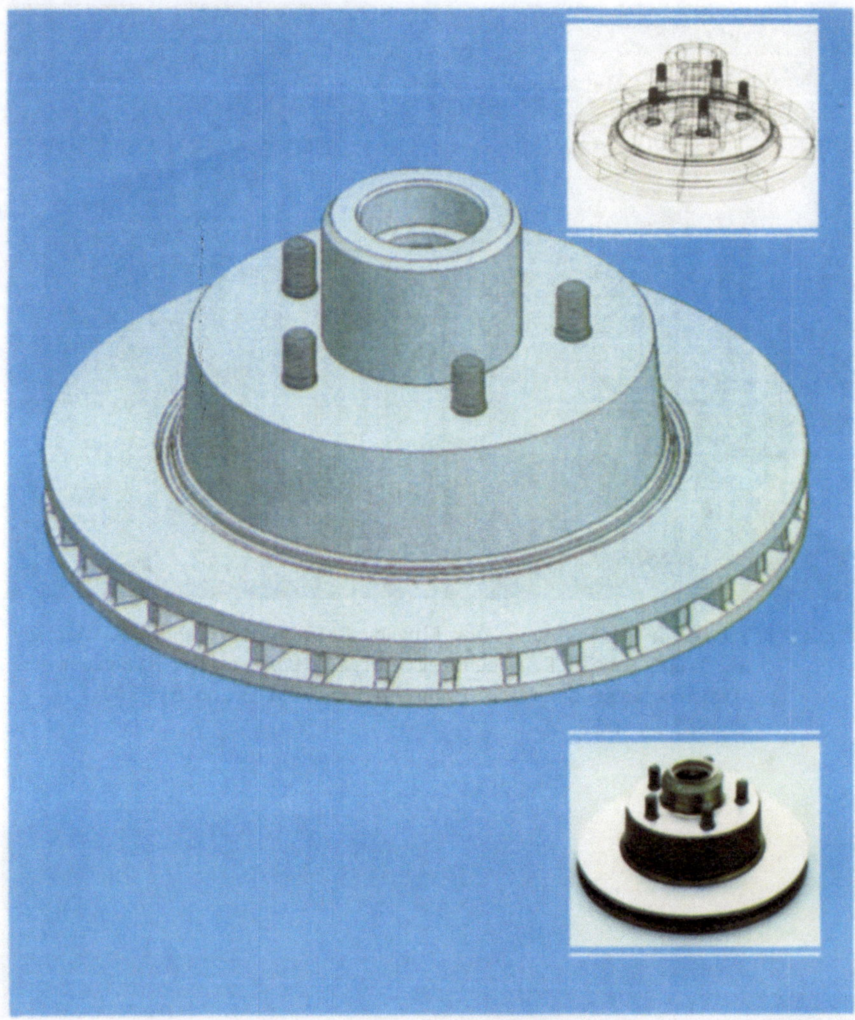

Tafel 2: Visueller Realismus: Werkstück in Strichgrafik, Rastergrafik
als Foto dargestellt
(Quelle: Applicon)

Tafel 3: Visueller Realismus: Licht und Schatten am Fenster
(Quelle: Bell Telephone Labs)

Tafel 4: Visueller Realismus: 3-D-Modell (Quelle: Raster Technologies)

Tafel 5: Luftbild vom nördlichen Teil Deutschlands

Tafel 6: Landkarte vom nördlichen Teil Deutschlands

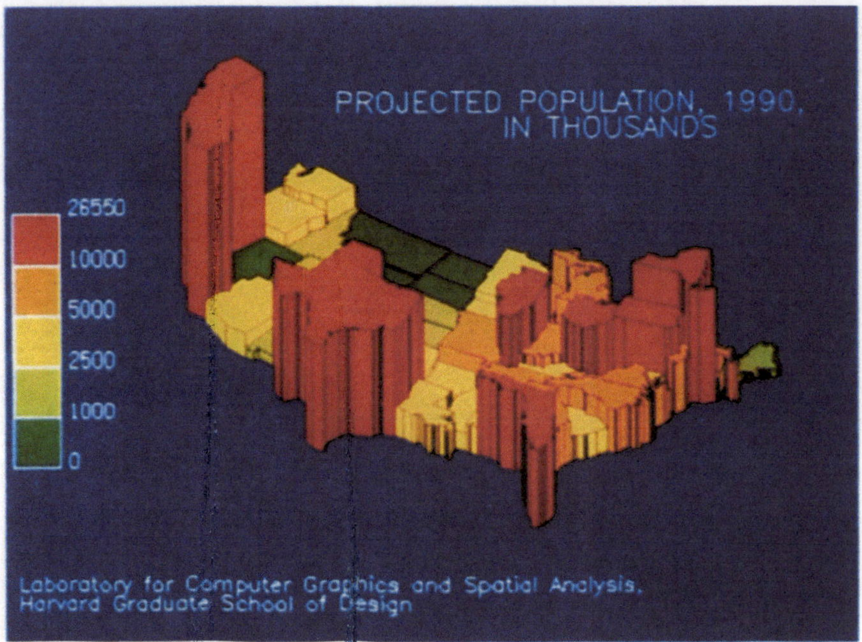

Tafel 7: 3-D-Balkendiagramm (Quelle: Harvard University)

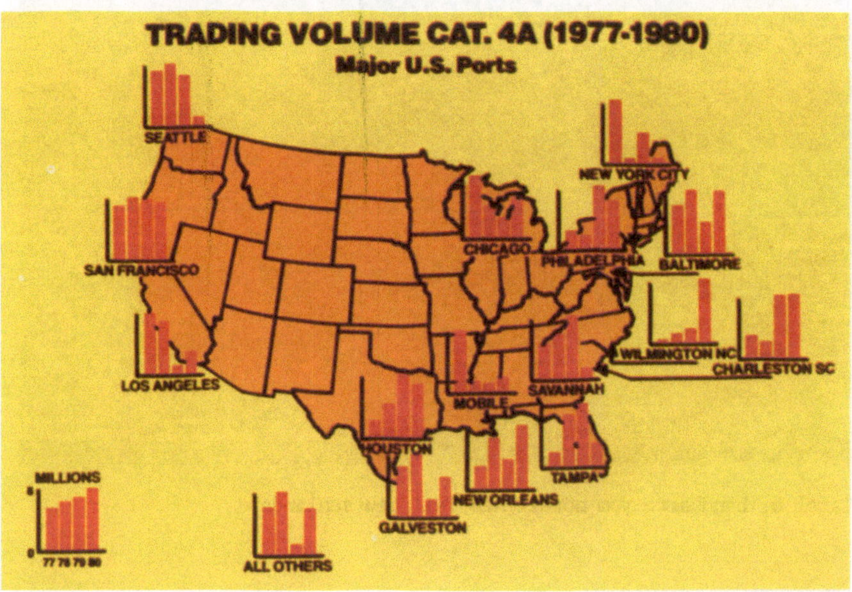

Tafel 8: 2-D-Balkendiagramm (Quelle: ISSCO-Graphics)

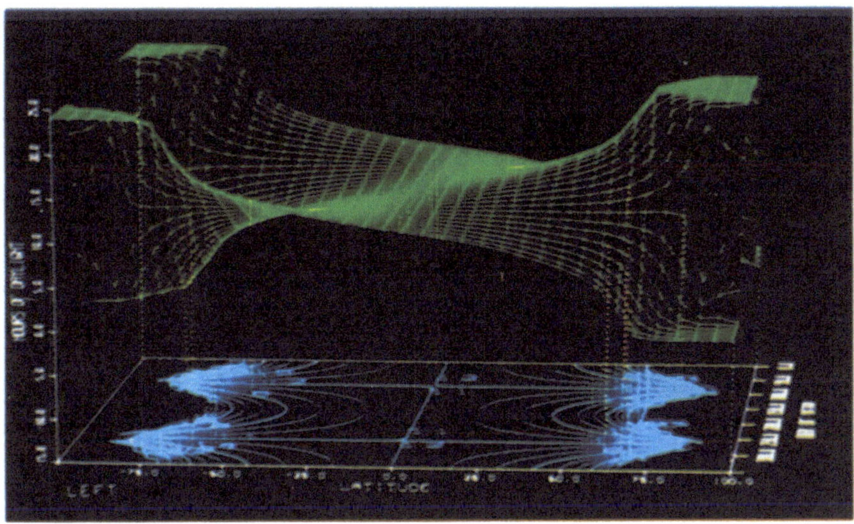

Tafel 9: 3-D-Kurven (Quelle: Lawrence Livermore National Lab)

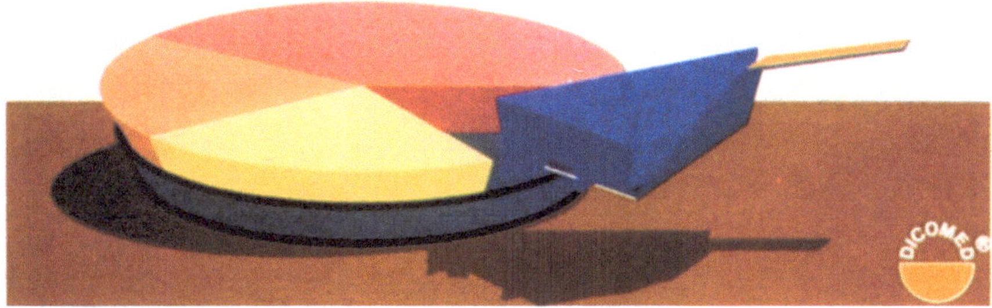

Tafel 10: Tortendiagramm (Quelle: Dicomed Corp.)

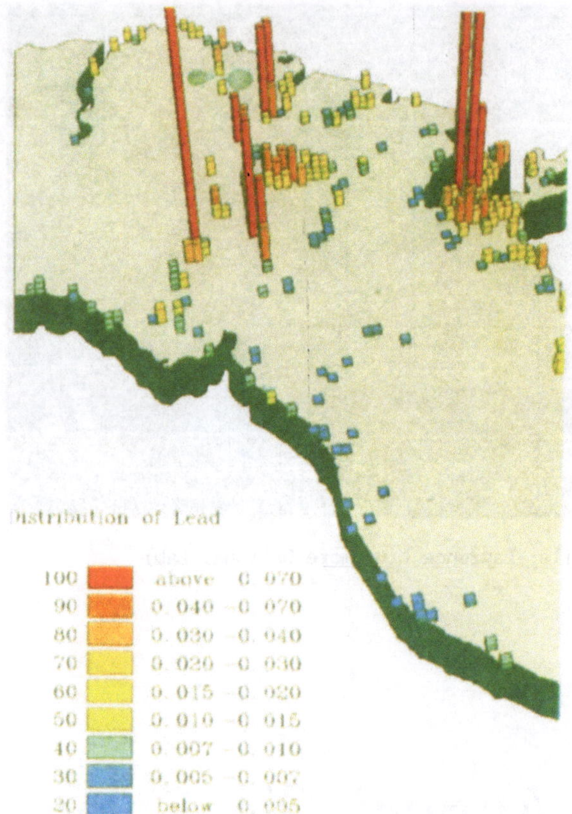

Tafel 11:

Landkarte mit
Balkendiagramm

Tafel 12:

BTX-Mosaik-Grafik

pretationsvorschrift zum Zwecke der Übermittlung von Information verstanden.) Das bedeutet, daß wir also im ersten Schritt Information sprachlich darstellen (/Bauer82/) und im zweiten Schritt die Sprache als Schrift sichtbar machen. Viele der **Schriftzeichen** sind aus Bildern entstanden, die immer stärker vereinfacht und schematisiert wurden. **Pictogramme** (Abb. 2.1.) (Ideogramme, icons) sind ebenfalls derartige Zeichen, die zusammen mit ihrer Bedeutung Symbole darstellen. Auf Zeichnungen und Bildern treten neben projektiv dargestellten Elementen auch solche in schematischer und in sprachlicher Form auf. (Um deutlich zu

Abb. 2.1.: Pictogramme

machen, daß Zahlen als eine besondere Form sprachlicher Darstellung auch einbezogen sind, bezeichnet man diese als "verbal/numerisch".)

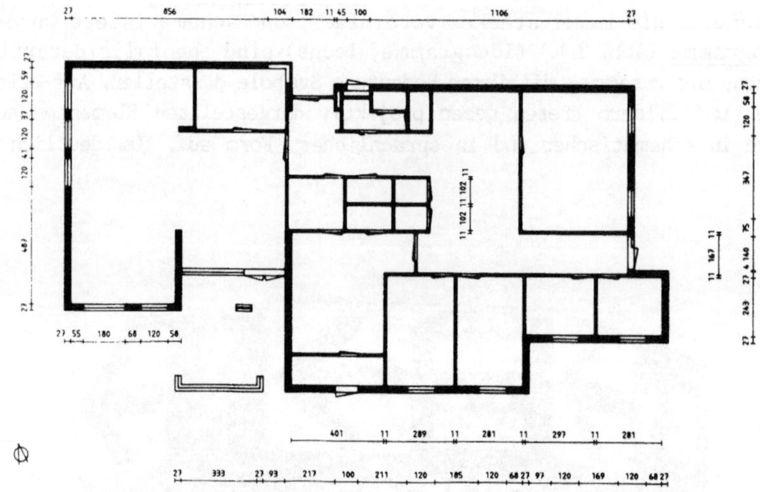

Abb. 2.2.: Technische Zeichnung (aus: /CalComp83/)

Technische Zeichnungen (Abb. 2.2.) und Landkarten enthalten die stärkste Durchmischung von projektiven, schematischen und sprachlichen Elementen.

GRAD DER SCHEMATISIERUNG	DARSTELLUNGSART						
	STRUKTUR NACH SEMANTISCHEN GESICHTSPUNKTEN						
	LINEAR	LINEAR UNTERBROCHEN	LISTEN	MATRIZEN	BÄUME	NETZE	UNSTRUKTURIERT
SPRACHLICH DARGESTELLTE INFORMATION "VERBAL/NUMERISCH"	"TICKER-TAPE" EINES TELEGRAFEN-APPARATS	"NORMALER" TEXT GEDICHT	WÖRTERBUCH	KALENDARIUM DIESE TABELLE	VERWALTUNGS-HIERARCHIE	DATEN-STRUKTUREN	WERBUNG
BILDLICH DARGESTELLTE INFORMATION "SCHEMATISCH"		NOTENSCHRIFT	KARTEN-LEGENDEN	SYSTEMATIK DER NETZE TECHNISCHE TABELLEN	STAMMBAUM	SCHALTNETZ	TECHNISCHE ZEICHNUNG
BILDLICH DARGESTELLTE INFORMATION "PROJEKTIV"	TEPPICH VON BAYEUX TRAJAN-SÄULE VON ROM	COMICS	MENÜFELD FÜR GRAFISCHE EINGABE	PICTOGRAMM-MATRIX		VERKEHRS-NETZ	KATASTER-PLAN 3D-DARSTELLUNG FOTOGRAFIE

Tab. 2.1.: Systematik visueller Information (/Gorny84/)

Die Komplexität der Darstellung wird noch differenziert nach ihrer
Strukturierung (Tab. 2.1.). /Gorny84/ unterscheidet dabei nach **linearer**,
strukturierter und **unstrukturierter Darstellungsart**. Die Strukturierung
nach semantischen Gesichtspunkten - also nach Kriterien, die sich aus
der dargestellten Information ableiten - wird dabei in "linear unterbro-
chen", Listen, Matrizen, Bäume und Netze untergliedert. Beispiele für
diese Gliederung sind bei /Twyman80/ und /Gorny84/ abgebildet.

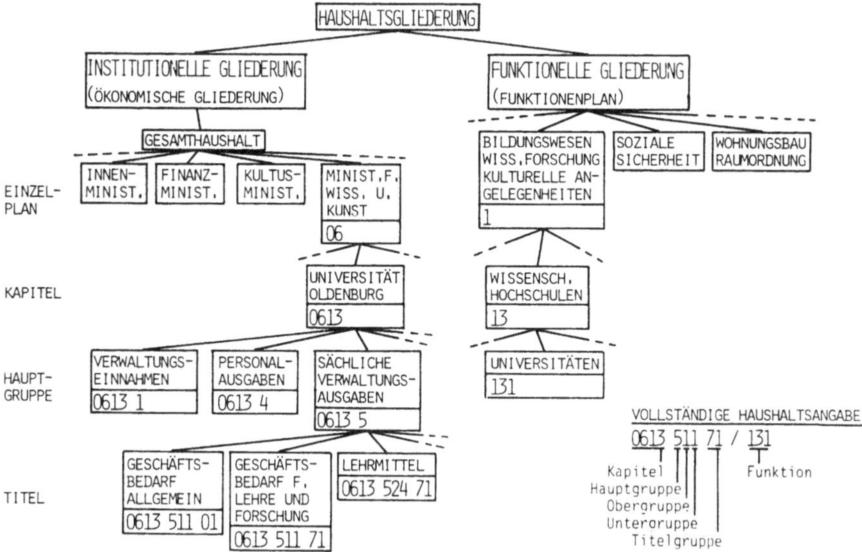

Abb. 2.3.: Haushaltsplan

Die bildliche Darstellung (Visualisierung) abstrakter Sachverhalte ist
eines der wesentlichsten Anwendungsgebiete der grafischen Datenverarbeitung. Dabei können sowohl Objekte wie Relationen entweder real oder
abstrakt sein. Einige Beispiele seien hier genannt:
- Bei der Darstellung einer Systematik eines staatlichen Haushaltsplans
  (Abb. 2.3.) sind die Objekte ebenso abstrakt, wie die Beziehungen
  zwischen ihnen.
- In einem elektrischen Schaltplan sind sowohl Objekte wie Relationen
  real - wenn auch symbolhaft dargestellt. Auf einem Verlegeplan sind
  sie schon einer projektiven Darstellung näher. (Abb. 2.4.)
- Auf einer Landkarte mit eingezeichneten Fluglinien sind die Orte real,
  die Verbindungen dagegen in unserem Sinne abstrakt.
- Die Karte mit Telefonverbindungen (real) zwischen Behördeninstanzen
  (abstrakt) wäre schließlich die vierte mögliche Kombination.

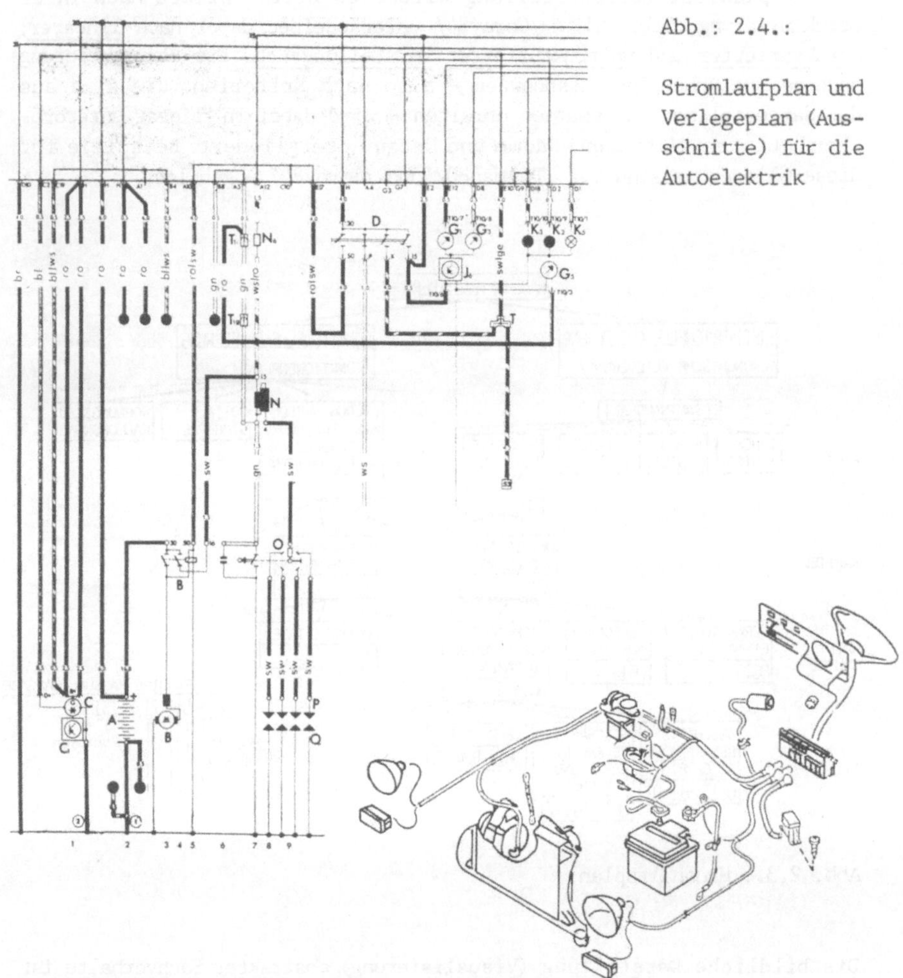

Abb.: 2.4.:

Stromlaufplan und Verlegeplan (Ausschnitte) für die Autoelektrik

/Oberquelle80/ hat die Möglichkeiten der Positionierung von Objekten und der Darstellung von Relationen systematisiert und in einer Tabelle geordnet, die wir in Abb. 2.5. wiedergeben.

Die Präsentation numerischer Daten soll abstrakte quantitative Aspekte visualisieren. Dazu gibt es eine Vielzahl von Möglichkeiten als Kurven (zwei- oder dreidimensional), als Balkendiagramme (ebenfalls zwei- oder dreidimensional), als Tortendiagramme und in komplizierten Mischformen mit projektien Darstellungen, z.B. Landkarten (vgl. die Tafeln 7 bis 11). Ausgehend von der gewohnten verbal/numerischen Darstellung als Skalare, Vektoren, Matrizen und Tabellen, zeigt die Tabelle 2.2. die Möglichkeiten der Visualisierung.

Zum Schluß dieses Abschnitts sei darauf hingewiesen, daß die Autoren die Nutzung der grafischen Datenverarbeitung als "künstlerisches Werkzeug" bewußt ausgeklammert haben (vgl. aber z.B. /Limbeck79/), ebenso wie darauf verzichtet wird zu zeigen, daß die computererzeugten Bilder "das Laufen lernten" und für Video- und Filproduktion verwendet werden.

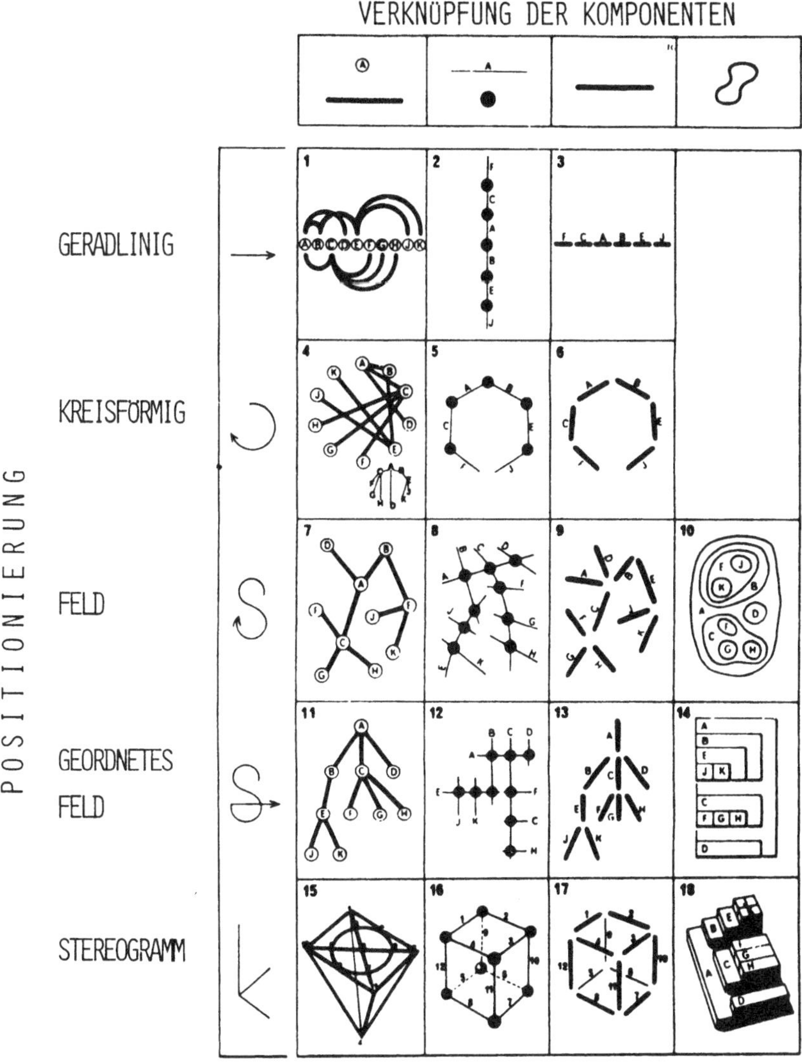

Abb. 2.5.: Grafische Darstellung von Relationen zwischen Objekten. So wohl Objekte wie Relationen können abstrakt oder real sein. (Nach /Oberquelle80/)

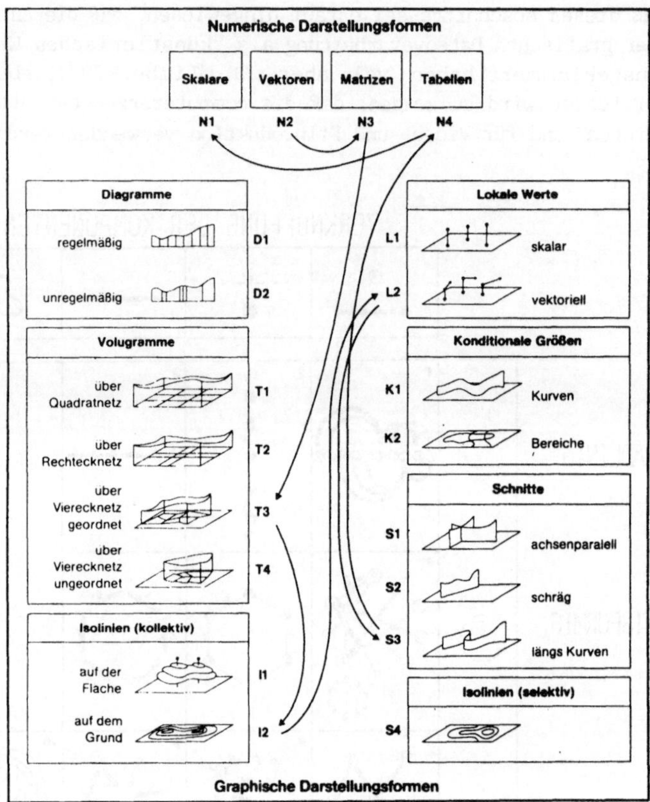

Tab. 2.2.: Bildliche Darstellung numerischer Information. Hier kommt es
auf die quantitative Veranschaulichung von Objekten an.
(Aus: /Hartwig81/)

2.2 Begriffe und Abgrenzung des Themas

Im 1. Kapitel haben wir eine imaginäre Schildkröte (turtle) über die
Zeichenfläche geschickt und sie hat dabei ihre Spur hinterlassen. Damit
wurde ein Spezialfall der grafischen Datenverarbeitung herausgegriffen,
der uns nun als Ausgangspunkt zur Erläuterung einiger Begriffe dienen
soll. (Es sei angemerkt, daß der Sprachgebrauch in der Literatur allerdings sehr uneinheitlich ist: vgl. /DIN83/, /Foley82/, /Giloi78/,
/Schrack78/.)

Das erzeugte <u>Bild</u> auf der <u>Zeichenfläche</u> (Ausgabefläche, display surface)
besteht aus <u>Strichen</u> (oder Vektoren), daher stammt die Bezeichnung
<u>Strichgrafik</u> (oder Vektorgrafik) im Gegensatz zur <u>Flächengrafik</u> (oder
Rastergrafik), bei der das Bild aus einem Raster von Bildpunkten
zusammengesetzt ist (vgl. Abb. 2.2., sowie die Tafeln 2 und 11).

Das englische Wort für Bildpunkt ist picture element, abgekürzt <u>Pixel</u>.
Wenn ein Strich oder ein einzelnes Pixel entweder nur hell oder nur
dunkel sein kann, also nicht noch Zwischenstufen (Grautöne/Farben) annehmen kann, spricht man von <u>Binärgrafik</u> im Unterschied zur <u>Halbtongra-
fik</u> (Grautongrafik) oder zur <u>Farbgrafik</u>.

Diese Unterscheidungen haben nichts mit den Darstellungstechniken der
<u>Zeichengeräte</u> (Plotter) oder <u>Bildschirmgeräte</u> (Displays) zu tun, auf die
im Abschnitt 5.1.1. noch genauer eingegangen wird. Beispielsweise läßt
sich auf einem für Grautonbilder geeigneten Bildschirm eine Punktfolge
darstellen, die wegen der physiologischen Eigenschaften des menschlichen
Auges aus einer gewissen Entfernung dann wie ein Strich aussieht (Abb.
2.6).

Abb. 2.6.: Punktfolgen erscheinen als Striche

Ebenso läßt sich ein Punktraster mit einem "Strichplotter" zeichnen,
sofern man die Geduld für das Stiftsenken/Stiftheben an jedem Rasterpunkt aufbringt. Durch optische Täuschung verschwimmt das Punktraster
zur Flächengrafik mit unterschiedlichen Grautönen, ein Effekt, der sich
auch bei den sogenannten "Printplots" (vgl. Abb. 5.1.) einstellt.

Eine besondere Form der Flächengrafik ist die <u>Mosaikgrafik,</u> bei der das
Bild aus "Mosaiksteinen" zusammengesetzt wird, die selbst ein Muster
tragen. Das Muster wird in der Regel durch eine quadratische Matrix von
Pixels gebildet. Die häufigsten Anwendungen finden sich in den
Videotext-Systemen, deren interaktive Fassung in der Bundesrepublik
Bildschirmtext (BTX) genannt wird (vgl. Tafel 12 sowie die Abb. 2.7. und
2.8.).

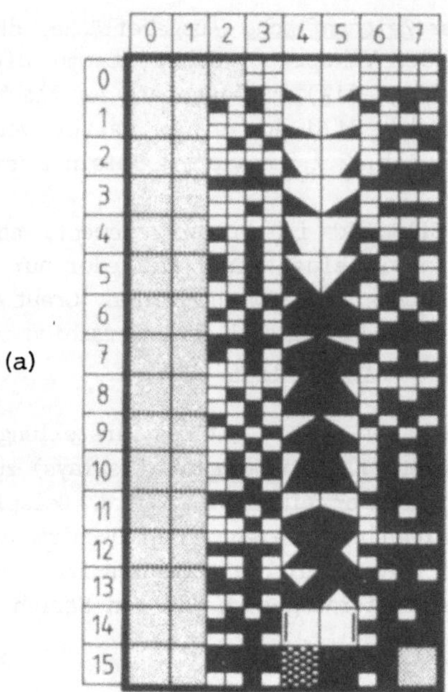

(a)

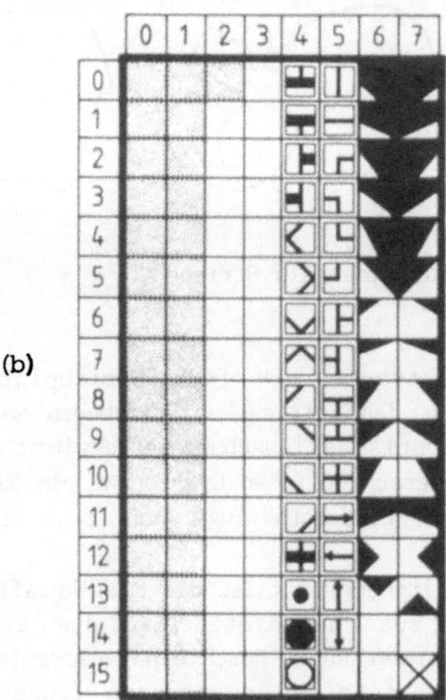

(b)

Abb. 2.7.: (a) Mosaik- und Schräggrafikzeichen bei BTX
            (b) Strich- und Schräggrafikzeichen bei BTX

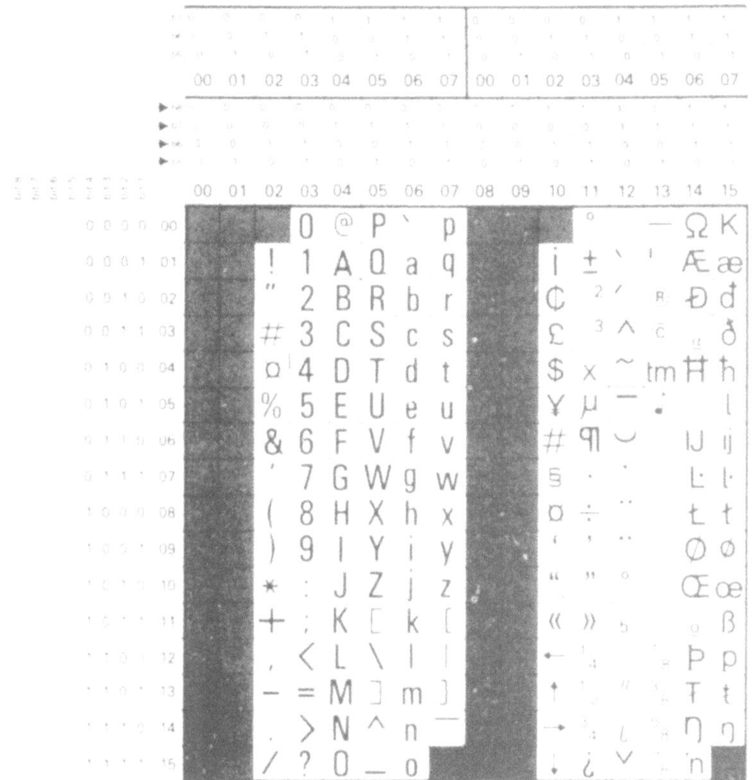

Abb. 2.8.: Anordnung der alphanumerischen Zeichen und der Sonderzeichen
im 7-bit-Code-Rahmen, bzw. im 8-bit-Code-Rahmen (BTX)

Die Steuerung eines linienerzeugenden "Geräts" (Zeichenstift, Elektronenstrahl, Laserstrahl usw.) erfolgt heute fast ausschließlich inkremen-
tell, d.h. in kleinen Fahrschritten, da dies mit der Digitaltechnik sehr
leicht zu realisieren ist. Dadurch werden zwei Punkte immer geradlinig -
durch Vektoren - verbunden. Gekrümmte Linien werden durch eine Folge von
Vektoren erzeugt. In Abhängigkeit von der gewünschten "Glätte" der Kurve
muß dann die Länge jedes einzelnen Vektors bestimmt werden (Abb. 2.11.).

Die kontinuierliche Steuerung wird nur noch selten in Verbindung mit
Digitalrechnern verwendet, dagegen oft bei mit Analogtechnik arbeitenden
Geräten, z.B. in Oszilloskopen, in denen ein Elektronenstrahl durch
kontinuierliche Veränderung der Ablenkfelder über die Bildfläche gesteuert wird.

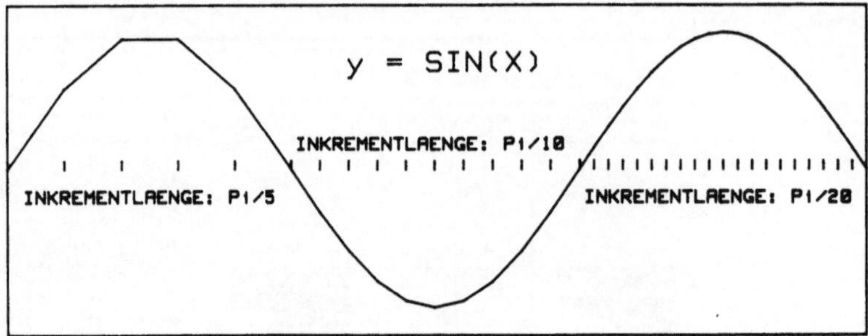

Abb. 2.9.: Kurven durch Vektoren dargestellt

Das Hauptgewicht in diesem kleinen Band liegt auf der binären Strichgrafik. Die dazu erforderlichen Geräte sind heute preiswert zu haben und viele Anwendungen im technisch-naturwissenschaftlichen Bereich stützen sich wesentlich auf Strichzeichnungen. Für die sogenannte "Präsentationsgrafik" (business graphics) wird zwar auch die Flächengrafik - oft in Farbe - verwendet; wo erforderlich werden deshalb entsprechende Hinweise auf weiterführende Literatur gegeben.

Kehren wir zurück zu dem Kind mit der Turle aus dem 1. Kapitel. Es war die Rede von Befehlen, die dem Zeichengerät gegeben werden. Wir können uns vorstellen, daß diese Befehle durch Bedienen von Funktionstasten (und zusätzlicher Zahlenwerteingabe) gegeben werden. Die Turtle wird dann den Zwischenbefehl sofort "ferngesteuert" ausführen. Wenn dagegen die Befehlsfolge als Programm abgespeichert ist und nach jedem Start mit einem vorher zusammengestellten Datensatz automatisch dasselbe Bild generiert wird, so spricht man von einem passiven System. Dagegen ist es bei einem interaktiven System möglich, durch Parametereingabe und durch Adhoc-Entscheidung über geeignete mathematische oder organisatorische Methoden während des Programmlaufs den Programmablauf, in unserem Fall also den Weg der Turtle, zu beeinflussen.

Nach einer Klassifizierung von /Giloi78/ spricht man von Interaktiver Bildgenerierung und meint die Darstellung von Information (d.h. mit Sinn belegten Daten) in Form von Bildern (d.h. mit grafischen Hilfsmitteln) in einem "Dialog" zwischen Mensch und Computer. Der Begriff "Interaktive grafische Datenverarbeitung" ist dafür allerdings geläufiger. "Grafische Datenverarbeitung" ist der - auch wenn ungenauere - Versuch, den verschwommenen Begriff "Computer Graphics" ins Deutsche zu übersetzen. Wir beugen uns hier diesem Sprachgebrauch und verwenden den Begriff im Sinne von "Bildgenerierung"; den Begriff "Computergrafik" überlassen wir der Kunstwelt.

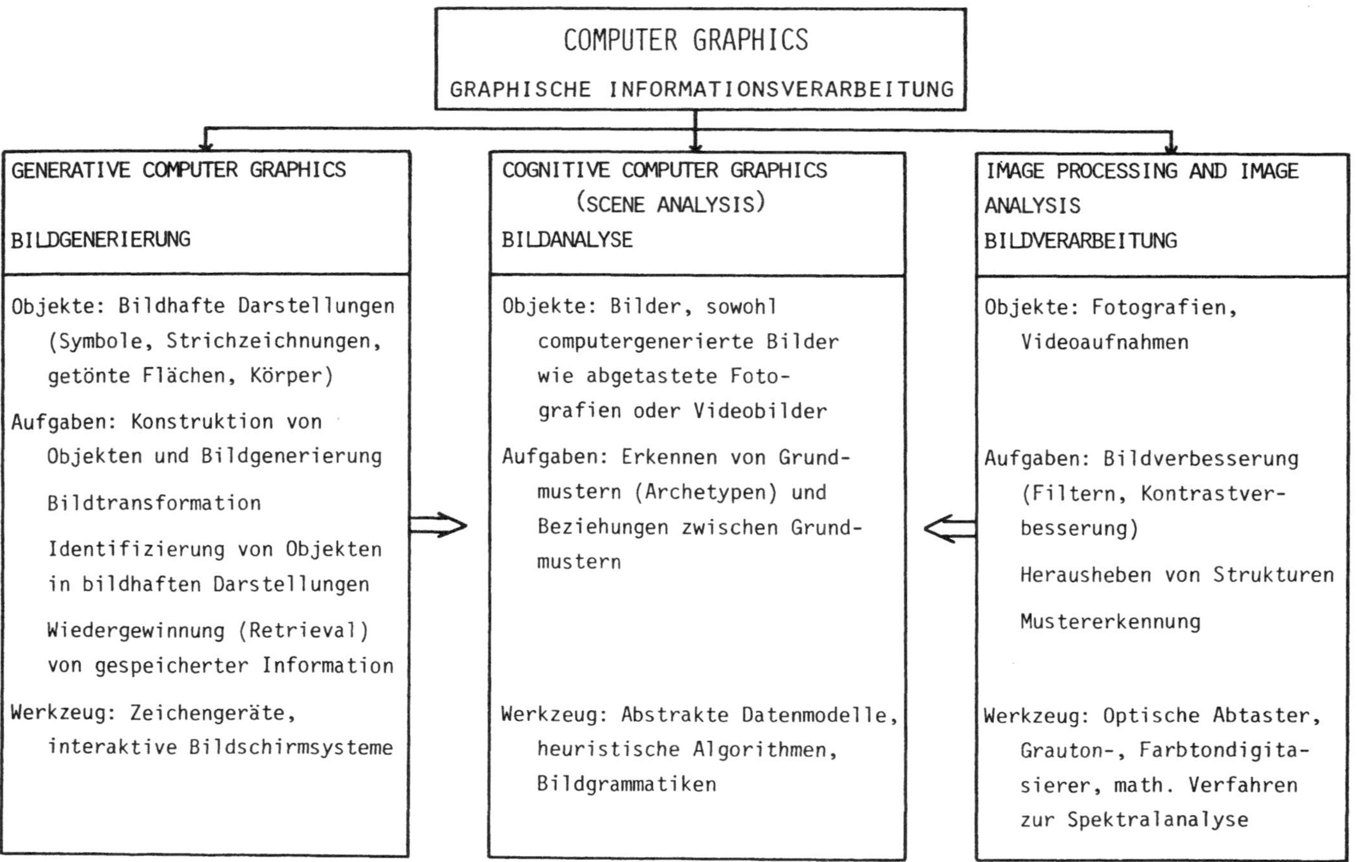

Tab. 2.3.: Bereiche der grafischen Informationsverarbeitung (nach /Giloi78/)

Ebenso behalten wir auch den wenig sinnhaften Begriff "Schnittstelle",
insbesondere "Benutzerschnittstelle", widerstrebend bei. (Es wird ja
gerade nicht eine Verbindung zwischen Benutzer und Maschine zerschnit-
ten, sondern hergestellt! Das entsprechende englische Wort "Interface"
bedeutet etwa "Kontaktfläche". Der Versuch, dafür "Benutzeroberfläche"
einzuführen, ist wegen der Mehrdeutigkeit dieses Kurzbegriffs, der in
voller Länge und Genauigkeit "Benutzerseitige Systemoberfläche" heißt,
bisher gescheitert).

Mit **Benutzerschnittstelle** werden alle Regeln zusammengefaßt, die beim
Mensch-Computer-Dialog sowohl vom Menschen wie vom Computer (d.h. von
den Konstrukteuren des Computers und der Programme) beachtet werden
müssen. Die Regeln beziehen sich sowohl auf die Geräte wie auf die
sprachlichen Mittel, mit denen Mensch und Computer Informationen austauschen. Der **Benutzer** eines Computers ist in diesem Sinne also eine Person, die physisch mit der Benutzerschnittstelle in Berührung kommt, um
Informationen mit dem Computer auszutauschen. Er kann dabei u.U. einige
technische Aufgaben an einen **Maschinenbediener** deligieren.

Im Unterschied dazu ist der **Anwender** eine Person oder Institution, die
bestimmte Aufgaben von einem Computersystem (einer Kombination von Programmen und Geräten) lösen läßt (statt von Menschen oder anderen Maschi-
nen). Beispielsweise könnte ein Automobilhersteller (Anwender) ein Gra-
fik-Programmpaket zur Konstruktion der Karosserie verwenden (Anwendungsprogramm). Die Ingenheure der Konstruktionsabteilung sind dann die Benutzer des Grafik-Systems und können z.B. die Bedienung der automati-
schen Zeichentische an Maschinenbediener übertragen. Dagegen ist der
Besitzer eines "Home-Computers" alles in einer Person.

Tab. 2.3. zeigt die von Giloi entwickelte Einteilung der grafischen Informationsverarbeitung in Bildgenerierung, Bildanalyse und Bildverarbei-
tung /Giloi78/.

Die umfangreichen Probleme der **Bildbearbeitung,** d.h. der computerunter-
stützten Qualitätsverbesserung von fotografisch gewonnenen und durch
Abtastung in den Computer übertragenen Bildern (durch Filtern und Kon-
trastverbesserung) und des Extrahierens und Erkennens bestimmter Muster
im Bild (z.B. Schriftzeichen auf einem Dokument, Fahrzeuge auf einem
Luftbild, Organmißbildungen auf einer Röntgenaufnahme) werden in diesem
Buch ebenso nicht behandelt wie die Fragen der **Bildanalyse,** d.h. des
Erkennens von Grundmustern in Bildern und deren logische Zusammenhänge.

Die zusätzlichen Probleme, die zur Erzeugung des Eindrucks von Bewegung
mit schnell aufeinanderfolgenden Einzelbildern ("Trickfilmen, "Anima-
tion") gelöst werden müssen, werden wir ebenfalls hier nicht behandeln.

Giloi nennt als Aufgabe der "Generative Computer Graphics" die Konstruktion von Objekten und die Bildgenerierung. Er bezieht damit das Objekt ein, von dem ein Bild erstellt werden soll, und zählt auch Körper als "grafische Objekte" auf. Damit folgt er z.B. dem Graphic Core System /Status Report 79/.

Im Gegensatz dazu wird vom grafischen Kernsystem GKS (/DIN83/, /ISO83/) nur die (zweidimensionale) Projektion von Körpern behandelt; die Objekte sind hier die grafischen Darstellungen selbst. Alles andere wird in einem Schichtenmodell dem "Anwenderprogramm" zugewiesen, das dann Vorkehrungen für die Bildung von Modellen für Objekte aus der "realen Welt" zu treffen hat (z.B. "geometrische Modellierung"). Wir beschäftigen uns hier mit der Bildgenerierung im engeren Sinne und werden gelegentlich die Fragen der Modellbildung bei der Betrachtung einiger Anwendungen einbeziehen.

3 Darstellungen grafischer Daten in DV-Anlagen

Der Computer ist nicht bloß ein Zeichenautomat, der von Befehlen gesteuert Striche zeichnet oder Pixels (Picture Elements, Bildelemente)
aufleuchten läßt. Dies kann er zwar auch - es sei in diesem Zusammenhang
auf Produktionsautomaten deren erste Version bereits 1724 durch den
Webstuhl von Falcon entwickelt wurde, hingewiesen -, doch die wesentliche Eigenschaft von Computern liegt in der Möglichkeit, Bilder zu
speichern. Diese werden dadurch beliebig reproduzierbar und vor allem
auch veränderbar.

In diesem Sinne ist die Turtle-Grafik in Abschnitt 1.1. nur ein Beispiel
für einen Zeichenautomaten, der bei jedem Programmlauf exakt das gleiche
Bild erzeugt. Durch Parametrisierung, d.h. durch Einsetzen von Variablen
statt der Zahlenkonstanten würde daraus ein Computer Graphics System,
das unendlich viele aus regelmäßigen Vielecken zusammengesetzte Muster
erzeugen könnte:

```
TO POLYGON : NVERTICES : MSTEPS : ALPHA
    REPEAT NVERTICES
            [FORWARD MSTEPS
            RIGHT ALPHA]
    END
READ NVERTICES
READ MSTEPS
READ ALPHA
READ NTIMES
READ BETA
PENDOWN
REPEAT NTIMES
        [POLYGON : NVERTICES : MSTEPS : ALPHA
        RIGHT BETA]
PENUP
```

Wie können aber Bilder im Rechner gespeichert werden, wie lassen sich
Datentypen aus Programmiersprachen verwenden, um Bilder zu modellieren.
Grundsätzlich gibt es hierfür eine Reihe von Möglichkeiten.

Wir wollen in diesem Kapitel zunächst einige abstrakte Datentypen für
Bilder und deren Elemente, den grafischen Primitiven, definieren und
Möglichkeiten für rechnerinterne Modelle grafischer Darstellungen auf-
zeigen. Danach werden wir dann auf die programmtechnische Realisierung
der abstrakten Datentypen und der Modelle eingehen.

3.1 Abstrakte Datentypen für grafische Primitive

3.1.1. Auflösung eines Bildes in Punkte und Fahrbefehle

Wir setzen voraus, daß das Bild in einer Ebene dargestellt ist und aus
einer Reihe von Linien mit jeweils einem Anfangs- und Endpunkt besteht.
Definieren wir für diese Ebene, in der das Bild sich befindet, ein kartesisches Koordinatensystem, so können wir jeden Punkt des Bildes durch
ein Koordinatenpaar eindeutig beschreiben. Außerdem fügen wir eine Kennzeichnung des Punktes (hier PUNKTNR bezeichnet) hinzu, die uns später -
wenn die Bearbeitung im Dialog behandelt wird - nützlich sein kann. Das
grafische Primitiv <u>Punkt</u> hat somit die Datenstruktur

```
TYPE NATZAHL = 1..MAXINT;
     PUNKT = RECORD
               PUNKTNR : NATZAHL;
               X-KOORD,Y-KOORD : REAL
             END;
```

Gehen wir von einem Arbeitsspeicher aus mit Adressen $a_1,...,a_n$ zur
Aufnahme des Bildes, so läßt sich als einfachste Darstellung das Bild in
eine lineare Folge von Punkten, d.h. Koordinatenpaare unterteilen, jeweils mit einer Kennung für den Zeichenstiftzustand. Ist der Zeichenstift gesenkt, wird zu einem Punkt eine Linie gezogen, andernfalls wird
der Zeichenstift zu dem entsprechenden Punkt bewegt ohne zu zeichnen. Am
Anfang steht der Zeichenstift im Koordinatenursprung. Als Datenstruktur
für jeden solchen Fahrweg erhalten wir:

```
TYPE FAHRWEG = RECORD
                 NEXTPUNKT : PUNKT;
                 STIFTZUSTAND : (GEHOBEN, GESENKT)
               END;
```

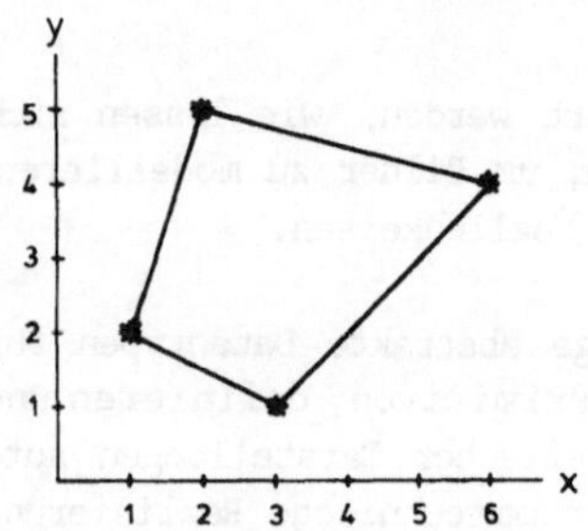

ADRESSE	PUNKT-NR	X-KOORD	Y-KOORD	STIFTZUSTAND
a_1	1	1	2	gehoben
a_2	2	2	5	gesenkt
a_3	3	6	4	gesenkt
a_4	4	3	1	gesenkt
a_5	1	1	2	gesenkt

Abb. 3.1.: Lineare Liste zu einer Figur

Man nennt diese Art der Darstellung, bei der die Elemente (hier die grafischen Primitive Punkte) als Fahrwege linear geordnet sind, <u>lineare Liste</u>. Eine Beschreibung einer linearen Liste als Datenstruktur ergibt sich durch

    TYPE LINEARE LISTE = ARRAY [1..N] OF FAHRWEG;

Dieser Datentyp weist jedoch einige Mängel auf, wenn Elemente aus der Liste gelöscht oder in die Liste neu eingefügt werden sollen. Verschieben und Umspeichern von in der Regel großen Datenmengen ist erforderlich, weil die Reihenfolge bei der Speicherung der Reihenfolge beim Zeichnen entsprechen muß.

Eine Struktur, bei der die Punkteordnung nicht über die Reihenfolge der Speicherung definiert ist, sondern durch einen Zeiger auf den der Ordnung entsprechenden Nachfolger, ist der abstrakte Datentyp <u>gekettete Liste</u>. Vergleiche hierzu z.B. /Wirth83/.

Eine Veranschaulichung einer geketten Liste für die Figur aus Abb. 3.1. ist wiederum in Form einer Tabelle in Abb. 3.2. gegeben.

Abb. 3.2.:

Gekettete Liste
in Tabellenform

ADRESSE	PUNKT-NR	X-KOORD	Y-KOORD	ADRESSE DES NACHFOLGERS	STIFT-ZUSTAND
a_1	3	6	4	a_4	gesenkt
a_2	2	2	5	a_1	gesenkt
a_3	1	1	2	a_2	gehoben
a_4	4	3	1	a_5	gesenkt
a_5	1	1	2	nil	gesenkt

| a_a | Listenanfang: a_3 |

Eine von der Tabellenform abweichende in der Literatur häufig benutzte Darstellungsart geketteter Listen ist für dieselbe Figur in Abb. 3.3. demonstriert.

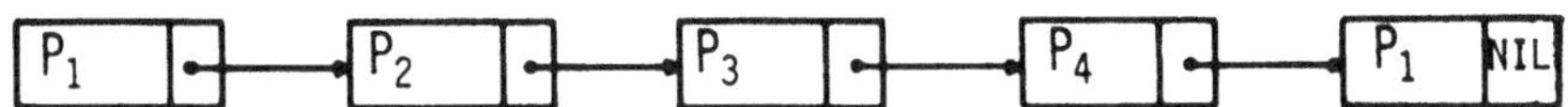

Abb. 3.3.: Gekettete Liste

Für die Speicherung eines Bildes als gekettete Liste ist zum einen zusätzlich ein Speicherplatz a_a nötig, der einen Zeiger auf den Listenanfang enthält und zum zweiten eine Vereinbarung erforderlich, wohin der

Verweis auf den nächsten Punkt des letzten Listenelements zeigt. Üblich
sind hier die Möglichkeiten
- eines Zeigers auf das erste Listenelement (<u>Ring-Verkettung</u>),
- eines Schlußsymbols, genannt <u>Nil</u> und
- eines Zeigers auf eines "Listen-Kopf" (<u>Anker-Verkettung</u>).
Für eine genauere Erörterung dieser Listen-Typen, ihren Vor- und Nachteilen verweisen wir wieder auf die Literatur, z.B. /Wirth83/.

Die Vorteile geketteter Listen gegenüber linearen Listen liegen in ihrer
Flexibilität beim Hinzufügen und Löschen von Elementen; Nachteile
ergeben sich aus einem erhöhten Speicherplatzbedarf.

Soll z.B. in der Figur aus Abb. 3.1. zwischen P_2 und P_3 ein Punkt P_5
eingefügt werden, so kann P_5 auf dem Speicherplatz a_i gespeichert
werden, der Verweis auf den nächsten Punkt von P_2 wird dann als Verweis
auf den Nachfolger von P_5 gesetzt und die Adresse a_i wird als Verweis
auf den Nachfolger bei P_2 eingetragen.

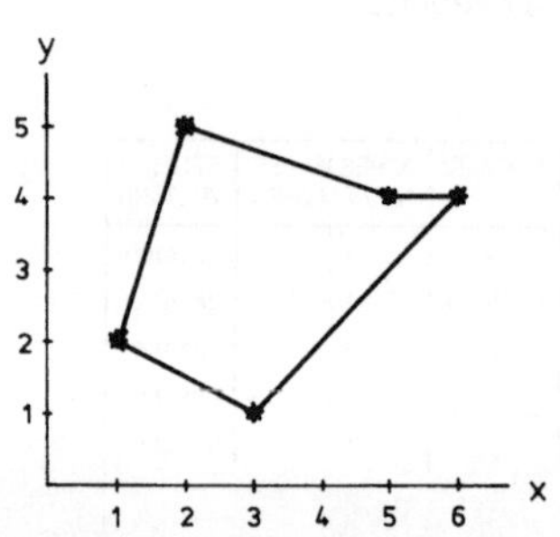

ADRESSE	PUNKT-NR	X-KOORD	Y-KOORD	ADRESSE DES NACHFOLGERS	STIFT-ZUSTAND
a_1	3	6	4	a_4	gesenkt
a_2	2	2	5	a_i	gesenkt
a_3	1	1	2	a_2	gehoben
a_4	4	3	1	a_5	gesenkt
a_5	1	1	2	nil	gesenkt
.					
.					
.					
a_i	5	5	4	a_1	gesenkt

a_a Listenanfang: a_3

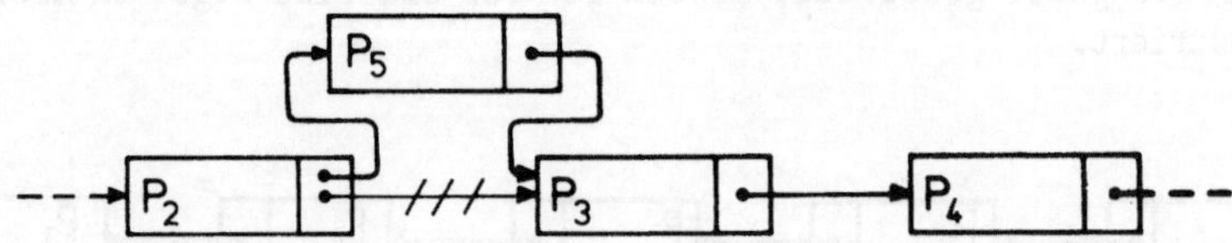

Abb. 3.4.: Hinzufügen bei geketteten Listen

Eine entsprechende Vorgehensweise ist beim Löschen von Punkten möglich
(vgl. Abb. 3.5.): Der Nachfolgerzeiger des zu löschenden Punkts wird als
Verweis auf den Nachfolger seines Vorgängers gesetzt. Der gelöschte
Punkt bleibt dann zwar physikalisch im Speicher erhalten, ist in der
Listenordnung aber nicht mehr erreichbar.

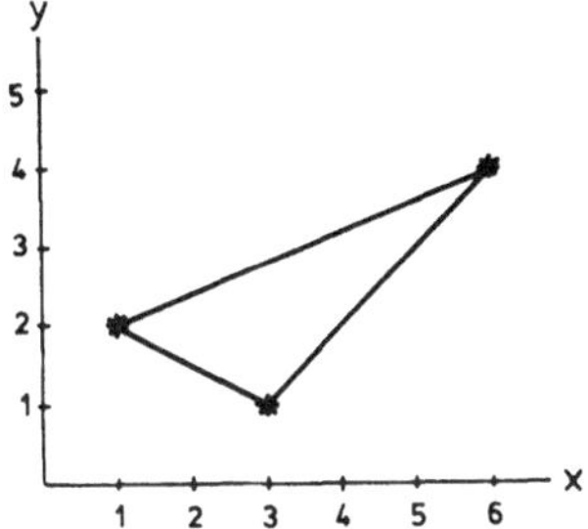

ADRESSE	PUNKT-NR	X-KOORD	Y-KOORD	ADRESSE DES NACHFOLGERS	STIFT-ZUSTAND
a_1	3	6	4	a_4	gesenkt
a_2	2	2	5	a_1	gesenkt
a_3	1	1	2	a_1	gehoben
a_4	4	3	1	a_5	gesenkt
a_5	1	1	2	nil	gesenkt
a_a	Listenanfang: a_3				

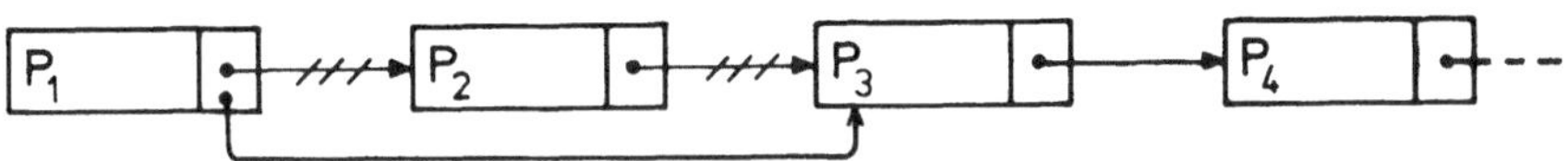

Abb. 3.5.: Löschen bei geketteten Listen

Etwas verschleiert wird in dieser verbalen Darstellung des Löschvorgangs
das Problem, daß man bei Zugriff auf Speicherplatz a_2 nicht weiß, auf
welchem Speicherplatz der Vorgänger von P_2 steht, bei dem man ja den
Nachfolgerzeiger verändern muß. Die Suche nach diesem Vorgänger-Element
kann sich bei größeren Listen über sehr viele Speicherplatzzugriffe hin-
ziehen und damit einiges an Rechenzeit erfordern. Aus diesem Grund
werden gekettete Listen häufig zusätzlich mit einem Vorgängerzeiger
ausgestattet. Man spricht dann von doppelt verketteten Listen. Eine
Veranschaulichung der Figur aus Abb. 3.1. als doppelt verkettete Liste
gibt Abb. 3.6., die mögliche Speicherorganisation ist in Tabellenform in
Abb. 3.7. enthalten.

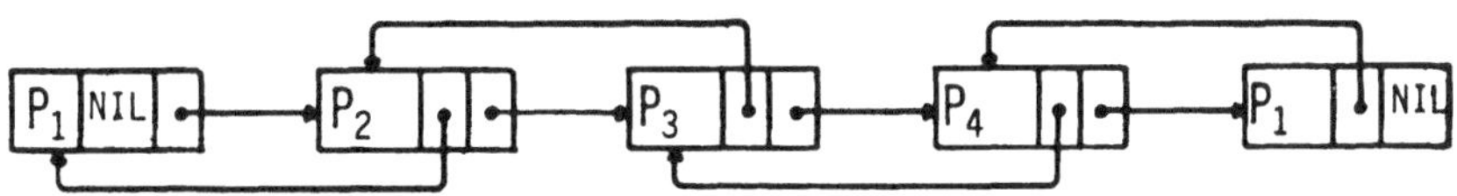

Abb. 3.6.: Doppelt verkettete Liste

Das Löschen und Einfügen von Elementen in doppelt verketteten Listen
wird zwar insofern aufwendiger, als jetzt jeweils bei zwei Listenelemen-
ten die entsprechenden Zeiger verändert werden müssen; man spart aber

ADRESSE	PUNKT-NR	X-KOORD	Y-KOORD	ADRESSE DES NACHFOLGERS	ADRESSE DES VORGÄNGERS	STIFT-ZUSTAND
a_1	3	6	4	a_4	a_2	gesenkt
a_2	2	2	5	a_1	a_3	gesenkt
a_3	1	1	2	a_2	nil	gehoben
a_4	4	3	1	a_5	a_1	gesenkt
a_5	1	1	2	nil	a_4	gesenkt

a_a Listenanfang: a_3
a_e Listenende: a_5

Abb. 3.7.: Doppelt verkettete Liste in Tabellenform

dadurch das Suchen nach Vorgängern beim Löschen (vgl. Abb. 3.8.). Diesem Vorteil steht wiederum ein erhöhter Speicherplatzbedarf für die zusätzlichen Zeiger gegenüber.

(a) Löschen von P_2

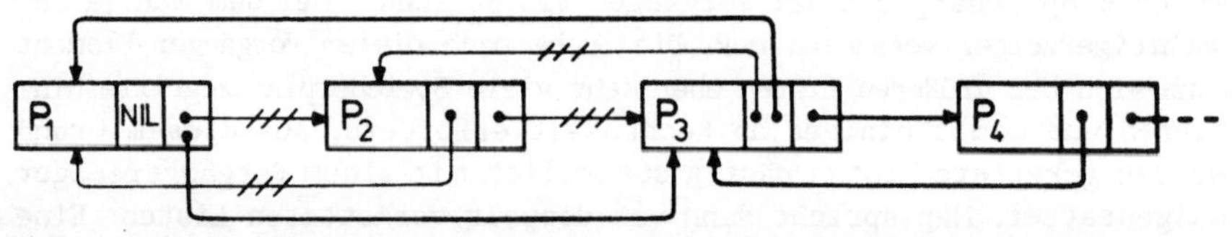

(b) Hinzufügen von P_5

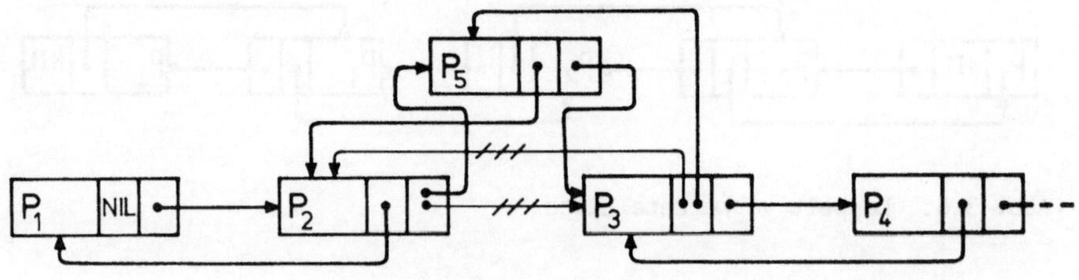

Abb. 3.8.: Löschen und Hinzufügen in doppelt verketteten Listen

3.1.2. Strukturierung eines Bildes durch Punkte, Kanten und Flächen

Die Unterteilung eines Bildes in Punkte und Fahrbefehle ist zwar sehr leicht durchführbar, hat jedoch den Nachteil, daß die innerhalb eines Bildes möglicherweise vorhandenen Strukturen nicht darstellbar sind: Die Zusammenfassung von Punkten als Endpunkte von Kanten, als Begrenzungen von Flächen oder Körpern, die Zuordnung von Kanten als Seiten von Flächen oder die von Flächen als Oberflächen von Körpern ist aus einer derartigen Speicherung nicht ersichtlich. Stattdessen sind alle Punkte gleichberechtigt nebeneinander für eine Bilderzeugung organisiert. Jede Veränderung von Bildern erfordert einen Neuaufbau der entsprechenden linearen oder geketteten Liste, die dann bei der Ausgabe des Bildes als Ganzes abgearbeitet werden muß.

Um diese Nachteile zu überwinden, liegt es nahe, zur Nachbildung der Struktur eines Bildes zusätzliche grafische Primitive einzuführen.

Bleiben wir zunächst innerhalb einer Ebene, so können durch die grafischen Primitive __Punkt__, __Kante__ und __Fläche__ Bilder als Geflechte modelliert werden, indem die Primitive entsprechend des Bildes miteinander in Relation gesetzt werden.

In der PASCAL-Notation erhalten wir für eine Kante und eine Fläche die Datenstrukturen:

```
TYPE  KANTE = RECORD
               KANTENNR : NATZAHL;
               PUNKT1, PUNKT2 : PUNKT
              END;

      FLÄCHE = RECORD
               FLÄCHENNR : NATZAHL;
               KANTEN : ARRAY [ 1..MAXKANTENZAHL ] OF KANTE
              END;
```

Die möglichen Beziehungen zwischen den grafischen Primitiven sind in diese Definition bereits eingegangen und bewirken einen hierarchischen Aufbau von Bildern: Jeweils zwei Punkte sind als Endpunkte einer Kante zugeordnet; mehrere Kanten bilden die Begrenzungen (Seiten) von Flächen.

Eine oder mehrere Flächen werden dann als Bild zusammengefaßt. Für die Figuren aus den Abbildungen 3.1. und 3.5. ergeben sich beispielsweise die in Abb. 3.9. (a), (b) angegebenen Geflechte.

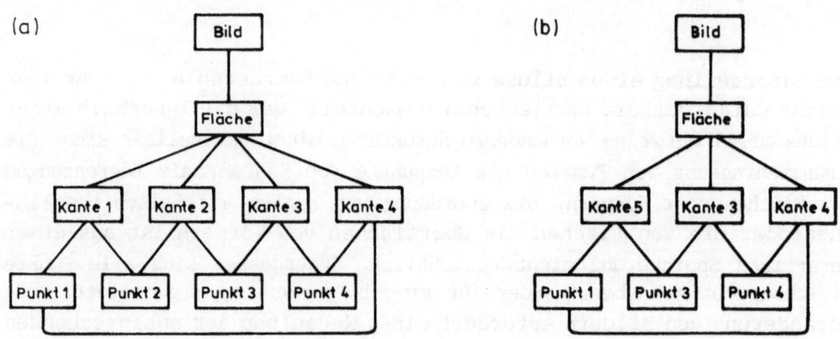

Abb. 3.9.: Figuren als Geflechte

Solche Geflechte können auf vielfältige Weise durch abstrakte Datentypen dargestellt werden. An einem Beispiel soll die Vorgehensweise für gekettete Listen demonstriert werden.

Es sei als Bild wieder die Figur aus Abb. 3.1. vorgegeben, jetzt aber um die Primitive Kante und Fläche erweitert (vgl. Abb. 3.10).

Abb. 3.10.:

Figur aus Punkten
Kanten und Flächen

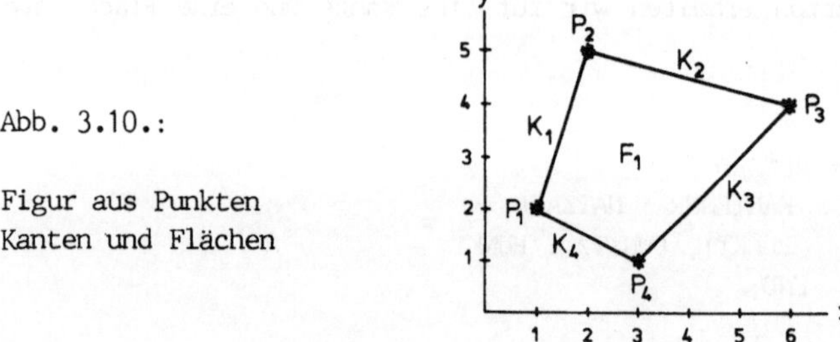

Um die gegebenen Beziehungen leicht aus den Daten entnehmen zu können, benötigen wir jeweils eine gekettete Liste für die Flächen, für die Kanten und für die Punkte. Diese einzelnen Listen werden außerdem durch Zeiger so miteinander verbunden, daß sie die Endpunkt- und Seiten-Beziehungen auszudrücken (vgl. Abb. 3.11).

Setzen wir wieder einen Speicher mit Adressen

   $a_1,...,a_n$ zur Aufnahme von Punkten,

   $b_1,...,b_n$ zur Aufnahme von Kanten und

   $c_1,...,c_n$ zur Aufnahme von Flächen voraus, so können wir die Speicher-organisation für die geketteten Listen wie in Abb. 3.12. grafisch dar-stellen.

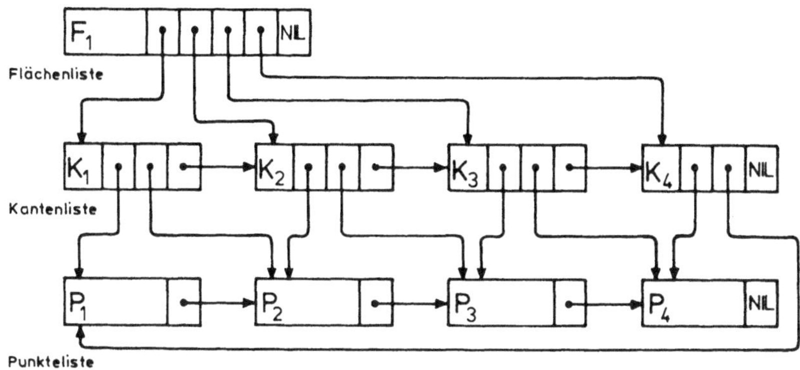

Abb. 3.11.: Listenstruktur einer Figur in Netzform

ADRESSE	PUNKT-NR	X-KOORD	Y-KOORD	ADRESSE DES NACHFOLGERS
a_1	3	6	4	a_4
a_2	2	2	5	a_1
a_3	1	1	2	a_2
a_4	4	3	1	nil

a_a Listenanfang: a_3

PUNKTELISTE

ADRESSE	KANTEN-NR	ADRESSE DES 1. ENDPUNKT	ADRESSE DES 2. ENDPUNKT	ADRESSE DES NACHFOLGERS
b_1	2	a_2	a_1	b_4
b_2	1	a_3	a_2	b_1
b_3	4	a_4	a_3	nil
b_4	3	a_1	a_4	b_3

b_a Listenanfang: b_2

KANTENLISTE

ADRESSE	FLÄCHEN-NR	ADRESSEN VON BEGRENZUNGEN	ADRESSE DES NACHFOLGERS
c_1	1	b_2, b_1, b_3, b_4	nil

c_a Listenanfang: c_1

FLÄCHENLISTE

Abb. 3.12.: Listenstruktur einer Figur in Tabellenform

In diesen Tabellen fehlt die im vorherigen Abschnitt stets angegebene
Rubrik "Stiftzustand", weil in der Punkteliste nicht mehr durch die Vor-
gänger-Nachfolger-Beziehung eine Linie zwischen zwei Punkten ausgedrückt
wird, sondern nur anhand der Kantenliste feststellbar ist, welche Punkte
durch Linien zu verbinden sind.

Man muß somit bei einer derartigen Listenstruktur entlang der Hierarchie
die zu zeichnenden Linien ermitteln. In der Praxis wird deshalb zur
Steuerung eines Bildausgabegeräts aus diesen geketteten Listen eine

lineare Liste mit den Punktkoordinaten und einer Zeichenstiftkennung
erstellt (vgl. Display-File in Abschnitt 5.2.3.), die die Grundlage für
die Bildausgabe bildet.

Ebenso wie im vorherigen Abschnitt ist auch für Geflechte der Übergang
zu doppelt verketteten Listen möglich. Weiter ist denkbar, daß alle
Kanten einer Fläche zu einer eigenen (doppelt-) verketteten Liste zusammengefaßt sind, um die Schwierigkeiten bei der Realisierung einer variablen Zahl von Kanten, die einer Fläche zugeordnet sind, zu vermeiden.
Desgleichen können zusätzlich Zeiger von Punkte- zu Kantenlisten und von
Kanten- zu Flächenlisten eingerichtet werden, die dann ein Durchlaufen
der Listenstruktur auch entgegen der Hierarchie erlauben.

Bei allen Erweiterungsmöglichkeiten sollte jedoch bedacht werden, daß
die Einfüge- und Lösch-Vorgänge, wie im letzten Abschnitt beschrieben,
hier entsprechend vorzunehmen sind und bei der Mitgliedschaft eines
grafischen Primitivs in mehreren geketteten Listen der Änderungsaufwand
durch eine wachsende Zahl von Zugriffen auf die jeweiligen Vorgänger und
Nachfolger recht groß werden kann.

3.1.3. Weitere grafische Primitive

Die vorgenommene Strukturierung von Bildern durch die grafischen
Primitive Punkt, Kante, Fläche weist noch einige Unzulänglichkeiten auf:
- Viele Anwendungen benötigen Kurven. Diese können durch Punkte und
  Kanten nur mühsam und unter großem Speicherplatzaufwand nachgebildet
  werden.
- In vielen Bildern wie z.B. Schaltplänen, Netzplänen oder Datenflußplä-
  nen werden Symbole verwendet, die nicht jeder Anwender in ihrer geome-
  trischen Struktur neu aufbauen kann oder will.
- Texte, die als Überschriften, Bemaßungen oder Kommentare in Bildern
  oft benötigt werden, sind hier gar nicht erfaßt.

Um also Anwendungen dieser Art von der Speicherung grafischer Daten her
nicht zu erschweren oder unmöglich zu machen, sollten weitere grafische
Primitive definiert und durch entsprechende abstrakte Datentypen dargestellt werden.

Ein grafisches Primitiv **Kurve** könnte dabei festgelegt sein durch
- Anfangs- und Endpunkt, sowie einer Funktionsgleichung zur Berechnung
  des Verlaufs oder durch
- Anfangs-, Endpunkt und einer Reihe von Stützpunkten, sowie einem
  Interpolations- oder Approximationsverfahren (vgl. Kapitel 7).

Eine mögliche Datenstruktur für eine Kurve ist:

```
TYPE KURVE = RECORD
             ANFANG, ENDE : PUNKT;
             CASE DEFINITION : (DIREKT, NÄHERUNG) OF
              DIREKT   : (FUNKTION : STRING);
              NÄHERUNG : (STUETZ : ARRAY [1..MAXSTZAHL] OF PUNKT;
                          METHODE : STRING)
             END
             END;
```

Die Funktion der Kurve wird in dieser Struktur als Zeichenfolge angegeben. Um die Funktion auswerten zu können, muß die Zeichenfolge durch ein
spezielles Programm interpretiert werden. In der Programmierpraxis wird
man dies dadurch umgehen, daß man nur einige wenige Kurvenarten zuläßt
und durch den String nur noch die Parameter-Versorgung der Funktion
erfolgt. Entsprechendes gilt für die Näherungsdarstellung, für die sich
in der Praxis die Interpolation mit kubischen Polynomen und die Approximation mit Splines besonders bewährt haben.

Unterprogrammen in Programmiersprachen vergleichbar wäre ein grafisches
Primitiv Symbol. Zur Beschreibung dieses Strukturelementes ist eine
Kenn-Nummer für die Art des Symbols und ein Punkt der Bildebene zur
Festlegung des Darstellungsortes erforderlich. Weiter ist eine Parame-
trisierung von Symbolen notwendig, um eine gewünschte Größe oder eine
von einem Grundzustand abweichende Drehung um den Bezugspunkt bei der
Darstellung zu erreichen.

Die einzelnen vorab definierten Symbole sind in ihrer Struktur durch
Punkte und Kanten in einer Symbol-Datei gespeichert und können bei
Aufruf eines Symbols entweder in ihrem Grundzustand oder entsprechend
der Parameter mit veränderten Daten in die Bildstruktur übertragen
werden.

```
TYPE SYMBOL = RECORD
              SYMBOLNR : 1..MAXSYMBOLART;
              ORT : PUNKT;
              LÄNGE, BREITE, WINKEL : REAL
              END;
```

Textprimitive zur Darstellung von Zeichenketten verhalten sich so ähnlich wie Symbole. Zur Beschreibung dieser Strukturelemente ist zunächst
der Darstellungsort, wie der darzustellende Text anzugeben. Ebenfalls
möglich ist eine Parametrisierung zur Veränderung von Zeichentypen, -
größen und -ausrichtungen.

```
TYPE TEXT = RECORD
            ORT : PUNKT;
            INHALT : STRING;
            SCHRIFT : 1..MAXSCHRIFTARTEN;
            GRÖSSE, WINKEL : REAL;
            END;
```

Verwenden wir zur Speicherung einer Struktur eines Bildes gekettete
Listen, wie im letzten Abschnitt beschrieben, so läßt sich für die oben
erwähnten grafischen Primitive dieser abstrakte Datentyp ebenfalls über-
nehmen und somit ein Bild durch Punkte-, Kanten-, Flächen-, Kurven-,
Symbol- und Textliste beschreiben. Die Relationen zwischen den Elementen
der einzelnen Listen sind dabei teilweise fest vorgegeben. Für Kurven,
Symbole und Texte liegen sie nicht fest.

Kurven können wie Texte und Symbole unabhängig neben anderen Primitiven
existieren, sie können aber auch Flächen als Begrenzung zugeordnet sein.
Symbolen sind Punkte und Kanten, aber möglicherweise auch Flächen zugeordnet. Texte gehören als Beschriftung zu Flächen, Kanten oder auch
Punkten.

Zur Demonstration für die Verwendung aller vorgestellten grafischen
Primitive vergleiche Abb. 3.13., bei der eine Haustür mit Namensschild
und als Symbol der Türgriff dargestellt ist.

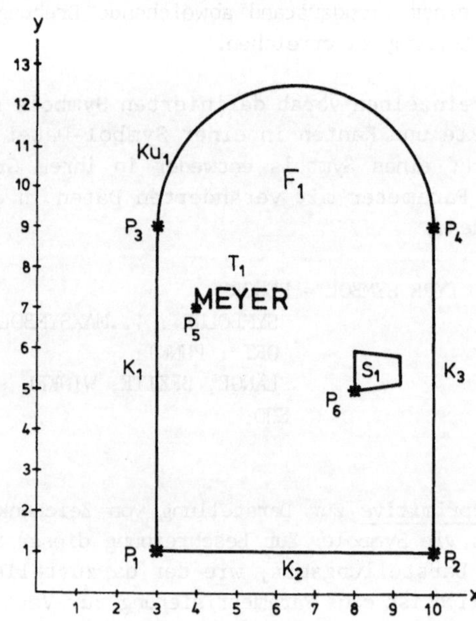

Abb. 3.13.:

Mehrere grafische
Primitive in einem Bild

Die Speicherung dieses Bildes erfolgt durch gekettete Listen, wie in Abb. 3.14 angegeben.

ADRESSE	PUNKT-NR	X-KOORD	Y-KOORD	ADRESSE DES NACHFOLGERS
a_1	1	3	1	a_2
a_2	2	10	1	a_3
a_3	3	3	9	a_4
a_4	4	10	9	a_5
a_5	5	4	7	a_6
a_6	6	8	5	nil

a_a Listenanfang: a_1

PUNKTELISTE

ADRESSE	KANTEN-NR	ADRESSE DES 1. ENDPUNKT	ADRESSE DES 2. ENDPUNKT	ADRESSE DES NACHFOLGERS
b_1	1	a_1	a_3	b_2
b_2	2	a_1	a_2	b_3
b_3	3	a_2	a_4	nil

b_a Listenanfang: b_1

KANTENLISTE

ADRESSE	FLÄCHEN-NR	ADRESSEN VON BEGRENZUNGEN	ADRESSE DES NACHFOLGERS
c_1	1	b_1,b_2,b_3,e_1	nil

c_a Listenanfang: c_1

FLÄCHENLISTE

ADRESSE	SYMBOL-NR	ADRESSE DES BEZUGSPUNKT	PARAMETER	ADRESSE DES NACHFOLGERS
d_1	1	a_6	Winkel=0^0 Größe=0.5	nil

d_a Listenanfang: d_1

SYMBOLLISTE

ADRESSE	KURVEN-NR	ADRESSE DER BEZUGSPUNKTE	FUNKTIONS-PARAMETER	ADRESSE DES NACHFOLGERS
e_1	1	a_3, a_4	Gleichung: $y=+\sqrt{r^2-x^2}$ $r=\dfrac{a_3-a_4}{2}$	nil

e_a Listenanfang: e_1

KURVENLISTE

ADRESSE	TEXT-NR	ADRESSE DES BEZUGSPUNKT	TEXT	PARAMETER	ADRESSE DES NACHFOLGERS
f_1	1	a_5	Meyer	Winkel=0^0 Größe=0.4	nil

f_a Listenanfang: f_1

TEXTLISTE

Abb. 3.14.: Gekettete Listen für mehrere grafische Primitive

Zum Erzeugen der linearen Liste, bestehend aus Punktkoordinaten und
Stiftzustandswerten zur Steuerung der Ausgabe, werden die Koordinatenwerte aus der Punkteliste übernommen. Weiter werden die durch das Symbol, den Text und die Kurve zusätzlichen Punkte mit ihren Koordinaten
und dem jeweiligen Stiftzustand eingetragen. Hierzu erfolgt für die
Kurvenpunkte eine Berechnung der angegebenen Funktion bei vorgegebenen
X-Koordinatenwerten (vgl. Kapitel 7). Die Anzahl dieser Werte bestimmt
die Darstellungsgenauigkeit und hängt von der Kurvenlänge ab. Die für
das Symbol und den Text hinzukommenden Punkte werden aus der Symbol-
Datei, bzw. einer Zeichendarstellungsmethode ermittelt (vgl. Abschn.
5.3.4.) und in ihren Koordinatenwerten entsprechend der angegebenen
Parameter aktualisiert.

3.2 Rechnerinterne Modelle grafischer Darstellungen

3.2.1. Drahtkantenmodelle

Der Ausgangspunkt für die bisherigen Betrachtungen war immer das darzustellende Bild, das hierarchisch durch grafische Primitive strukturiert
und dann in Form von geketteten Listen im Rechner gespeichert wurde.
Durch diese Speicherung wurde ein rechnerinternes Modell der jeweiligen
grafischen Darstellung geschaffen, das sich entsprechend der Darstellung
auf zweidimensionale Objekte beschränkte.

Dieser Ansatz ist für viele Anwendungen aber noch unzureichend, weil
nicht nur das Bild von Interesse ist, sondern auch das durch das Bild
dargestellte Objekt. Dieses Objekt ist aber oft nicht zwei-, sondern
dreidimensional.

Nehmen wir also das darzustellende Objekt als Ausgangspunkt - wir nennen
es Technisches Objekt -, so kann aufbauend auf dem vorigen Abschnitt die
hierarchische Strukturierung fortgesetzt werden.

Wir definieren dazu die grafischen Primitive <u>Körper</u>, <u>Körpergruppe</u> und
<u>Technisches Objekt</u> in der folgenden Weise

```
TYPE KÖRPER = RECORD
              KÖRPERNR : NATZAHL;
              FLÄCHEN : ARRAY [ 1..MAXFLÄCHENZAHL ] OF FLÄCHE
              END;
```

```
KÖRPERGRUPPE = RECORD
                    KÖRPERGRUPPENNR : NATZAHL;
                    KÖRPER : ARRAY [ 1.. MAXKÖRPERZAHL ]
                            OF FLAECHE
              END;


TECHNISCHES_OBJEKT = RECORD
                        TO_NR : NATZAHL;
                        KÖRPERGRUPPEN :
                        ARRAY [1..MAXGRUPPENZAHL] OF KÖRPERGRUPPE
                        END;
```

Das im letzten Abschnitt definierte grafische Primitiv Punkt ist in diesem dreidimensionalen Fall um eine Komponente zu erweitern: der z-Koordinate. Es ist also

```
TYPE PUNKT = RECORD
                PUNKTNR : NATZAHL;
                X-KOORD, Y-KOORD, Z-KOORD : REAL
                END;
```

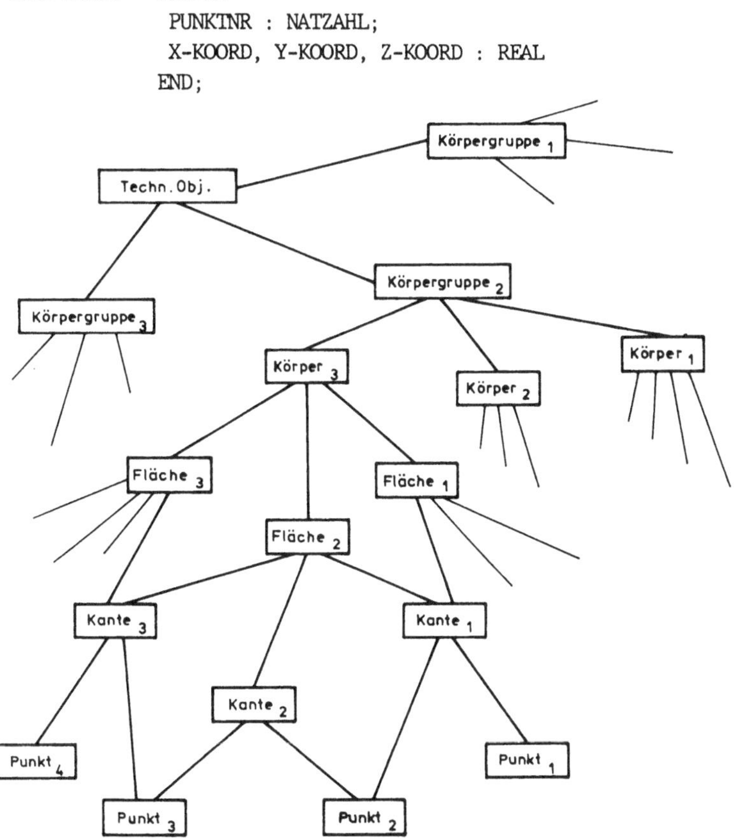

Abb. 3.15.: Rechnerinternes Modell als Geflecht

Man erhält durch diese zusätzlichen Primitive und durch die Relationen
zwischen ihnen, die entsprechend des darzustellenden Objekts herzustellen sind, ein rechnerinternes Modell des Objekts und damit auch der
Darstellung, was wiederum als Geflecht veranschaulicht werden kann (vgl.
Abb. 3.15).

Rechnerinterne Modelle dieser Art werden als **Drahtkantenmodelle** (engl.:
wireframe model oder boundary representation) bezeichnet. Dieser Name
stellt die Bedeutung des grafischen Primitivs Kante in den Vordergrund:
Das Objekt in seiner Darstellung existiert nur durch Darstellung der
Kanten. Die übrigen grafischen Primitive haben lediglich Struktureigen-
schaften nachzubilden.

Bei den Relationen zwischen den grafischen Primitiven sind für 3-D-Ob-
jekte aus geometrischen Überlegungen heraus einige Bedingungen einzuhal-
ten. Als Beispiele seien genannt:
- Jeder Objektpunkt ist als Endpunkt mindestens drei Objektkanten zugeordnet (sofern nur gerade Kanten zugelassen werden).
- Jede Objektkante gehört als Seite zu genau zwei Objektflächen.
- Flächen können nur Oberflächen eines Körpers sein.

Für die Speicherung solcher Drahtkantenmodelle in einem Rechner kann man
wiederum den abstrakten Datentyp gekettete Liste verwenden. Dazu richtet
man für jede benötigte Art von grafischen Primitiven eine gekettete
Liste ein - wie im letzten Abschnitt beschrieben - und modelliert die
Beziehungen zwischen den grafischen Primitiven durch Zeiger zwischen den
Listen.

Man kann bereits bei Definition der Listen und Zeiger Plausibilitätsun-
tersuchungen für das Objekt vorsehen. So kann z.B. die erste oben ge-
nannte Bedingung leicht überprüft werden, wenn zu jedem Objektpunkt eine
Liste eingerichtet wird, die die zugehörigen Objektkanten enthält; die
zweite und dritte Bedingung wird kontrollierbar durch einen Zeiger
innerhalb der Flächenliste auf die Körperliste, bzw. durch zwei Zeiger
innerhalb der Kantenliste für jede Kante auf die Flächenliste.

Wie im letzten Abschnitt bereits angeführt, bedeuten zusätzliche Zeiger
und Listen aber auch immer einen erhöhten Aufwand bei der Speicherung
und vor allem bei Veränderungen des dargestellten Objekts. Es ist daher
nicht sinnvoll, allgemein bestimmte Listenstrukturen als besonders vor-
teilhaft und als das "einzig Wahre" vorzugeben. Vielmehr ist im Einzelfall von Anwendung zu Anwendung zu überprüfen, welche Speicherstruktur
mit welchen grafischen Primitiven günstig erscheint.

Für die Modellierung durch Drahtkantenmodelle werden meist zwei Einschränkungen gemacht: es werden nur gerade Kanten und ebene Flächen zu-

gelassen. Grund dafür sind die großen Probleme bei der Weiterverarbeitung von Objekten mit gekrümmten Kanten und gekrümmten Oberflächen. Sie
werden deshalb entweder näherungsweise durch Polygonzüge bzw. durch entsprechend der Oberfläche aneinandergefügte Vielecke nachgebildet oder
man sieht grafische Primitive wie z.B. Kurven vor (vgl Abschn. 3.1.3.),
um entsprechende Modelle bilden zu können.

Während die erste Methode ausgesprochen mühsam ist - man bedenke den
Aufwand, einen Kreis in Kanten und Punkte derart zu unterteilen, daß bei
einer Darstellung das gespeicherte Vieleck als Kreis erscheint - und zu
großen Aufblähungen innerhalb der Listen wegen der Zahl der Punkte und
Kanten führt, bleibt bei beiden Methoden die Schwierigkeit erhalten, daß
Objekte nicht unbedingt entsprechend der Struktur unterteilt werden
können (vgl. Abb. 3.16.).

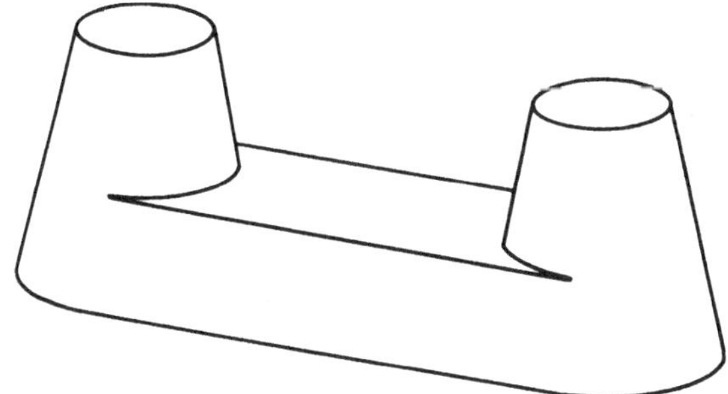

Abb. 3.16.: Wie nimmt man bei diesem Objekt die Unterteilung in
            Flächen vor?

Weiter besteht bei der zweiten Methode das Problem, daß mitunter bei gekrümmten Begrenzungen die sonst gültigen Bedingungen für mögliche Beziehungen nicht erhalten bleiben, bzw. anders formuliert werden müssen.
Eine ausführliche Diskussion der Probleme von Drahtkantenmodellen zur
Nachbildung von Objekten findet sich in /Requicha80/.

Bevor aus dem Drahtkantenmodell eine Darstellung abgeleitet werden kann,
d.h. eine lineare Liste aus Punkten und Fahrbefehlen erstellt wird, ist
wegen der "Räumlichkeit" des Modells eine Projektion auf eine Bildebene
durchzuführen, um die zur Darstellung notwendigen 2-dimensionalen Koordinatenwerte zu erhalten (vgl. dazu das nächste Kapitel).

Außer diesen die geometrische Struktur dreidimensionaler Objekte
betreffenden Aspekte ist für die rechnerinterne Darstellung zu beachten,
daß 3-D-Objekte hinsichtlich ihrer Darstellung Eigenschaften wie Transparenz und Transluszens aufweisen, da die Oberflächenbeschaffenheit Auswirkungen auf Reflektionseigenschaften des Körpers hat und daß Oberflä-

chen farbig oder schattiert dargestellt werden können. Alle diese Eigenschaften müssen durch das rechnerinterne Modell nachgebildet werden können, um entsprechende Darstellungen zu erreichen (vgl. z.B. /Giloi78/ oder /Foley82/).

3.2.2. Elementarobjekte

Neben dem im letzten Abschnitt ausführlich vorgestellten Drahtkantenmodell gibt es eine Reihe weiterer Verfahren zur Bildung rechnerinterner Modelle von darzustellenden Objekten. Eine Übersicht ist z.B. in /Requicha80/ enthalten.

Wir wollen in diesem Abschnitt kurz ein zweites weit verbreitetes Verfahren ansprechen, das im Gegensatz zum Drahtkantenmodell nicht die Kante, sondern im dreidimensionalen Fall das grafische Primitiv Körper und im zweidimensionalen Fall die Fläche als Ausgangpunkt wählt.

Grundlage dieses Verfahrens sind eine Reihe von Elementarobjekten. Dies können im Raum z.B. Quader, Tetraeder, Kugel und Zylinder sein, innerhalb der Ebene wären z.B. Rechteck, Dreieck und Kreis als Elementarobjekte denkbar.

Ähnlich wie Symbole im Drahtkantenmodell sind Elementarobjekte als Einheiten festgelegt und parametrisiert. Eine weitere Strukturierung in Punkte und Kanten bleibt für das Modell unberücksichtigt. Dadurch können sie in beliebiger Größe im Raum bzw. in der Ebene bewegt und gedreht werden.

Ferner sieht das Verfahren mengentheoretische Operatoren, wie Vereinigung, Durchschnitt und Differenz vor, durch die Elementarobjekte zu beliebigen neuen Objekten zusammengefaßt werden können (vgl. Abb. 3.17.)

Zur Bildung eines rechnerinternen Modells eines darzustellenden Objekts sind also geeignete Elementarobjekte auszuwählen, zu positionieren und durch die Operatoren miteinander zu verknüpfen. Das entstehende Objekt kann dann wieder mit anderen Elementarobjekten oder vorher gebildeten Objekten zu einem neuen Objekt durch die Operatoren zusammengefaßt werden, bis ein gewünschtes Objekt entsteht (vergl. Abb. 3.18.).

Welcherart Objekte auf diese Weise gebildet werden können, hängt ab von den Elementarobjekten und den möglichen Operatoren. Je nach Anwendungsbereich sind hier verschiedene Grundmengen denkbar, um die Konstruktion der gewünschten rechnerinternen Modelle möglichst einfach zu gestalten.

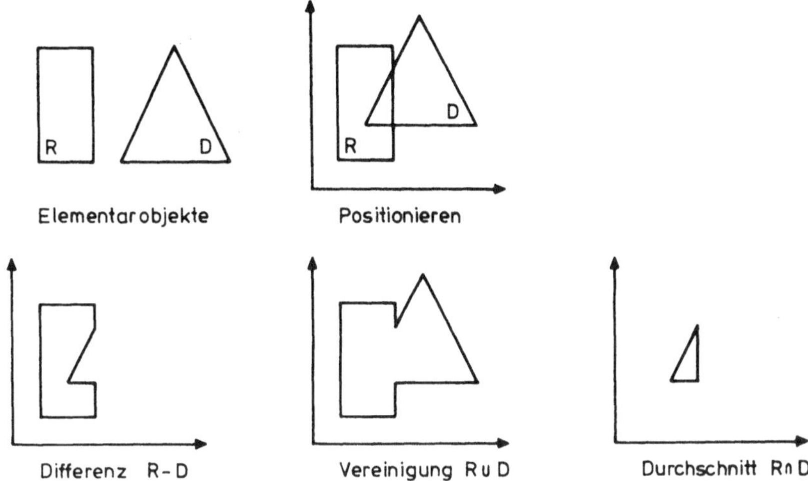

Abb. 3.17.: Elementarobjekte und mögliche Verknüpfungen

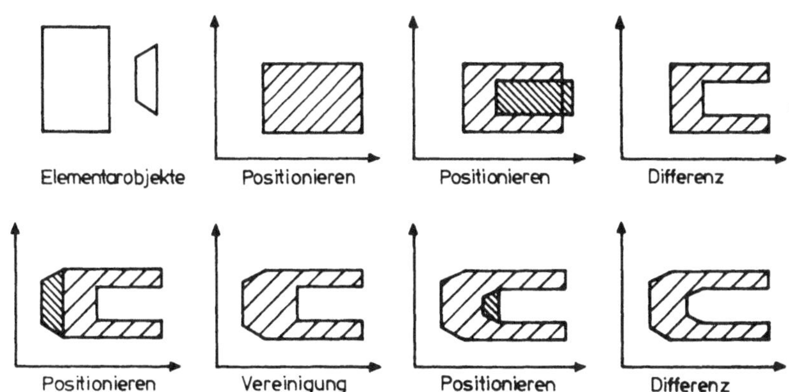

Abb. 3.18.: Beispiel füf die Objektkonstruktion mit Elementarobjekten

Für Anwendungen im Bereich der Elektronik sind Elementarobjekte zur
Darstellung von Transistoren, Widerständen, Kondensatoren usw. vorteil-
haft, um z.B. Schaltpläne leicht zu erstellen, für Anwendungen innerhalb
des Maschinenbaus bieten sich zur Erstellung technischer Zeichnungen
Elementarobjekte wie Wellen, Fasen, Zahnräder usw. an.

Eine Speicherung solcher rechnerinterner Modelle setzt voraus, daß die
Elementarobjekte innerhalb des Rechners in irgendeiner Form dargestellt
und durch Parameter in ihrer Größe und Lage veränderbar sind.

Entsprechend der Entstehung der rechnerinternen Modelle durch Verknüpfung von Elementarobjekten kann nun eine Speicherung des Modells nicht
nur durch Speicherung der Geometrie des Modells erfolgen - hierzu könnten dann wieder Listen herangezogen werden -, sondern es ist möglich,
das rechnerinterne Modell in Form seiner "Entstehungsgeschichte" darzustellen. D.h. man speichert die verwendeten Elementarobjekte, die Parameter zur Veränderung der Lage und Größe, sowie, in der entsprechenden
Reihenfolge, die durchgeführten Operationen.

Wir wollen die Entstehungsgeschichte des Objekts aus Abb. 3.18. auf neue
Weise grafisch darstellen, um einen zur Speicherung geeigneten
abstrakten Datentyp kennenzulernen (vgl. Abb. 3.19.).

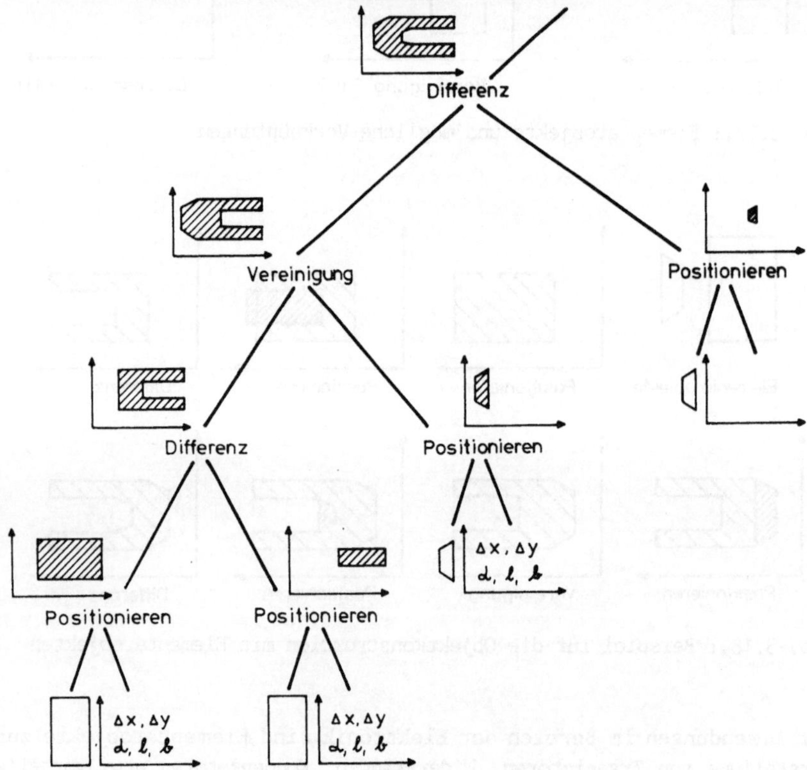

Abb. 3.19.: Entstehung eines Objekts aus Elementarobjekten

Ausgehend von der Operation, die den Endzustand des gewünschten Objekts
bewirkt, findet eine Verzweigung zu vorhergehenden Operationen statt,
die ihrerseits selbst wieder auf weiteren Verzweigungen beruhen und am
Ende Elementarobjekte und ihre möglichen Parameter erreichen.

Man nennt eine solche Struktur einen **Baum**, der Ausgangspunkt wird **Wurzel** und die Endstellen **Blätter** genannt. Wurzel, Blätter und die einzelnen Zwischenstationen heißen Knoten eines Baumes.

Üblicherweise wird ein Baum grafisch so dargestellt, daß die Wurzel oben und die Blätter unten angeordnet sind, im Gegensatz zu seinem Namensgeber aus der Natur, es gibt jedoch noch einige weitere Darstellungsmöglichkeiten, für die wir auf die Literatur (z.B. /Wirth83/) verweisen.

Eine allgemeine Definition des abstrakten Datentyps Baum kann je nach Standpunkt (Mathematik, Informatik) auf vielfältige Weise erfolgen; wir wählen folgende rekursive Art aus der Informatik:
Ein Baum ist entweder
- eine leere Struktur oder
- ein Knoten (die Wurzel) verknüpft mit einer endlichen Zahl von Bäumen, den sogenannten Teilbäumen.

Für unsere Entstehungsgeschichte des gewünschten Objekts werden immer zwei Ausgangsobjekte zu einem neuen Objekt miteinander verknüpft. Jeder Knoten des Baumes (außer den Blättern) verzweigt sich also zu genau zwei Teilbäumen. Diesen Spezialfall eines allgemeinen Baumes nennt man binären Baum oder kürzer **Binärbaum**.

Eine Darstellung von Objekten durch binäre Baume erreicht man also, indem man als Blätter die Elementarobjekte und ihre möglichen Parameter zur Dimensionierung und Lageveränderung wählt und die übrigen Knoten durch die möglichen Operatoren besetzt.

Aus solchen Bäumen kann dann durch "Abschreiten" der Verzweigungen eine zur Bilddarstellung geeignete lineare Liste, bestehend aus Punktkoordinaten und Fahrbefehlen, bestimmt werden, indem man letztlich auf die geometrische Beschreibung der Elementarobjekte zurückgreift.

Die beiden Elementarobjekte Rechteck und Trapez im o.g. zweidimensionalen Beispiel könnten durch folgende PASCAL-Vereinbarung dargestellt werden:

```
TYPE RECHTECK = RECORD
                ECKE : PUNKT;
                BASIS, HÖHE, ALPHA : REAL
                END;

     TRAPEZ = RECORD
              ECKE : PUNKT;
              BASIS, SCHENKEL, ALPHA, GAMMA1,GAMMA2 : REAL
              END;
```

In diesen Vereinbarungen bezieht sich ECKE auf die linke untere Ecke des
mit der BASIS waagerecht in der Ebene liegenden Rechtecks bzw. Trapez,
ALPHA ist der Winkel, um den das Rechteck bzw. das Trapez um ECKE
gedreht wird. Das Trapez ist hier in seiner allgemeinsten Form beschrieben, mit BASIS als (größerer) Grundlinie und SCHENKEL als der in ECKE in
einem Winkel von GAMMA1 auf BASIS treffenden Trapezseite. GAMMA2 bezeichnet den Winkel des zweiten Trapezschenkels mit BASIS. Beschränkt
man sich - wie in den vorangegangenen Abbildungen geschehen - auf
gleichschenklige Trapeze, entfällt für die Vereinbarung GAMMA2.

Eine Erweiterung dieser Vereinbarungen auf dreidimensionale Elementarobjekte ist durch veränderte Interpretation von ECKE und Hinzunahme von je
einem Tiefenparameter leicht möglich.

3.3 Weitergehende Strukturierung von Bildern

3.3.1. Speicherung von Teilbildern

Die im letzten Abschnitt beschriebenen rechnerinternen Modelle wählten
das Objekt als Ausgangspunkt und zerlegten es in seine geometrischen
Bestandteile. Für Anwendungen ist es nun oft wünschenswert - insbesondere, wenn die dargestellten Objekte 2-dimensional oder selbst kaum
hierarchisch strukturiert sind -, auch das Bild in Bestandteile zu
zerlegen. Anders als in Abschnitt 3.1.2. soll hierdurch eine Aufteilung
des Bildes unabhängig von der geometrischen Struktur in eine Hierarchie
von Teilbildern erreicht werden.

Eine solche Aufteilung ermöglicht beispielsweise die Manipulation und
Darstellung eines Teilbildes auf einem Ausgabegerät ohne Beeinträchti-
gung anderer Bildteile, oder die gleichzeitige Ausgabe mehrerer Teilbilder in verschiedenen Maßstäben (vgl. dazu die Fenstertechnik in Abschnitt 4.2.4.).

Die Definition von Teilbildern kann dabei parallel zur Zerlegung in die
geometrischen Bestandteile eines Objekts erfolgen, sodaß z.B. die grafischen Primitive Körper oder Körpergruppen zugleich auch Teilbilder sind.
Sie kann aber auch quer zu dieser Struktur verlaufen und so z.B. Flächen
und Kanten verschiedener Körper in einem Teilbild zusammenfassen.

Solch ein Nebeneinander zweier unterschiedlicher hierarchischer Ordnun-
gen zu einem Objekt stellt an die zugrundeliegenden Datenstrukturen hohe
Anforderungen.

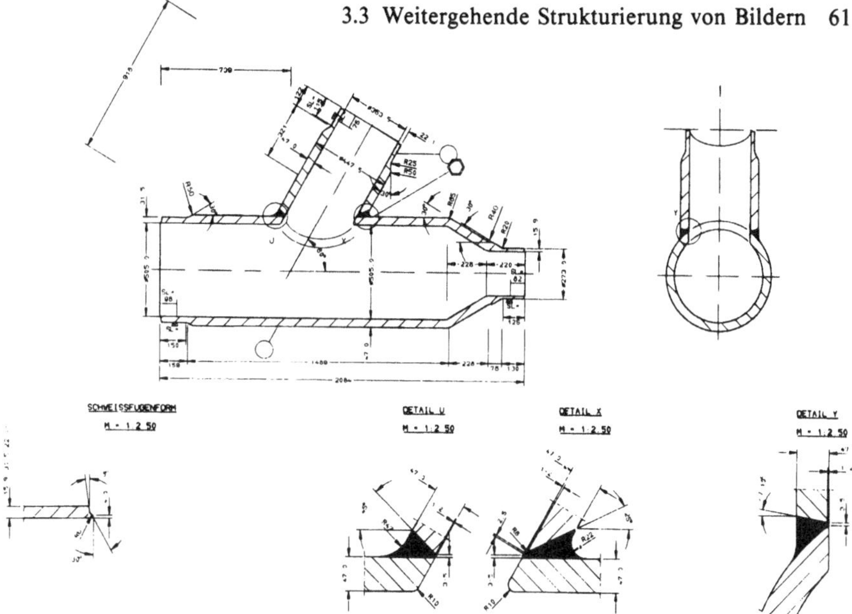

Abb. 3.20.: Technische Zeichnung mit mehreren Ansichten, eingeklinkten
Kommentaren, vergrößerten Details, Vermaßungen (aus /mbp83/)

Die wohl einfachste Möglichkeit ist eine Numerierung sämtlicher Teilbilder und Aufnahme dieser Teilbildnummer in die Datenstruktur der grafischen Primitive, sodaß jedes Primitiv zu genau einem Teilbild gehört:

```
TYPE PUNKT = RECORD
             PUNKTNR : NATZAHL;
             X-KOORD, Y-KOORD, Z-KOORD : REAL;
             TEILBILDNR : 1..MAXTEILBILDZAHL
             END;
```

Für die übrigen grafischen Primitive entsprechend. Dies führt allerdings
zu umfangreichen Suchoperationen bei der Darstellung von Teilbildern, da
jedes grafische Primitiv dahingehend untersucht werden muß, ob es einem
bestimmten Teilbild angehört oder nicht. Dieser Aufwand ist wegen des
Umfangs grafischer Primitive, die zu einem Bild gespeichert werden
müssen, meist nicht vertretbar. Eine andere Möglichkeit ist, die Teilbilder als zusätzliche grafische Primitive vorzusehen und für jedes
Teilbild eine eigene Hierarchie aufzubauen. Dazu werden folgende Datentypen benötigt:

```
TYPE ELEMENTTYP = (PUNKT, KANTE, FLÄCHE, KÖRPER, KÖRPERGRUPPE);

     TEILBILD = RECORD
                TEILBILDNR : NATZAHL;
```

```
                    ELEMENT : ARRAY [1..MAXELEMENTZAHL] OF ELEMENTTYP
                    END;
```

Die einzelnen Teilbilder werden dann ihrerseits wieder z.B. in einer
geketteten Liste zusammengefaßt.

Dieses Nebeneinander der Teilbild-Hierarchie und der geometrischen
Hierarchie und die damit verbundene Mehrfachspeicherung grafischer
Primitive kann vermieden werden, wenn statt der grafischen Primitive nur
Verweise auf die Elemente in die Teilbild-Hierarchie aufgenommen werden.

Basierend auf der Darstellung in Abb. 3.11. können wir diese Zuordnung
wie in Abb. 3.21. veranschaulichen.

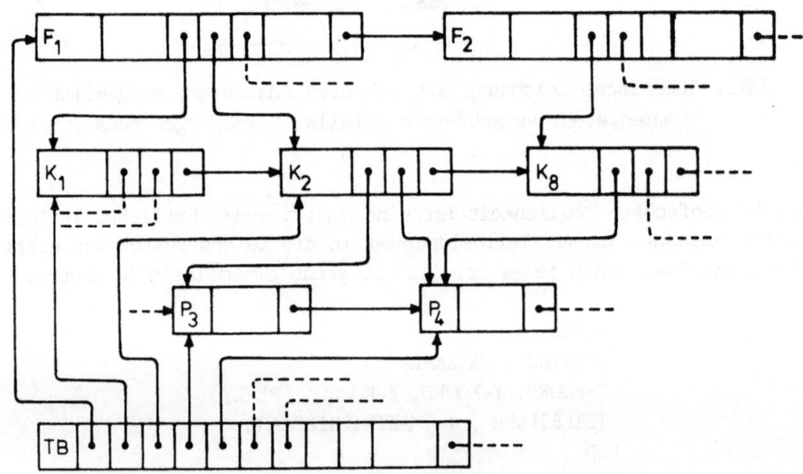

Abb. 3.21.: Listenstruktur für eine Teilbildspeicherung

Da im allgemeinen natürlich recht viele grafische Primitive einzelnen
Teilbildern zugeordnet sind, müssen in dieser Form Teilbilder über sehr
viele Zeigerkomponenten verfügen. Die dynamische Anpassung der Komponen-
tenzahl an die im Einzelfall benötigten Zeiger erweist sich in der Regel
als nicht durchführbar, sodaß die Zuordnung von Primitiven zu Teilbildern besser durch Verkettung sämtlicher einem Teilbild zugehörigen Elemente dargestellt wird (vergl. Abb. 3.22.). Jetzt können die einzelnen
Primitive in beliebiger Zahl zu Teilbildern zusammengefaßt werden, wobei
durch Vorsehen entsprechender Zeigerkomponenten in den grafischen Primitiven ein grafisches Primitiv durchaus mehreren Teilbildern zugeordnet
sein kann.

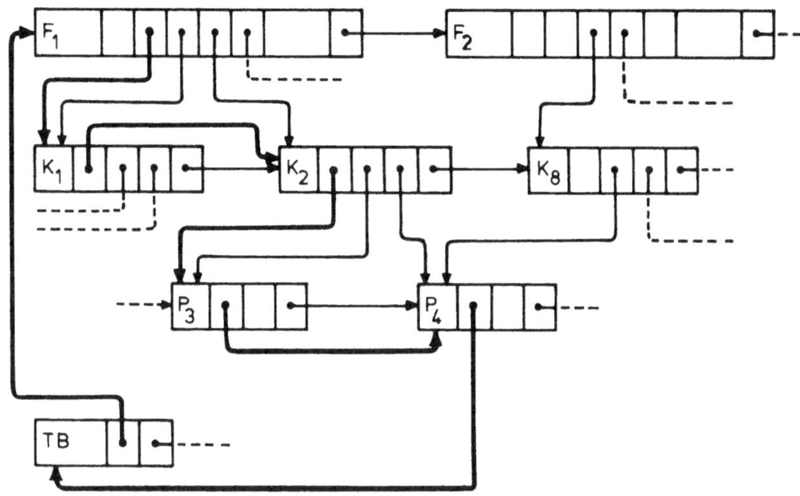

Abb. 3.22.: Eine Ringverkettung zur Speicherung von Teilbildern

3.3.2. Nicht-grafische Aspekte

Eine weitere Komplizierung der Datenstrukturen von grafischen Darstellungen ergibt sich, wenn außer den grafischen Primitiven und ihren geometrischen Beziehungen auch noch nicht-grafische Aspekte für die Speicherung berücksichtigt werden müssen. Hierunter fallen Aspekte des dargestellten Objekts, die bestimmte Auswertungen wie Berechnungen, Aufstellen von Stücklisten zur Herstellung des Objekts, Generierung von NC-Programmen zur computerunterstützten Fertigung (CAM) usw. erlauben.

Verwendet man zur Darstellung dieser Aspekte wiederum Relationen zwischen grafischen Primitiven, so entstehen Verbindungen, die nicht entlang der geometrischen oder der Teilbild-Hierarchie verlaufen, sondern entsprechend der Anwendung beliebig sind. Es sind somit weitere Listenstrukturen zur Speicherung solcher Verbindungen nötig, über deren Form allgemein nichts ausgesagt werden kann.

Ein Aspekt, der in diesem Zusammenhang hervorgehoben werden soll - auch wenn er in gewisser Weise eine grafische Darstellung besitzt - ist die Möglichkeit des Auftretens von Bemaßungen und in etwas weiterem Sinne auch Kommentaren.

Bei Daten dieser Art ist eine Rückführung auf die grafischen Primitive Symbole (für Maßlinien) und Text möglich. Eine Speicherung ist sowohl in

Form von Listen als eigenständige Struktur, wie auch durch direkte
Zuordnung von "Bemaßungs-Primitiven" zu den entsprechenden grafischen
Elementen durchzuführen. Die notwendigen Parameter wie Darstellungsart,
-länge, -höhe, -richtung und -wert sind hier nicht unbedingt vorzugeben,
sondern können anhand der zugehörigen grafischen Primitive z.B. durch
den Abstand zweier Punkte und den Abstand von Kanten ermittelt werden
(vgl. hierzu auch Abschnitt 7.1).

Abb. 3.23.:

Ein Beispiel
für Maßlinien
(aus: /Olivetti83/)

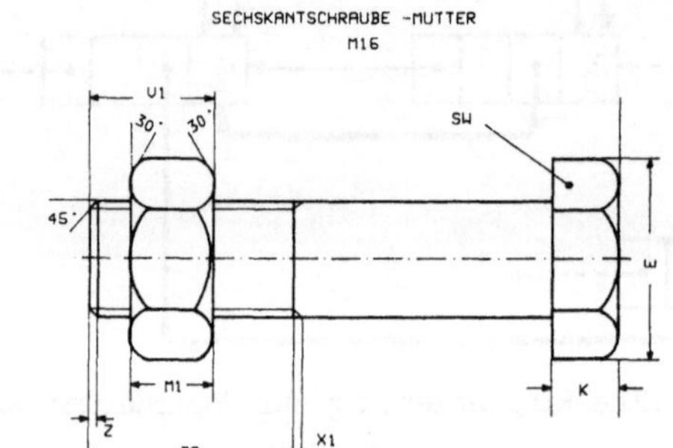

3.3.3. Visueller Realisimus

Unter der Bezeichnung "visual realism" werden alle Bemühungen zusammengefaßt, computergenerierte Bilder möglichst so zu gestalten, daß sie
physiologisch im Auge die gleichen Sinneseindrücke hervorrufen wie die
Wirklichkeit. Gegenüber den in diesem Band hauptsächlich dargestellten
Methoden der Strichgrafik ist hierzu die farbige Rastergrafik mit einem
möglichst feinen Raster besser geeignet (vgl. Tafel 1,2,3 und 4). Der
Aufwand an Geräten und Programmen für solche realistischen Bilder über-
steigt gegenwärtig noch die Möglichkeiten der meisten Anwender. Trotzdem
sollen hier einige Aspekte genannt werden.

Die Darstellung von Körpern muß perspektivisch korrekt erfolgen. Die
sichtbaren Teile der Körper müssen danach ermittelt werden, wie die
Materialeigenschaften der sie (eventuell) verdeckenden Körper bezüglich
der Lichtdurchlässigkeit sind (Transluszenz, Transparenz). Die Eigenschaften der Körperoberfläche bezüglich Farbe, Reflexion/Rauhigkeit und
natürlich der Lichteinfall müssen berücksichtigt werden. Es muß also
ermittelt werden, welche Lichtstrahlen - aus welcher Quelle auch immer -
von jedem einzelnen Bildpunkt zum Auge des Betrachters gelangen. Ein
Überblick darüber wird von /Hall83/ gegeben.

Aber auch mit bescheideneren Mitteln, z.B. mit binärer Strichgrafik
lassen sich schon erstaunliche Effekte erzielen (vgl. Abb. 3.24.). Durch

Nutzung der Perspektive, durch die Methoden der Unterdrückung verdeckter
Kanten und Flächen, durch die Darstellung von Licht und Schatten im
Bild.

Abb. 3.24.:

Realistische Darstellung
einer Welle durch die
binäre Strichgrafik
(aus: /Enderle82/)

Solche weitergehenden Forderungen für die Wirkung grafischer
Darstellungen setzen natürlich entsprechende Vorkehrungen für die
Speicherung der rechnerinternen Modelle voraus. Die oben genannten
Eigenschaften von Körperoberflächen sowie Lichtquellen, ihre Intensität
und Farbe sowie ihre Auswirkungen auf die Darstellungsart von Objekten
(Schlagschatten, Halbschatten usw.) müssen in den Datenstrukturen
berücksichtigt werden.

Ähnlich wie für nicht-grafische Aspekte (vgl. Abschn. 3.3.2.) eignen
sich zusätzliche gekettete Listen zur Speicherung dieser Aspekte.
/Hall83/ gibt ein Beispiel, bei dem er zur Modellierung binäre Bäume
(vgl. Abschn. 3.2.2.) verwendet.

3.4 Realisierungen grafischer Daten durch Programmiersprachen

In den vorangegangenen Abschnitten dieses Kapitels haben wir eine Reihe
von Methoden und Vorgehensweisen zur Speicherung von Bildern, d.h. zur
Darstellung von grafischen Daten im Speicher eines Rechners geschildert.
Die Beschreibung erfolgte dabei jedoch auf einem ziemlich abstrakten
Niveau. So wurden einige abstrakte Datentypen und rechnerinterne Modelle
aufgeführt; wie man diese Typen in Programmiersprachen definiert und
bearbeitet, wurde aber nur ansatzweise behandelt. Diese Realisierungen
sind es aber letztlich, die das darzustellende Objekt im Rechner wiedergeben.

Wir wollen deshalb in diesem Abschnitt näher auf Realisierungen von
Modellen und abstrakten Datentypen durch Programmiersprachen eingehen.
Wegen der Fülle der Möglichkeiten für diesen Prozeß kann die folgende

Darstellung natürlich nicht vollständig sein, wir beschränken uns
deshalb zunächst auf eine Fortführung der bereits angeführten Ansätze
für die Programmiersprache PASCAL und geben danach ein Beispiel, wie man
Datentypen und Modelle in der Sprache FORTRAN IV auf die Speichermedien
eines Rechners abbilden kann.

Diese Auswahl begründet sich aus den komfortablen Strukturierungsmöglichkeiten in PASCAL und der großen Verbreitung beider Sprachen, wobei
gerade FORTRAN in grafischen Systemen häufig Verwendung findet (vergl.
Abschnitt 4.1.).

3.4.1. Ein Beispiel mit Pointern in PASCAL

Üblicherweise werden in Programmen die verwendeten Daten durch Variablen
dargestellt und durch einen Variablennamen bezeichnet. Die Zuordnung
zwischen den einzelnen Variablen und ihren Namen erfolgt in der Programmiersprache PASCAL durch eine Variablenvereinbarung, bei der gleichzeitig auch der Typ der Variablen festgelegt wird.

```
TYPE PUNKT = RECORD
             PUNKTNR : NATZAHL;
             X-KOORD, Y-KOORD : REAL
             END;


VAR P1,P2,P3,P4 : PUNKT;
```

Diese Zuordnung gilt innerhalb eines gesamten Programmteils (z.B. in
einer Procedure) - man spricht in diesem Zusammenhang von **statischen
Variablen** - und kann bei Ausführung des Programms nicht verändert werden. Insbesondere ist es nicht möglich, die Anzahl der verwendeten
Variablen zu verändern; diese ist durch den Programmtext festgelegt.

Wir können also durch solche Typenvereinbarungen mit Variablen in PASCAL
sehr gut die Struktur von grafischen Primitiven beschreiben - dies ist
bei der Einführung der einzelnen Primitive auch geschehen -, für die
Darstellung von Bildern mit variabler Zahl von Punkten, Kanten und
Flächen eignen sich solche statischen Variablen aber nur begrenzt.

Gekettete Listen weisen als Datentyp gerade den Vorteil auf, daß sie beliebig erweiterbar und verkürzbar sind. Je nach Anforderung können Punkte in eine Punkteliste neu aufgenommen oder aus ihr entfernt werden. Bei
Verwendung statischer Variabler - z.B. Felder - muß innerhalb des Programmtextes aber die Festlegung einer Obergrenze für die Anzahl der Ele-

mente erfolgen. Dies führt dazu, daß ein Programm entweder viel Speicherplatz verschwendet, indem riesige Speicherbereiche durch statische Variable belegt werden, von denen die Anwendung nur einen kleinen Teil nutzt oder eine Anwendung nicht unterstützen kann, weil der vereinbarte Speicherbereich zur Aufnahme der anfallenden Daten nicht ausreicht.

Dieser Mißstand kann in PASCAL durch sogenannte **dynamische Variable** vermieden werden. Deren Speicherplatz wird nicht durch Variablenvereinbarung, sondern erst bei der Ausführung des Programms durch Aufruf der Standardprozedur NEW generiert. Um solch eine neu generierte Variable anzusprechen - sie besitzt keinen Namen, weil die Vergabe von Namen innerhalb des Programmtextes wiederum eine Festlegung der möglichen Anzahl bedeutet - kennt PASCAL sogenannte **Pointervariablen**. Diese sind von ihrem Typ und von ihrer Anzahl her durch den Programmtext festgelegt, ihr Wert, d.h. ihr Inhalt ist ein Verweis (Zeiger) auf die zuletzt generierte dynamische Variable.

Das Ansprechen dieser dynamischen Variable geschieht dann durch **Dereferenzieren** der Pointervariablen. Während z.B. P eine Pointervariable bezeichnet, kann durch P↑ diejenige dynamische Variable angesprochen werden, auf die P zeigt.

```
Beispiel:              TYPE PUNKT = RECORD
                              PUNKTNR : NATZAHL;
                              XKOORD,YKOORD : REAL
                              END;
```
sei der Typ eine dynamischen Variablen, auf die die statische Variable P verweist. Dann wird durch
```
                       NEW ( P )
```
während des Programmlaufs ein entsprechender Speicherplatz generiert und durch
```
                       P↑.PUNKTNR := 1;
                       P↑.XKOORD := 1.25;
                       P↑.YKOORD := 3.75;
```
mit Werten versehen. Ebenso sind über das Dereferenzieren Vergleiche, Aufrufe und alle anderen in PASCAL für statische Variable vorgesehenen Operationen auf dynamische Variable anwendbar.

Welchem Typ eine solche dynamische Variable angehört, wird über den Typ der Pointervariablen festgelegt, oder anders ausgedrückt, der Typ einer Pointervariablen richtet sich nach dem Typ der dynamischen Variablen, auf die sie zeigt. Eine Vereinbarung von Pointervariablen geschieht in der Form
```
                       VAR P : ↑PUNKT
```
d.h. der Wert von P ist der Verweis auf eine Variable vom Typ PUNKT.

Beziehungen zwischen Daten, wie sie durch gekettete Listen oder durch
Binärbäume ausgedrückt werden, lassen sich durch Pointervariable und
dynamische Variable leicht nachbilden.

Beschäftigen wir uns zunächst mit dem Binärbaum. Wie in Abschnitt 3.2.2.
beschrieben, können die Knoten von uns jetzt interessierenden Binärbäu-
men Operatoren, Parameter und Elementarobjekte darstellen. Wir definieren deshalb einen Aufzählungstyp

$$\text{TYPE KNOTENWERT} = (\text{ELEMENTAROBJEKT}_1,..,\text{ELEMENTAROBJEKT}_k, \text{OPERATOR}_1,$$
$$..,\text{OPERATOR}_n, \text{PARAMETER}_1,..,\text{PARAMETER}_m);$$

und verwenden eine Pointervariable zum Verweis auf einen Knoten des Binärbaumes

    TYPE ZEIGER = ↑KNOTEN;

Ein Knoten und damit der gesamte Binärbaum wird dann dargestellt durch
die Struktur

    TYPE KNOTEN = RECORD
                  KNOTENBEDEUTUNG : KNOTENWERT;
                  LINKERTEILBAUM, RECHTERTEILBAUM : ZEIGER
                  END;

D.h. die Komponenten LINKERTEILBAUM und RECHTERTEILBAUM innerhalb des
Datentyps KNOTEN sind Zeiger auf dynamische Variable desselben Datentyps, also auf diejenigen Variablen, die die Wurzel des linken und
rechten Teilbaumes zu einem Ausgangsknoten bilden.

Beispiel:

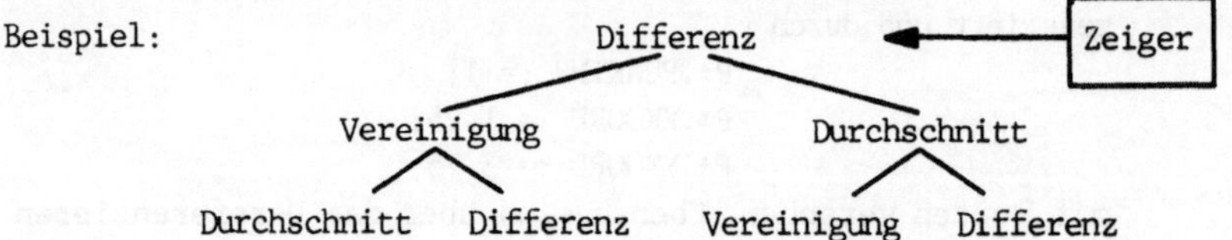

sei Teil eines auszuwertenden Binärbaumes und die Pointervariable Zeiger
weise auf die Wurzel dieses Ausschnitts. Dann gilt:

ZEIGER↑.LINKERTEILBAUM.KNOTENBEDEUTUNG ≡ Vereinigung
ZEIGER↑.LINKERTEILBAUM↑.LINKERTEILBAUM.KNOTENBEDEUTUNG ≡ Durchschnitt
ZEIGER↑RECHTERTEILBAUM↑.RECHTERTEILBAUM.KNOTENBEDEUTUNG ≡ Differenz

Ähnlich leicht nachzubilden sind gekettete Listen. Wir geben im
folgenden noch einmal vollständig die Datenstrukturen für die grafischen
Primitive Punkt, Kante und Fläche an, die wir für die Verwendung von

Pointervariablen im Gegensatz zu Abschnitt 3.1.2. etwas verändert haben.
Danach folgen die Datenstrukturen für Punkte-, Kanten- und Flächenliste,
wie sie sich mit Pointern und Variablen darstellen.

```
TYPE  PULIZEIGER = ↑PUNKTELISTE;
      KALIZEIGER = ↑KANTENLISTE;
     FLALIZEIGER = ↑FLÄCHENLISTE;
           PUNKT = RECORD
                     PUNKTNR : NATZAHL;
                     XKOORD, YKOORD : REAL
                   END;
           KANTE = RECORD
                     KANTENNR : NATZAHL;
                     PUNKT1, PUNKT2 : PULIZEIGER
                   END;
          FLÄCHE = RECORD
                     FLÄCHENNR : NATZAHL;
                     KANTEN : ARRAY [1..MAXKANTENZAHL] OF KALIZEIGER
                   END;
      PUNKTELISTE = RECORD
                     AKTUELLERPUNKT : PUNKT;
                     NEXTPUNKT : PULIZEIGER
                   END;
      KANTENLISTE = RECORD
                     AKTUELLEKANTE : KANTE;
                     NEXTKANTE : KALIZEIGER
                   END;
     FLÄCHENLISTE = RECORD
                     AKTUELLEFLÄCHE : FLÄCHE;
                     NEXTFLÄCHE : FLALIZEIGER
                   END;
```

Die Komponenten PUNKT1, PUNKT2 innerhalb der Datenstruktur KANTE und die
Komponenten KANTEN innerhalb der FLÄCHE sind hier nicht mehr direkt die
Endpunkte einer Kante, bzw. die Seiten einer Fläche, sondern Zeiger auf
Elemente der Punkte- und Kantenliste, deren Komponente AKTUELLERPUNKT
bzw. AKTUELLEKANTE dann die Endpunkte und Seiten darstellen.

Eine entsprechende Typvereinbarung kann nun auch für die übrigen in den
vorangegangenen Abschnitten dieses Kapitels aufgeführten grafischen
Primitive vorgenommen werden. Wir wollen uns mit den obigen Vereinbarungen begnügen und im folgenden einige Prozeduren angeben, durch die eine
grafische Darstellung aufgebaut werden kann und durch die Auswertungen
des gespeicherten Bildes möglich sind.

```
VAR LP:PULIZEIGER; LK:KALIZEIGER; LF:FLALIZEIGER;
    /* Vereinbarung von Zeigern auf die jeweiligen Listenenden */

PROCEDURE INITIALISIERUNG;
    BEGIN
    LP:=NIL; LK:=NIL; LF:=NIL
    END;
```

Die Prozedur INITIALISIERUNG belegt die Pointervariablen für die Listen-
enden mit dem Abschlußsymbol, d.h. es werden alle Listen als noch leer
erklärt.

Die Prozeduren BILD, FLÄCHEN, KANTEN und PUNKTE sorgen für den Aufbau
der Datenstrukturen entsprechend des zu speichernden Bildes. Es wird
hier davon ausgegangen, daß die Eingaben für Werte im Dialog erfolgt und
daß zu einer bearbeiteten Fläche jeweils eine Kante und die dazugehöri-
gen Endpunkte angegeben werden bevor mit der nächsten Kante und nach
Abschluß aller Kanten einer Fläche mit der nächsten Fläche weitergear-
beitet wird (vergl. Abb. 3.24.).

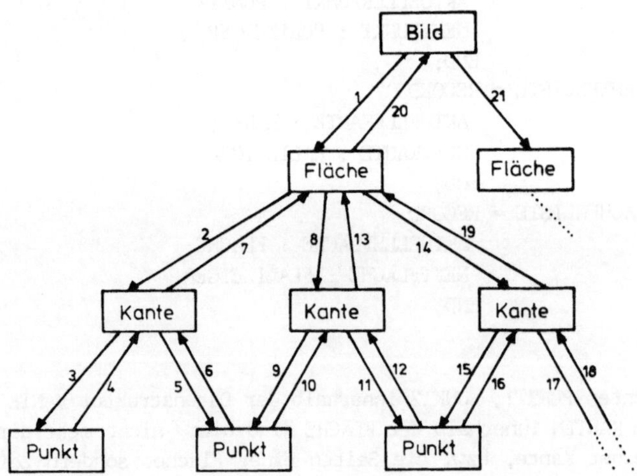

Abb. 3.25.: Abarbeitungsreihenfolge durch die Prozeduren

```
PROCEDURE BILD;
    VAR F : FLALIZEIGER; FNR : NATZAHL;
    BEGIN
    WRITELN ('BITTE ERSTE FLÄCHE DES BILDES');
    READ (FNR);
```

```
WHILE FNR ≠ 0 DO
  BEGIN NEW (F);                    /* Neue Fläche definieren */
        F↑.NEXTFLÄCHE := LF;        /* und vorn in die Flä-   */
        FLÄCHEN (F, FNR);           /* chenliste eintragen    */
        LF := F;
        WRITELN ('BITTE NÄCHSTE FLÄCHE DES BILDES');
        READ (FNR)
  END
END;
```

Die Prozedur BILD fordert die Nummern der Flächen eines Bildes an und
sorgt für die Aufnahme einer Fläche in die Flächenliste. Wird als
Flächennummer eine 0 eingegeben, ist dies das Kennzeichen, daß alle
Flächen aufgenommen sind. Die Struktur einer Fläche wird durch Aufruf
der Prozedur FLÄCHEN bearbeitet.

```
PROCEDURE FLÄCHEN (F:FLALIZEIGER; FNR:NATZAHL);
    VAR K:KALIZEIGER; KNR,I:NATZAHL;
    BEGIN
    F↑.AKTUELLEFLÄCHE.FLÄCHENNR := FNR;
    WRITELN ('BITTE ERSTE SEITE ZU FLÄCHE', FNR:5);
    READ (KNR);
    I := 0;
    WHILE (KNR ≠ 0) AND (I < MAXKANTENZAHL) DO
      BEGIN I := I+1;
            SUCHEKANTE (KNR,K);
            IF K = NIL THEN BEGIN NEW (K);
                                  K↑.NEXTKANTE := LK;
                                  KANTEN (K,KNR);
                                  LK := K
                                  /* Neue Kante definieren und vorn
                                     in die Kantenliste eintragen */
                            END;
            F↑AKTUELLEFLÄCHE.KANTEN[I] := K;
            WRITELN ('BITTE NÄCHSTE SEITE ZU FLÄCHE', FNR:5);
            READ (KNR)
      END
    END;
```

Die Prozedur FLÄCHEN trägt die Flächennummer in das vorgesehene Datenelement ein und fordert die Eingabe der zuzuordnenden Kantennummern an.
Da eine Kante mehr als einer Fläche als Seite angehören kann, wird durch
Aufruf der Prozedur SUCHEKANTE (s.u.) überprüft, ob eine eingegebene
Kante bereits in der Kantenliste enthalten ist. Ist das der Fall, so
wird der entsprechende Verweis auf die Kante in das Flächen-Datenelement
eingetragen. Andernfalls wird ein neues Datenelement für eine Kante

erzeugt, dieses in die Kantenliste eingetragen und die Bearbeitung
der Kante durch die Prozedur KANTEN veranlaßt.

```
PROCEDURE KANTEN (K:KALIZEIGER; KNR:NATZAHL);
      VAR PNR:NATZAHL; P:PULIZEIGER;
      BEGIN
      K↑.AKTUELLEKANTE.KANTENNR := KNR;
      WRITELN ('BITTE ERSTEN ENDPUNKT ZU KANTE', KNR:5);
      READ (PNR);
      SUCHEPUNKT (PNR,P);
      IF P = NIL THEN BEGIN NEW (P);
                            P↑.NEXTPUNKT := LP;
                            PUNKTE (P,PNR);
                            LP := P
                            /* Neuer Punkt wird definiert und vorn
                               in die Punkteliste eingetragen  */
                      END;
      K↑.AKTUELLEKANTE.PUNKT1 := P;
      WRITELN ('BITTE ZWEITEN ENDPUNKT ZU KANTE', KNR:5);
      READ (PNR);
      SUCHEPUNKT (PNR,P);
      IF P = NIL THEN BEGIN NEW (P);
                            P↑.NEXTPUNKT := LP;
                            PUNKTE (P,PNR);
                            LP := P
                            /* Neuer Punkt wird definiert und vorn
                               in die Punkteliste eingetragen */
                      END;
      K↑.AKTUELLEKANTE.PUNKT2 := P
      END;
```

Die Arbeitsweise der Prozedur KANTEN entspricht der von FLÄCHEN, nur daß
wegen der festgelegten Endpunktzahl nur zwei Endpunkte bearbeitet
werden.

```
PROCEDURE PUNKTE (P:PULIZEIGER; PNR:NATZAHL);
      BEGIN
      P↑.AKTUELLERPUNKT.PUNKTNR := PNR;
      WRITELN ('BITTE X- UND Y-KOORDINATEN ZU PUNKT', PNR:5);
      READ (P↑.AKTUELLERPUNKT.XKOORD,P↑.AKTUELLERPUNKT.YKOORD)
      END;
```

Durch die Prozedur PUNKTE werden die aktuellen Werte angefordert und in
das Datenelement übertragen.

```
PROCEDURE SUCHEPUNKT (PNR:NATZAHL; VAR P:PULIZEIGER);
    VAR L:PULIZEIGER;
    BEGIN
    L := LP;                    /* Globale Variable nicht verändern */
    P := NIL;                   /* Punkt nicht gefunden */
    WHILE L ≠ NIL DO
     BEGIN
     IF L↑.AKTUELLERPUNKT.PUNKTNR = PNR
        THEN BEGIN P := L;
                   L := NIL   /* Punkt gefunden */
             END
        ELSE L := L↑.NEXTPUNKT;
     END
    END;


PROCEDURE SUCHEKANTE (KNR:NATZAHL; VAR K:KALIZEIGER);
    VAR L:KALIZEIGER;
    BEGIN
    L := LK;                    /* Globale Varibale nicht verändern */
    P := NIL;                   /* Kante nicht gefunden */
    WHILE L ≠ NIL DO
     BEGIN
     IF L↑.AKTUELLEKANTE.KANTENNR = KNR
        THEN BEGIN K := L;
                   L := NIL; /* Kante gefunden */
             END
        ELSE L := L↑.NEXTKANTE
     END
    END;
```

Die beiden Prozeduren durchlaufen die entsprechende Liste und stellen
fest, ob ein gesuchtes Element - identifiziert durch seine Nummer -
bereits in der Liste enthalten ist - dann wird der Pointer entsprechend
gesetzt - oder ob es das Element noch nicht gibt - Wert des Pointers ist
Nil.

Mögliche Auswertungen des in dieser Form gespeicherten Bildes sind z.B.
Berechnungen jeglicher Art aber auch das Erstellen einer linearen Liste
mit Koordinatenwerten und Fahrbefehlen zur Ausgabe des Bildes. Allen
solchen Auswertungen ist gemeinsam, daß einzelne Listen oder Teile der
Struktur durchlaufen werden müssen. Wir wollen deshalb zum Abschluß
dieses Abschnitts drei Prozeduren angeben, durch die alle Punkte einer
Punkteliste aufgelistet, alle Kanten mit ihren Endpunkten und alle
Flächen mit ihren Kanten herausgesucht werden.

```
PROCEDURE LISTEPUNKTE;
    VAR L:PULIZEIGER;
    BEGIN
    L := LP;                    /* Globale Variable nicht verändern */
    WHILE L ≠ NIL DO
     BEGIN
     WRITELN (L↑.AKTUELLERPUNKT.PUNKTNR);
     WRITELN (L↑.AKTUELLERPUNKT.XKOORD, L↑.AKTUELLERPUNKT.YKOORD);
     L := L↑.NEXTPUNKT
     END
    END;


PROCEDURE LISTEKANTEN;
    VAR L:KALIZEIGER;
    BEGIN
    L :=LK;                     /* Globale Variable nicht verändern */
    WHILE L ≠ NIL DO
     BEGIN
     WRITELN (L↑.AKTUELLEKANTE.KANTENNR);
     WRITELN ('ENDPUNKTE');
     WRITELN (L↑.AKTUELLEKANTE.PUNKT1↑.AKTUELLERPUNKT.PUNKTNR:5,
             L↑.AKTUELLEKANTE.PUNKT2↑.AKTUELLERPUNKT.PUNKTNR:5);
     L := L↑.NEXTKANTE
     END
    END;


PROCEDURE LISTEFLÄCHEN;
    VAR L:FLALIZEIGER; I:NATZAHL;
    BEGIN
    L := LF;                    /* Globale Variable nicht verändern */
    WHILE L ≠ NIL DO
     BEGIN
     WRITELN (L↑.AKTUELLEFLÄCHE.FLÄCHENNR);
     I :=1;
     WHILE L↑.AKTUELLEFLÄCHE.KANTEN[I] < NIL DO
      BEGIN
      WRITELN (L↑.AKTUELLEFLÄCHE.KANTEN[I]↑.AKTUELLEKANTE.KANTENNR.);
      I := I+1;
      END;
     L := L↑.NEXTFLÄCHE
     END
    END;
```

3.4.2. Ein Beispiel mit Dateien in FORTRAN

In der Programmiersprache FORTRAN IV gibt es nicht die reichhaltigen
Strukturierungsmöglichkeiten in Form eigener Typenvereinbarungen wie in
PASCAL, sondern nur die einfachen Typen REAL und INTEGER, sowie deren
Zusammenfassung zu Feldern. Ebenso ist es in FORTRAN nicht möglich,
dynamische Variable für ein Programm zu definieren.

Dennoch kann man mithilfe von FORTRAN Datenstrukturen wie Punkte, Kanten, Flächen usw. nachbilden und diese in geketteten Listen miteinander
in Beziehung setzen. Diese Darstellung grafischer Daten kann natürlich
wiederum auf unterschiedliche Weise vorgenommen werden. Wir wollen im
folgenden eine Möglichkeit vorstellen, bei der Dateien auf Hintergrund-
speichern zur Aufnahme der Datenstrukturen und geketteten Listen Verwendung finden und benutzen dafür, daß ein spezieller FORTRAN-Dialekt den
direkten Zugriff auf einzelne Dateisätze gestattet.

Beispiel: READ (DATEINUMMER'15, 10) Variablenliste
              10 FORMAT ...
              stellt den Satz 15 einer Datei auf einem Hintergrundspeicher,
              die über die Nummer DATEINUMMER angesprochen werden kann,dem
              Programm zur Verarbeitung zur Verfügung.

Zur Nachbildung einer grafischen Darstellung wird die Datenstruktur
eines grafischen Primitivs auf einen Dateisatz abgebildet und die
geketteten Listen werden durch Verkettung der einzelnen Dateisätze
realisiert, indem von einem Dateisatz auf einen anderen verwiesen wird.

Beispiel: Es seien die Sätze einer Datei mit den ganzen Zahlen 1,..,N
          durchnummeriert und Satz 10,14 und 25 zur Aufnahme von Punkten
          vorgesehen. Eine Verkettung der Punkte wird erreicht durch
          Einrichtung eines Bereichs innerhalb der Sätze, in dem die
          Dateisatznummer des der geketteten Liste entsprechend folgen-
          den Punktes vermerkt wird.

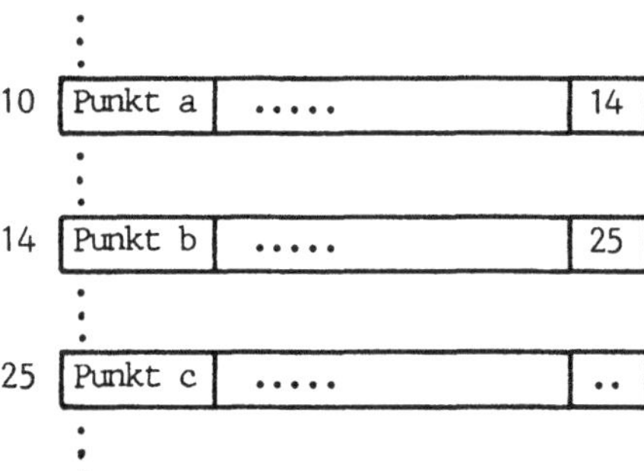

Nach Lesen des Dateisatzes 10 steht durch die Angabe 14 der
Nachfolger von Punkt a fest und kann durch Zugriff auf
Dateisatz 14 verarbeitet werden. Dessen Listennachfolger
findet sich dann in Dateisatz 25 usw.

Für eine Realisierung der grafischen Primitive und der abstrakten
Datentypen ist nun festzulegen, wie die sie repräsentierenden Dateisätze
aufgebaut sind, d.h. an welcher Stelle eines Satzes z.B.
Punktinformation und Verweise auf Listennachfolger, - vorgänger usw.
untergebracht werden.

Wir wollen für die folgende Darstellung wieder voraussetzen, daß nur die
grafischen Primitive Punkte, Kanten und Flächen, sowie eine einfach
verkettete Liste für die drei Typen zu realisieren sind. Ebenfalls legen
wir fest, daß einer Fläche die zugehörigen Kanten direkt zugeordnet sind
- also keine eigene Kantenliste für jede Fläche - und setzen als
Obergrenze für die Anzahl möglicher Seiten 10 Kanten. Diese
Einschränkung führt natürlich zu einer gewissen "Realitätsferne", der
Leser sei hiermit aufgefordert, die unten aufgeführten Programme
entsprechend seiner Vorstellungen und Bedürfnisse abzuändern.

Der Aufbau der einzelnen Dateisätze stellt sich dann wie folgt dar:

Dateisatz zur Realisierung von Punkten (Punktsätze):

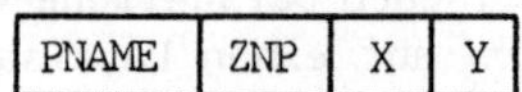

Es bedeuten: PNAME = Punktbezeichnung des dargestellten Punktes (3-
                stellige Integerzahl)
             ZNP= Zeiger auf den Nachfolger innerhalb der Punkte-
                liste (6-stellige Integerzahl)
             X = X-Koordinate des dargestellten Punktes
             Y = Y-Koordinate des dargestellten Punktes
                (jeweils insgesamt 10-stellige Real-Zahl)

Dateisatz zur Realisierung von Kanten (Kantensätze):

Es bedeuten: KNAME = Kantenbezeichnung der dargestellten Kante (3-
                stellige Integerzahl)
              ZNK = Zeiger auf den Nachfolger der Kantenliste
                (6-stellige Integerzahl)
            ZP1, ZP2 = Zeiger auf Dateisätze, die die beiden Endpunkte
                der Kante enthalten
                (jeweils 6-stellige Integerzahl)

Dateisatz zur Realisierung von Flächen (Flächensatz):

FNAME	ZNF	ZK(1)	ZK(2)	ZK(3)	ZK(4)	ZK(5)	ZK(6)	ZK(7)	ZK(8)	ZK(9)	ZK(10)

Es bedeuten: FNAME = Flächenbezeichnung der dargestellten Fläche (3-stellige Integerzahl)

ZNF = Zeiger auf den Nachfolger der Flächenliste (6-stellige Integerzahl)

ZK(1) = Zeiger auf Dateisätze, die die Kanten der dargestellten Fläche enthalten
: gestellten Fläche enthalten
ZK(10)   (jeweils 6-stellige Integerzahl)

Dem ersten Satz der Datei, die diese Datenstruktur aufnehmen soll. geben wir eine Sonderrolle. Er beinhaltet als <u>Dateikopf</u> die jeweiligen Listenanfänge, d.h. Satznummern bei denen die Punkte- (ZPL), Kanten- (ZKL) und Flächenliste (ZFL) beginnt, sowie einen Zeiger auf denjenigen Dateisatz, der als bisher freier Satz zur Aufnahme eines neuen grafischen Primitivs vorgesehen wird (ZFR).

Weiter bildet der Dateikopf das Ende der geketteten Listen, d.h. gibt es in einer Liste zu einem Element keinen Nachfolger mehr, so verweist der Nachfolger-Zeiger auf den Dateikopf.

Der Aufbau der Listenstrukturen zur Speicherung einer grafischen Darstellung erfolgt durch die Unterprogramme BILD, FLAECH, KANTE und PUNKT in derselben Weise, wie im letzten Abschnitt durch die PASCAL-Prozeduren. Die Nummern der grafischen Primitive und die Punktkoordinaten werden im Dialog eingegeben, zu jeder Fläche werden zunächst die Kanten und zu jeder Kante die beiden Endpunkte bearbeitet.

Die Zeiger auf die Listenanfänge werden als globale Parameter in Form eines COMMON-Blocks BILD den Unterprogrammen zur Verfügung gestellt. Ebenso im Block DATEI die Nummer "BDATEI", über die auf die Datei zugegriffen werden kann. Diese Größen werden zu Beginn des Aufbaus durch ein Unterprogramm INIT mit Werten belegt.

```
      SUBROUTINE INIT
        IMPLICIT INTEGER (A-W,Z)
        COMMON /DATEI/ BDATEI /BILD/ ZFL,ZKL,ZPL,ZFR
        BDATEI = 10
        ZFR = 2
        ZFL = 1
        ZKL = 1
        ZPL = 1
      RETURN
      END
```

```fortran
      SUBROUTINE BILD
      IMPLICIT INTEGER (A-W,Z)
      COMMON /DATEI/ BDATEI /BILD/ ZFL,ZKL,ZPL,ZFR
      WRITE (9,1)
    1 FORMAT (1H0, 30HBITTE ERSTE FLAECHE DES BILDES)
      READ (8,2) FLNAME
    2 FORMAT (I3)
    3 IF (FLNAME .EQ. 0) GOTO 6
C *** Beginn der Flächenbearbeitung für Flname
      ZNF = ZFL
      ZFL = ZFR
      ZFR = ZFR + 1
C *** Fläche vorn in Flächenliste, Freisatzzeiger aktualisieren
      CALL FLAECH (FLNAME, ZNF)
C *** Fläche in Datei eintragen und untergeord. Struktur bearbeiten
      WRITE (9,4)
    4 FORMAT (1H0, 33HBITTE NAECHSTE FLAECHE DES BILDES)
      READ (8,5) FLNAME
    5 FORMAT (I3)
      GOTO 4
    6 WRITE (BDATEI'1,7) ZFL,ZKL,ZPL,ZFR
    7 FORMAT (4I6)
C *** Dateikopf in Datei eintragen
      RETURN
      END


      SUBROUTINE FLAECH (FLNAME,ZNF)
      IMPLICIT INTEGER (A-W,Z)
      COMMON /DATEI/ BDATEI /BILD/ ZFL,ZKL,ZPL,ZFR
      DIMENSION ZK(10)
      DO 1 I = 1,10
        ZK(I) = 0
    1 CONTINUE
      WRITE (9,2) FLNAME
    2 FORMAT (1H0, 28HBITTE ERSTE SEITE ZU FLAECHE, I4)
      READ (8,3) KNAME
    3 FORMAT (I3)
      I=1
C *** Zähler für Kantenzahl
    4 IF (KNAME .EQ. 0) GOTO 8
C *** Beginn der Kantenbearbeitung für Kname
      IF (ZKL .NE. 1) CALL SUKA (KNAME, ZK(I))
      IF (ZK(I) .NE. 0) GOTO 5
C *** Wenn die Kante schon vorhanden ist, weiter mit der nächsten
      ZNK = ZKL
```

```
          ZKL = ZFR
          ZFR = ZFR + 1
C *** Kante vorn in Kantenliste, Freisatzzeiger aktualisieren
          ZK(I) = ZKL
C *** Kante als Seite bei der Fläche eintragen
          CALL KANTE (KNAME, ZNK)
C *** Kante in Datei eintragen und untergeord. Struktur bearbeiten
     5    IF (I .EQ. 10) GOTO 10
C *** Höchstzahl von Seiten zur Fläche erreicht
          WRITE (9,6) FLNAME
     6    FORMAT (1H0, 31HBITTE NAECHSTE KANTE ZU FLAECHE, I4)
          READ (8,7) KNAME
     7    FORMAT (I3)
          I = I + 1
          GOTO 4
     8    WRITE (BDATEI'ZFL,9) FLNAME,ZNF,(ZK(I),I=1,10)
     9    FORMAT (I3,11I6)
C *** Fläche in Datei eintragen
          RETURN
          END



          SUBROUTINE KANTE (KNAME,KNR)
          IMPLICIT INTEGER (A-W,Z)
          COMMON /DATEI/ BDATEI /BILD/ ZFL,ZKL,ZPL,ZFR
          ZP1 = 0
          ZP2 = 0
          WRITE (9,1) KNAME
     1    FORMAT (1H0, 30HBITTE ERSTEN ENDPUNKT ZU KANTE, I4)
          READ (9,2) PNAME
     2    FORMAT (I3)
C *** Beginn der Punktbearbeitung für 1. Endpunkt
          IF (ZPL .NE. 1) CALL SUPU (PNAME,ZP1)
          IF (ZP1 .NE. 0) GOTO 3
C *** Wenn der Punkt schon vorhanden ist, weiter mit dem nächsten
          ZNP = ZPL
          ZPL = ZFR
          ZFR = ZFR + 1
C *** Punkt vorn in Punkteliste, Freisatzzeiger aktualisieren
          ZP1 = ZPL
C *** Punkt als Endpunkt bei der Kante eintragen
          CALL PUNKT (PNAME,ZNP)
C *** Punkt in Datei eintragen
     3    WRITE (9,4) KNAME
     4    FORMAT (1H0, 33HBITTE NAECHSTEN ENDPUNKT ZU KANTE, I4)
          READ (8,5) PNAME
```

```
      5     FORMAT (I3)
C *** Beginn der Punktbearbeitung für 2. Endpunkt
            CALL SUPU (PNAME,ZP2)
            IF (ZP2 .NE. 0) GOTO 6
            ZNP = ZPL
            ZPL = ZFR
            ZFR = ZFR + 1
            ZP2 = ZPL
            CALL PUNKT (PNAME,ZNP)
      6     WRITE (BDATEI´ZKL,7) KNAME,ZNK,ZP1,ZP2
      7     FORMAT (I3, 3I6)
C *** Kante in Datei eintragen
            RETURN
            END



      SUBROUTINE PUNKT (PNAME,ZNP)
            IMPLICIT INTEGER (A-W,Z)
            COMMON /DATEI/ BDATEI /BILD/ ZFL,ZKL,ZPL,ZFR
            WRITE (9,1) PNAME
      1     FORMAT (1H0, 26HBITTE KOORDINATEN ZU PUNKT,I4)
            READ (8,2)
      2     FORMAT (2F10.2)
            WRITE (BDATEI´ZPL,3) PNAME,ZNP,X,Y
      3     FORMAT (I3, I6, 2F10.2)
C *** Punkt in Datei eintragen
            RETURN
            END
```

Da Punkte als Endpunkte mehrerer Kanten und Kanten als Seiten zwei Flächen zugeordnet sein können, muß vor Aufnahme eines dieser grafischen Primitive überprüft werden, ob es nicht schon in der Datei gespeichert ist (Vergl. die Abarbeitungsreihenfolge aus Abb. 3.25). Diese Überprüfung führen die Unterprogramme SUKA und SUPU anhand der Kanten- bzw. Punkt-Nummer durch.

```
      SUBROUTINE SUKA (KNAME,ZK)
            IMPLICIT INTEGER (A-W,Z)
            COMMON /DATEI/ BDATEI /BILD/ ZFL,ZKL,ZPL,ZFR
            ZK = 0
C *** Kante nicht gefunden
            Z = ZKL
C *** Globale Variable nicht verändern
      1     READ (BDATEI´Z,2) KANTE,ZN
      2     FORMAT (I3,I6)
            IF (KANTE .EQ. KNAME) GOTO 3
```

```
          Z = ZN
          IF (Z .EQ. 1) RETURN
          GOTO 1
    3     ZK = Z
C *** Kante gefunden
          RETURN
          END



          SUBROUTINE SUPU (PNAME,ZP)
          IMPLICIT INTEGER (A-W,Z)
          COMMON /DATEI/ BDATEI /BILD/ ZFL,ZKL,ZPL,ZFR
          ZP = 0
C *** Punkt nicht gefunden
          Z = ZPL
C *** Globale Variable nicht verändern
    1     READ (BDATEI'Z,2) PUNKT,ZN
    2     FORMAT (I3,I6)
          IF (PUNKT .EQ. PNAME) GOTO 3
          Z = ZN
          IF (Z .EQ. 1) RETURN
          GOTO 1
    3     ZP = Z
C *** Punkt gefunden
          RETURN
          END
```

Die nach Speicherung der grafischen Daten durch die vorangegangenen
Unterprogramme möglichen Auswertungen wollen wir hier wieder nur andeu-
ten, indem wir - wie im letzten Abschnitt - drei Unterprogramme angeben,
die sämtliche Punkte der Punkteliste ermitteln, die gespeicherten Kanten
mit ihren Endpunkten auflisten und die vorhandenen Flächen mit ihren
Kanten feststellen.

```
          SUBROUTINE LISTPU
          IMPLICIT INTEGER (A-W,Z)
          COMMON /DATEI/ BDATEI /BILD/ ZFL,ZKL,ZPL,ZFR
          Z = ZPL
C *** Globale Variable nicht verändern
    1     READ (BDATEI'Z,2) PNAME,ZN,X,Y
    2     FORMAT (I3, I6, 2F10.2)
C *** Punkt aus Punkteliste lesen
          WRITE (9,3) PNAME,X,Y
    3     FORMAT (1H0, 5HPUNKT, I4, 12H KOORDINATEN, 2F10.2)
          Z = ZN
C *** Nächsten Punkt einstellen
```

```
                 IF (Z .EQ. 1) RETURN
C *** Am Listenende angekommen
                 GOTO 1
                 END



         SUBROUTINE LISTKA
         IMPICIT INTEGER (A-W,Z)
         COMMON /DATEI/ BDATEI /BILD/ ZFL,ZKL,ZPL,ZFR
         Z = ZKL
C *** Globale Variable nicht verändern
      1  READ (BDATEI'Z,2) KNAME,ZN,ZP1,ZP2
      2  FORMAT (I3,3I6)
C *** Kante aus Kantenliste lesen
         READ (BDATEI'ZP1,3) P1NAME
         READ (BDATEI'ZP2,3) P2NAME
      3  FORMAT (I3)
C *** Die zugehörigen Endpunkte lesen
         WRITE (9,4) KNAME,P1NAME,P2NAME
      4  FORMAT (1H0,5HKANTE,I4,10H ENDPUNKTE,2I4)
         Z = ZN
C *** Nächste Kante einstellen
                 IF (Z .EQ. 1) RETURN
C *** Beim Listenende angekommen
                 GOTO 1
                 END



         SUBROUTINE LISTFL
         IMPICIT INTEGER (A-W,Z)
         COMMON /DATEI/ BDATEI /BILD/ ZFL,ZKL,ZPL,ZFR
         DIMENSION ZK(10)
         Z = ZFL
C *** Globale Variable nicht verändern
      1  READ (BDATEI'Z,2) FLNAME,ZN,(ZK(I),I=1,10)
      2  FORMAT (I3,11I6)
C *** Fläche aus Flächenliste lesen
         WRITE (9,3) FLNAME
      3  FORMAT (1H0, 7HFLAECHE, I4, 7H KANTEN)
         DO 6 I = 1,10
            ZS =ZK(I)
            IF (ZS .EQ. 0) GOTO 7
            READ (BDATEI'ZS,4) KNAME
      4     FORMAT (I3)
C *** i-te zugehörige Kante lesen
         WRITE (9,5) KNAME
```

```
5         FORMAT (1H ,'-------',I4)
6      CONTINUE
C *** Alle Kanten zur Fläche abgearbeitet
7      Z = ZN
C *** Nähcste Fläche einstellen
       IF (Z .EQ. 1) RETURN
C *** Am Listenende angekommen
       GOTO 1
   END
```

Wir wollen zum Schluß dieses Kapitels noch einmal darauf hinweisen, daß wir insbesondere in den letzten beiden Abschnitten nur Anregungen geben konnten, wie eine Realisierung grafischer Daten in Rechenanlagen vorgenommen werden kann. Es gibt eine Fülle weiterer Methoden und Möglichkeiten - vergleiche dazu die einschlägige Fachliteratur - und letztlich entscheidet nur die jeweilige Anwendung, welche Realisierung günstig ist, d.h. die gewünschten Auswertungen bestmöglich unterstützt.

4 Von der rechnerinternen Darstellung zum Bild

Im vorangegangenem Kapitel haben wir beschrieben, wie grafische Daten in
DV-Anlagen dargestellt werden können. Es wurden Datenstrukturen
angeführt, durch die ein rechnerinternes Modell grafisch darzustellender
Objekte gebildet wird; zusätzlich wurde anhand von Beispielen demonstriert, wie mithilfe höherer Programmiersprachen solche Datenstrukturen
erzeugt werden können.

Wie wird nun aber aus einem rechnerinternen Modell ein Bild erstellt und
auf grafischen Ausgabegeräten dargestellt? Wie werden solche Darstellungen verändert und wie gelangen die Veränderungen oder neu definierten
Bilder von den grafischen E/A-Geräten in den Rechner bzw. in das rechnerinterne Modell?

Mit dieser Problematik wollen wir uns in diesem Kapitel beschäftigen.

Das Erzeugen und Manipulieren grafischer Darstellungen erfordert neben
dafür geeigneten Geräten eine Reihe von Ein- und Ausgabeprogrammen, zugeschnitten auf die grafische Datenverarbeitung ähnlich wie die READ-
und WRITE-Prozeduren zur alphanumerischen Ein- und Ausgabe in höheren
Programmiersprachen.

Wir bezeichnen die Menge solcher grafischer Manipulationsfunktionen als
Grafik-System und interpretieren es als Bindeglied zwischen der rechnerinternen Darstellung grafischer Daten und den grafischen E/A-Geräten.

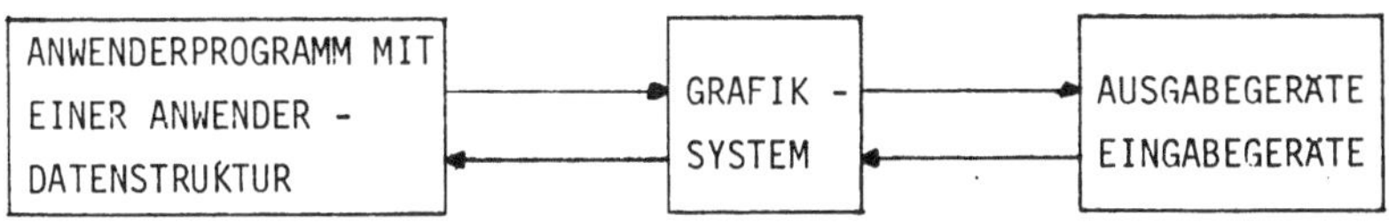

Abb. 4.1.: Grafik-System

Bedingt durch die stürmische Entwicklung im Bereich der grafischen Datenverarbeitung entstand eine Vielzahl unterschiedlicher Grafik-Systeme,
entwickelt unter anderen von Herstellern grafischer E/A-Geräte, Soft-
warehäusern oder auch universitären Rechenzentren. Diese Systeme stellen
dem programmierenden Anwender im allgemeinen Funktionen zur Verfügung,
die die Form von Unterprogrammen oder von in einer höheren Programmiersprache eingebetteten Sprachelementen haben und ihm die Darstellung von

Punkten und Linien erlauben. Der Programmierer integriert dann entsprechend dem darzustellenden Objekt die benötigten Unterprogramme bzw. grafischen Anweisungen in sein Anwendungssystem. Diese Vorgehensweise wird anhand einiger weit verbreiteter einfacher Grafik-Systeme im ersten Abschnitt dieses Kapitels vorgestellt.

Strukturelemente grafischer Darstellungen wie Flächen und Körper werden durch einfache Grafik-Systeme nicht unterstützt. Sie sind nur im Anwenderprogramm oder in der Anwenderdatenstruktur definiert und müssen zur Zeichnungserstellung in Punkte und Linien zerlegt werden.

Lange Zeit gab es weder für diesen Transformationsprozeß vom rechnerinternen Modell zu Punkten und Linien noch für die Art und den Umfang der Funktionen von Grafik-Systemen einheitliche Grundsätze.

Die Transformation blieb dem Anwender überlassen und die Grafik-Systeme zeichneten sich durch ihre Abhängigkeit von Hardware (Computer und E/A-Geräte) und Grundsoftware (Betriebssystem, Programmiersprachen) und häufig durch ihre Spezialisierung auf ein Gebiet aus. Die damit erstellten Anwendungsprogramme waren deshalb ebenfalls hochgradig spezialisiert und jede Änderung in der Gerätekonfiguration führte zu meist umfangreichen Änderungen im Programm.

Das Bestreben von Wissenschaftlern aus dem Gebiet "Grafische Datenverarbeitung" und die Forderungen von Anwendern nach einheitlicher Terminologie und Portabilität führte dann ab ca. 1975 zu den ersten Normungsbemühungen.

Für eine bessere Übertragbarkeit von Grafik-Systemen auf unterschiedliche Geräte wurde zunächst eine Trennung von Funktionen und den physikalischen E/A-Geräten vorgeschlagen und dafür ein sogenanntes Abstraktes E/A-Gerät eingeführt (Abb. 4.2). Parallel wurden die Techniken wie "Fenster" oder "Zoom" vereinheitlicht, sowie die Konzepte und Bezeichnungsweisen für den nach wie vor dem Anwender überlassenen Transforma-

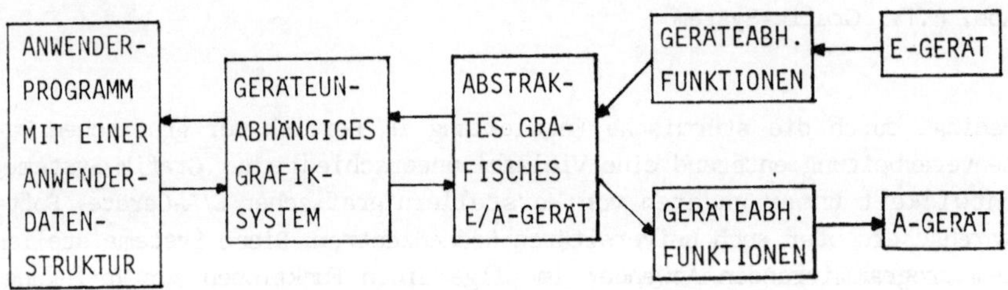

Abb. 4.2.: Abstraktes E/A-Gerät

tionsprozeß vom Modell zum Bild einander angenähert. Die heute üblichen Begriffe, Techniken und Vorgehensweisen beschreiben wir im 2. Abschnitt dieses Kapitels.

Das abstrakte E/A-Gerät wird als sozusagen ideal angesehen, d.h. es verfügt über alle gerätetechnisch realisierbaren Ein- und Ausgabemöglichkeiten. Um diese Möglichkeiten auszunutzen werden für das geräteunabhängige Grafiksystem die notwendigen Funktionen definiert und im allgemeinen wieder in Form von Unterprogrammen dem Anwender zur Verfügung gestellt. Die Menge dieser geräteunabhängigen und nicht auf Anwendungen gezielten Ein- und Ausgabefunktionen nennt man auch <u>logische oder abstrakte E/A-Funktionen</u>, bzw. auch <u>E/A-Primitive</u> oder <u>E/A-Grundfunktionen</u>. Wir beschreiben sie und ihre Wirkung im 3. Abschnitt dieses Kapitels.

Das vorläufige Endergebnis der Normungsbemühungen für die grafische Datenverarbeitung ist das <u>Grafische Kernsystem</u> (<u>GKS</u>). Dieses Grafik-System wurde von der Bundesrepublik (und hier insbesondere von der Technischen Hochschule Darmstadt ausgehend) entwickelt und gibt als deutsche und internationale Norm (DIN 66252, ISO DIS 7942-Entwurf) Richtlinien für die Art und den Umfang von Funktionen eines Grafik-Systems. Eine Beschreibung von GKS bildet den Abschluß dieses Kapitels.

4.1 Einfache Grafik-Systeme

4.1.1. Passive Unterprogrammsysteme

Zum Betreiben seiner Geräte hat praktisch jeder Hersteller grafischer Endgeräte eigene Unterprogramme - meist für FORTRAN II - entwickelt, die auf der EDV-Anlage, mit der ein solches Gerät zusammenarbeitet untergebracht werden. Einer der führenden Grafikgeräte-Hersteller der Anfangszeit ist die Firma CalComp, deren Grundsoftware eine weite Verbreitung gefunden hat und mit Abwandlungen auch von anderen Herstellern adaptiert wurde. Es ist ein passives System zur Erzeugung grafischer Darstellungen durch Aufruf von Unterprogrammen, ursprünglich zur Steuerung eines einfachen X-Y-Schreibers. Mit einigen Veränderungen (zum Anschluß von Geräten auch anderer Hersteller) hat diese Grundsoftware in vielen Rechenzentren Einzug gehalten.

Die elementaren Funktionen der <u>CalComp-Grundsoftware</u> sind PLOT, FACTOR, WHERE, SYMBOL, NUMBER und NEWPEN.

Durch Aufruf von

CALL PLOT (X,Y,IPEN)

wird mit gehobenem oder gesenktem Zeichenwerkzeug der Punkt (X,Y) eines
Koordinatensystems der Zeichenfläche angefahren (Einheit ist cm). Der
Parameter IPEN steuert die Funktion des Zeichenwerkzeugs und - als
Nebeneffekt - die Definition des Koordinatensystems:

IPEN=2   Zeichnen mit gesenktem Stift (Hellvektor) zu dem Punkt (X,Y)

IPEN=3   Zeichnen mit gehobenem Stift (Dunkelvektor) zum Punkt (X,Y)

IPEN=-2   Zeichnen mit gesenktem Stift zu dem Punkt (X,Y), der gleich-
           zeitig Nullpunkt eines neuen Koordinatensystems wird (Effekt
           ist: X,Y sind Relativkoordinaten).

IPEN=-3   dasselbe nur mit gehobenem Stift (Dunkelvektor).

Ob ein Punkt (X,Y) relativ zu dem vorhergehenden Punkt angefahren wird,
oder (X,Y) absolute Koordinaten in einem beibehaltenen Koordinatensystem sind, hängt also von dem Parameter IPEN des vorhergehenden PLOT-
Aufrufs ab.

Durch den Aufruf

CALL FACTOR (FAC)

wird eine Maßstabsänderung für die grafische Darstellung bewirkt. Der
Parameter FAC ist ein Maßstabsfaktor, mit dem sämtliche Längenangaben
aus PLOT- oder SYMBOL-Aufrufen multipliziert werden. (Es kann z.B.
während der Testphase beim Erstellen einer Darstellung durch einen Maßstabsfaktor <1.0 eine erhebliche Einsparung an Papier erreicht werden.)

Durch den Aufruf

CALL WHERE (RX,RY,RFAC)

können die Koordinaten X, Y der augenblicklichen Stift- bzw. Schreib-
strahlposition und der gültige Wert von FACTOR an das aufrufende Programm übergeben werden. Die Parameter RX, RY spezifizieren dabei die
Rückgabeparameter für die Koordinaten und RFAC den für den Maßstabsfaktor.

Für die Funktion SYMBOL existiert ein Normalaufruf und ein Spezialauf-
ruf:

CALL SYMBOL (X,Y,HEIGHT,IBCD,ANGLE,NCHAR)

bewirkt die Ausgabe eines Textes und

CALL SYMBOL (X,Y,HEIGHT,INTEQ,ANGLE,ICOD)

markiert einen Punkt mit einem Spezialsymbol. Die Bedeutung der
Parameter ist:

X,Y   Koordinatenwert des linken unteren Eckpunktes des zuerst zu
         zeichnenden Zeichens, bzw. des Mittelpunktes des umschreiben-
         den Kastens für ein Spezialsymbol.

HEIGHT   Höhe der Zeichen, bzw. des Spezialsymbols

IBCD   Auszugebender Text (als Hollerith-Konstante oder Text-Konstan-
         te)

ANGLE   Winkel zwischen Schriftgrundlinie und positiver X-Richtung in
          Grad
NCHAR   Anzahl der Zeichen in IBCD, welche gezeichnet werden sollen
INTEQ   Ganzzahlige Nummer eines Spezialsymbols
ICOD   Negative ganzzahlige Konstante zur Erkennung des Spezialauf-
          rufs (vgl. Abb. 4.3.)

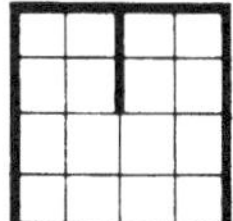 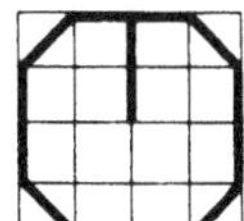 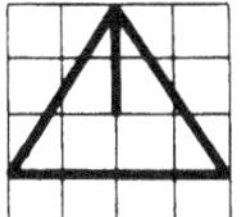 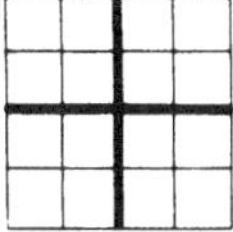 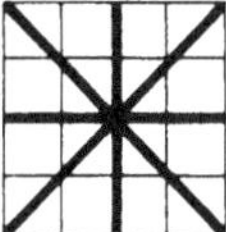

Abb. 4.3.: Beispiele für vordefinierte Spezialsymbole

Das Unterprogramm NUMBER erlaubt die Umwandlung von Zahlen in Zeichen
und ihre Ausgabe:
          CALL NUMBER (X,Y,HEIGHT,FPN,ANGLE,NDEC)
Dabei wird die Zahl FPN mit einer Genauigkeit von NDEC Ziffern rechts
vom Dezimalpunkt ausgegeben. (Die übrigen Parameter wie in SYMBOL.)

Mit Aufruf von
          CALL NEWPEN (NPEN)
wird schließlich die Art des Zeichenstiftes festgelegt. Dabei wird durch
NPEN die Nummer eines neuen Stiftes angegeben und so z.B. unterschiedliche Farben oder Strichstärken auf einer Zeichnung möglich.

Außer den elementaren Funktionen gehören noch einige spezielle Unterprogramme zur Calcomp-Grundsoftware, durch die einige Annehmlichkeiten für
Anwender geschaffen wurden.

Es sind dies die Programme

AXIS   zum Zeichnen einer Koordinatenachse mit gewünschter Beschrif-
          tung,
SCALE   zur Berechnung von Skalierungswerten für eine Koordinaten-
          achse und
LINE   zum Zeichnen einer als Wertetabelle gegebenen Kurve, entweder
          als Polygonzug oder in Form von Spezialsymbolen für die ein-
          zelnen Punkte.

Unterschiedlich bei verschiedenen Rechnerherstellern haben sich die
Initialisierungs- und Schlußaufrufe entwickelt: bei einigen Systemen
sind sie implizit, bei anderen durch besondere Unterprogramme (z.B.
INIT, FINIT) oder durch Spezialaufrufe von PLOT (z.B. PLOT(X,Y,999)oder
PLOTS) als Schlußaufruf gestaltet.

```
      CALL PLOTS(NULL,80,87)
      PI = 3.14159
      FAK1=SIN(PI/4.)
      FAK2=COS(PI/4.)
      CALL PLOT(10.,10.,-3)
      Y = -2.*COS(PI/8)
      X = 2*SIN(PI/8)
      DO 2 I=1,2
         CALL PLOT(X,Y,3)
         DO 1 J=1,8
            XX = X
            X = X*FAK2-Y*FAK1
            Y = XX*FAK1+Y*FAK2
            CALL PLOT(X,Y,2)
 1       CONTINUE
         Y = -1.8*COS(PI/8)
         X = 1.8*SIN(PI/8)
 2    CONTINUE
      CALL SYMBOL(-1.45,-0.4,0.8,'STOP',0.,4)
      STOP
      END
```

Abb. 4.4.: Anwendungsbeispiel für die CalComp-Grundsoftware

Spezialversionen der CalComp-Software entstanden bei vielen Herstellern und in vielen Rechenzentren, z.B. in der Bundesrepublik als FOPLOT bei Telefunken, deren TR 440 - Computer in den 70er Jahren an vielen Universitätsrechenzentren stand.

Ebenfalls auf der Calcomp-Grundsoftware basiert das Grafik-Unterprogrammsystem der Universität Kiel. Wegen des gleichen Ursprungs unterscheidet es sich in weiten Teilen kaum von dem oben beschriebenen, weist aber einige typische Erweiterungen auf und wird deswegen hier angeführt.

Zur Bildinitialisierung und zum Bildabschluß sind im Kieler Unterprogrammsystem die Programme PLOTS und PLTEND vorgesehen.
Die elementaren Prozeduren dieses Grafik-Unterprogrammsystems sind PLOT, NEWPEN, DFACT, FACTOR, DWHR, WHERE, SYMBOL, PLFONT und GRFONT. SYMBOL erlaubt hier außer den im letzten Abschnitt aufgeführten Möglichkeiten auch die Ausgabe eines internen Symbols des ASCII-Codes.

Durch das Unterprogramm DFACT wird eine Maßstabsänderung der Zeichnung mit unterschiedlichen Werten für die Abzissen- und Ordinatenrichtung möglich.

CALL DFACT (XFACT,YFACT)

mit unterschiedlichen Werten für die Parameter bewirkt also ein Verzerren der dann folgenden Teile der Zeichnung. DFACT ist somit eine Erweiterung der Prozedur FACTOR.

Entsprechend wird durch den Aufruf

    CALL DWHR (RX,RY,RXFACT,RYFACT)

der Maßstabsfaktor für die Abzisse in RXFACT und der für die Ordinate in RYFACT übergeben. RX und RY behalten ihre Bedeutung wie in WHERE (s.o.).

Zwei Erweiterungen der Möglichkeiten zur Symbol- und Textdarstellung sind durch die Unterprogramme PLFONT und GRFONT gegeben.

Der Aufruf

    CALL PLFONT (X,Y,HEIGHT,IBCD,ANGLE,NCHAR,DELTA)

bewirkt die Darstellung von Schriftzeichen in schräger Form. Die Bedeutung der Parameter ist wie bei SYMBOL mit
DELTA   Neigungswinkel der Schrift gegenüber der Normalschrift in Grad

Der Aufruf

    CALL GRFONT (X,Y,XSIZE,YSIZE,IBCD,ANGLE,NCHAR,DELTA,I)

umfaßt die Wirkung von PLFONT und erlaubt zusätzlich die Veränderung des Höhen-Breiten-Verhältnisses (XSIZE,YSIZE) der Zeichen, sowie die Spiegelung der Zeichen an der Schriftgrundlinie für I=-1. Normale Darstellung wird durch I=1 erreicht.

```
    CALL PLOTS(31,0,6.0,6.0)
    SIZE = 0.8
    DO 30 I=0,8
    DELTA = FLOAT(I)
    CALL PLFONT(0.0,5.0,SIZE,'ABCDEF',0.0,6,DELTA)
    CALL PLFONT(0.0,4.0,SIZE,'GHIJKL',0.0,6,DELTA)
    CALL PLFONT(0.0,3.0,SIZE,'MNOPQR',0.0,6,DELTA)
    CALL PLFONT(0.0,2.0,SIZE,'STUVWX',0.0,6,DELTA)
    CALL PLFONT(0.0,1.0,SIZE,'YZ'    ,0.0,2,DELTA)
 30 CONTINUE
    CALL PLTEND
    STOP
    END
```


Abb. 4.5.: Anwendungsbeispiel für PLFONT (aus: /Kalhoff81b/)

Bei den spezielleren Funktionen der Grundsoftware herrscht für die Funktionen NUMBER, AXIS, SCALE und LINE zwischen dem Calcomp-System und dem Kieler Unterprogrammsystem weitgehende Übereinstimmung.

Aber durch eine Reihe von 3-D-Prozeduren geht das System über das
CalComp-System hinaus:

PLOT3 (X,Y,Z,IPEN), DFACT3 (XF,YF,ZF) und DWHR3 (RX,RY,RZ,XF,YF,ZF)
mit der entsprechenden Bedeutung wie im 2-dimensionalen, sowie die Ini-
tialisierungsfunktionen INIT3M, INIT3 und INIT3A.

Die ersten drei ermöglichen die Beschreibung von Punkten im 3-dimensio-
nalen Raum, wobei als höhere Strukturelemente eines Bildes nur Punktver-
bindungen ("Drahtkanten") vorgesehen sind; die Definition von Flächen
und Körpern bleibt dem Anwenderprogramm überlassen.

Die Initialisierungsprozeduren regeln die Darstellung der dreidimensionalen Objekte. Möglich ist eine senkrechte Parallelprojektion oder eine
Zentralprojektion mit standardmäßig vorgegebener Transformationsmatrix
oder einer aus einem Betrachtungspunkt oder drei Betrachtungswinkeln berechneten Transformationsmatrix (vergl. Abschn. 4.2.2.).

```
C     COORDINATES OF FOCUS
      A = 1.0
      B = 5.0
      C = 5.0
      CALL PLOTS(30,0,15.0,15.0)
      CALL SYMBOL(0.5,0.5,0.3,'Test 3D routines',0.0,16)
C
      CALL PLOT(5.0,7.0,-3)
C
      CALL INIT3(A,B,C)
C
      CALL S(0.0)
      CALL S(-1.0)
      CALL S(-2.0)
      CALL S(-4.0)
      CALL S(-8.0)
C
      CALL PLOT3(0.0,0.0,0.0,999)
      CALL PLTEND
      STOP
      END
      SUBROUTINE S(Z)
      DIMENSION X(10),Y(10),IP(10)
C
      DATA X  / 0.0,10.0,10.0, 0.0, 0.0,5*0.0/
      DATA Y  / 0.0, 0.0,10.0,10.0, 0.0,5*0.0/
      DATA IP /  3,   2,   2,   2,   2,5*0/
C
      DO 10 I = 1,5
   10 CALL PLOT3(X(I),Y(I),Z,IP(I))
      RETURN
      END
```


Abb. 4.6.: Anwendungsbeispiel für 3D-Grafik: Eine Folge hintereinander-
          stehender gleichgroßer Quadrate, die unter einem schrägen
          Blickwinkel betrachtet werden (aus: /Kalhoff82/)

Bei vielen passiven Grafiksystemen bewirken die Aufrufe der Grafik-Unterprogramme im Anwendungsprogramm lediglich eine Ausgabe in eine **Zwischendatei.** Der Benutzer entscheidet dabei erst nach dem Programmlauf durch ein Kommando über die Ausgabe dieser Datei auf ein bestimmtes Gerät, z.B. in welchem Format, mit welchen Strichstärken und Farben und manchmal auch in welchem Ausschnitt seine Darstellung gezeichnet werden soll. Durch diese Dateien kann ein Bild auf unterschiedlichen Geräten beliebig wiederholt werden.

Die Normungsbemühungen für diese grafischen Zwischendateien wurden Anfang der siebziger Jahre sehr intensiv betrieben, wegen der Entwicklung und Normung von GKS (vergl. Abschn. 4.4) dann jedoch nicht weiter verfolgt. In Deutschland sind im Wissenschaftsbereich das Bochumer System und eines der Großforschungseinrichtungen weit verbreitet.

4.1.2. Interaktive Grafik-Systeme

Im Gegensatz zu den beiden bisher beschriebenen rein passiven Systemen zur Erstellung von grafischen Darstellungen durch Unterprogrammaufrufe in einem Anwenderprogramm sind die beiden in diesem Abschnitt exemplarisch behandelten Systeme **interaktiv,** d.h. ein Benutzer kann grafische Daten auf dem Bildschirm eines Grafik-Terminals ausgeben lassen und im Dialog bearbeiten. Der entscheidende Unterschied zu den passiven Systemen ist also die Möglichkeit der Eingabe grafischer Daten über spezielle Geräte. Bei den hier vorgestellten Systemen wurde auch in den nur die Ausgabe betreffenden Teilen ein neuer Ansatz gewählt.

Als erstes wollen wir nun das PLOT 10 - TERMINAL CONTROL SYSTEM der Firma Tektronix vorstellen, das wegen der großen Verbreitung der Terminals dieser Firma in vielen Rechenzentren zur Verfügung steht. Danach gehen wir dann auf das Grafik-System des HP 9845 von Hewlett-Packard ein, das typisch für interaktive Grafiksysteme auf Arbeitsplatz-Rechnern (Personal Computer) der oberen Leistungsklasse ist.

Das **PLOT 10 TERMINAL CONTROL SYSTEM** ist als Menge von FORTRAN IV-Unterprogrammen weitgehend rechnerunabhängig und erlaubt das Betreiben sämtlicher von Tektronix angebotenen grafischen Terminals. Darüberhinaus besitzt es Anschlußmöglichkeiten für die Geräte anderer Hersteller. Als eigenständiges System ermöglicht PLOT 10 einem Benutzer das interaktive Erstellen grafischer Darstellungen durch ein problembezogenes Anwenderprogramm. Weiter bildet es die Grundlage für das umfangreiche Anwendungssystem PLOT 10 IGL von Tektronix zur Unterstützung einer Reihe spezieller Anwendungen der grafischen Datenverarbeitung.

Für die Ausgabe grafischer Daten durch PLOT 10 auf einem Bildschirm sind vier Grundfunktionen definiert:

MOVE   zum Positionieren des Kathoden-Schreibstrahls ohne zu zeichnen,

POINT   zum Markieren eines Punktes der Zeichenfläche,

DRAW   zum Bewegen des Schreibstrahls über die Bildfläche zum Zeichnen eines durchgezogenen Vektors und

DASH   zum Bewegen des Schreibstrahls über die Bildfläche zum Zeichnen eines gestrichelten Vektors.

Jede dieser Funktionen gibt es in vier Versionen: Die erste Aufspaltung resultiert aus der Betrachtung relativer oder absoluter Koordinaten, die zweite aus der Möglichkeit zur Arbeit in einem fest vorgegebenen Gerätekoordinatensystem oder in einem frei wählbaren Benutzerkoordinatensystem.

Durch Aufruf der Unterprogramme

   MOVABS (X,Y), DRWABS (X,Y) und PNTABS (X,Y)

werden Punkte und Linien in absoluten Koordinaten auf der Zeichenfläche erzeugt. Grundlage ist das ganzzahlige Gerätekoordinatensystem der Bildschirmfläche (z.B. für Tektronix 4012 mit 1024 Einheiten in X-Richtung und 780 in Y-Richtung) mit dem Nullpunkt in der linken unteren Ecke des Bildschirms. (X,Y) ist der nächste anzusteuernde Punkt.

Das Unterprogramm

   DSHABS (X,Y,L)

hat einen zusätzlichen Parameter zur Kennzeichnung der Art der Strichlierung.

Ebenfalls bezüglich dieses Koordinatensystems werden auf dem Bildschirm durch die Unterprogramme

   MOVREL (X,Y), DRWREL (X,Y), PNTREL (X,Y) und DSHREL (X,Y,L)

Bildelemente definiert. Die Koordinatenwerte sind hier jedoch relativ, d.h. in Bezug auf die letzte erreichte Position des Schreibstrahls zu interpretieren.

```
CALL MOVABS (200,200)          CALL MOVREL (200,200)
CALL DRWABS (400,300)          CALL DRWREL (200,100)
CALL DRWABS (600,200)          CALL DRWREL (200,-100)
CALL DRWABS (200,200)          CALL DRWREL (-400,0)
```

Abb. 4.7.: Absolute und relative Koordinaten

Zur Definition eigener Koordinatensysteme sind in PLOT 10 die Funktionen VWINDO und DWINDO vorgesehen. Der Anwender gibt hiermit ein Rechteck (virtuelles Fenster) entweder durch einen Eckpunkt und der Ausdehnung in X- und Y-Richtung oder durch zwei gegenüberliegende Eckpunkte vor, das dann auf den ganzen Bildschirm projiziert wird. Für die Koordinatenberechnungen erfolgt dann automatisch eine Umrechnung, wieviele Gerätekoordinateneinheiten einer Einheit im Benutzerkoordinatensystem entsprechen.

Soll nicht der ganze Bildschirm zur Bildausgabe verwendet werden, kann durch die Funktionen SWINDO oder TWINDO der Bereich (Bildschirm-Fenster) - wieder als Rechteck - angegeben werden, der zur Aufnahme des virtuellen Fensters gewünscht wird.

Die Ausgabe grafischer Daten erfolgt im Falle eines Benutzerkoordinatensystems für absolute Koordinatenwerte durch Aufruf der Unterprogramme
        MOVEA (X,Y),DRAWA (X,Y), POINTA (X,Y) und DASHA (X,Y,L),
für relative Koordinatenwerte durch die Unterprogramme
        MOVER (X,Y), DRAWR (X,Y), POINTA (X,Y) und DASHR (X,Y,L).
Die Parameter haben hier die gleiche Bedeutung wie oben, sind nun aber reelle Zahlen. Es sind also für gleiche Aktionen je nach Koordinatensystem unterschiedliche Unterprogrammaufrufe durchzuführen.

Außer diesen grafischen Grundfunktionen sind in PLOT 10 Unterprogramme zur Ausgabe von Zeichen und Zeichenketten, zur Veränderung des Maßstabs von Darstellungen und zum Drehen von Darstellungen definiert; darüberhinaus gibt es noch Prozeduren zur Transformation von kartesischen in logarithmische Koordinaten oder in Polarkoordinaten.

Eine Eingabe grafischer Daten durch das Unterprogrammsystem PLOT 10 wird möglich durch die Funktionen SCURSR und VCURSR. Bei Aufruf einer dieser beiden Prozeduren erscheint auf dem Bildschirm ein Fadenkreuz, das mittels Steuerknüppel oder Rändelschrauben beliebig auf der Bildschirmfläche bewegt werden kann. Hat man eine gewünschte Position erreicht, so wird durch Niederdrücken einer beliebigen alphanumerischen Taste das betreffende Koordinatenwertepaar und das ausgelöste Zeichen von den Unterprogrammen an das Anwenderprogramm übergeben. SCURSR bezieht sich dabei auf das Gerätekoordinatensystem, VCURSR auf ein Anwenderkoordinatensystem.

Wie die im vorigen Abschnitt beschriebenen passiven Unterprogrammsysteme benötigt auch PLOT 10 zwei Funktionen zur Initialisierung und zur Beendigung der Manipulation grafischer Daten, die vor bzw. nach sämtlichen Unterprogrammaufrufen des Systems aufgerufen werden müssen (INITT, FINITT).

```
C***   Programm zur Eingabe von Punktfolgen am Bildschirm und zur
C***   sofortigen Ausgabe als Linienzug (ohne Speicherung)
C***
       CALL INITT (480)
       CALL TERM (3,4096)
   10  CALL SCURSR(KEY,IX,IY)
C***   KEY = A: Anfang eines Linienzuges
C***   KEY = D: Linie durchgezogen
C***   KEY = S: Linie strichliert
C***   KEY = P: Linie punktiert
C***   KEY = E: Ende
       IF (KEY.EQ.97) CALL MOVABS(IX,IY)
       IF (KEY.EQ.100) CALL DRWABS(IX,IY)
       IF (KEY.EQ.115) CALL DSHABS(IX,IY,3)
       IF (KEY.EQ.112) CALL DSHABS(IX,IY,1)
       IF (KEY.NE.101) GOTO 10
       STOP
       END
```

Abb. 4.8.: Interaktive Arbeitsweise mit PLOT 10

Anders als die bisher beschriebenen rechnerunabhängigen Unterprogrammsysteme ist das <u>Grafik-System</u> <u>von</u> <u>Hewlett</u> <u>Packard</u> speziell auf die
Geräte des Herstellers abgestimmt. Es stellt sich dar als eine in eine
Programmiersprache eingebettete Grafik-Sprache und ist nur insofern geräteunabhängig, als für das System eine Reihe unterschiedlicher Rechner
mit verschiedenen Peripheriegeräten wie Digitizer, Plotter oder Drucker
möglich sind. Grundlage für die folgende Beschreibung ist der Arbeits-
platzrechner HP 9845 mit monochromatischer Bildschirmgrafik und einer um
einige PASCAL-ähnliche Kontrollstrukturen erweiterten Obermenge der Programmiersprache BASIC.

Die grafische Datenverarbeitung mit dem Gerät wird initialisiert durch
den Befehl PLOTTER IS, mit dem ein Gerät zur grafischen Ein- und Ausgabe
vereinbart wird. Ein Wechsel der E/A-Geräte ist durch einen Befehl
PLOTTER IS ON bzw. PLOTTER IS OFF möglich, sodaß im Zuge einer Bearbeitung mit verschiedenen Geräten gearbeitet werden kann. Zusätzlich bedarf
die Initialisierung des Bildschirms des Befehls GRAPHICS, durch den von
der alphanumerischen in die Grafik-Ausgabe gewechselt wird.

Nach Initialisierung steht dem Benutzer die ganze Zeichenfläche für grafische Darstellungen auf der Basis des jeweiligen Gerätekoordinatensystems zur Verfügung. Er kann seine Zeichenfläche durch die Anweisung
LIMIT auf einen Rechteckbereich - vergleichbar dem Bildschirm-Fenster

von PLOT 10 - beschränken und hat weiter die Möglichkeit, den gewählten
Bereich durch LOCATE in eine Reihe Teilrechtecke (virtuelle Fenster) zu
unterteilen. Für jeden durch LOCATE definierten Bereich ist die Angabe
eines speziellen Koordinatensystems möglich.

Auf der definierten Zeichenfläche können mittels der Anweisungen PLOT,
RPLOT, DRAW, und MOVE Punkte und Vektoren und durch die Anweisungen
LABEL und LETTER Zeichen und Zeichenfolgen dargestellt werden. Grundlage
für die als Parameter zu den Anweisungen anzugebenden Koordinatenwerten
ist das gewählte Koordinatensystem.

Die Art der Darstellung kann mit den Befehlen PEN für die Stiftwahl (bei
Plottern), LINETYPE für Strichlierung, CSIZE für die Zeichengröße und
LORG für die Zeichenposition bestimmt werden.

Während MOVE eine angegebene Position mit gehobenen Stift, bzw. dunklem
Strahl anfährt und DRAW den gesenkten Stift bzw. hellen Strahl zu der
Position bewegt, verfügen PLOT und RPLOT über einen Parameter zur Stift-
bzw. Strahl-Kontrolle. Hierdurch können absolute (PLOT) oder relative
(RPLOT) Koordinatenwerte z.B. mit gehobenem Stift, bzw. Dunkelstrahl an-
gesteuert werden, bei Erreichen wird dann der Stift gesenkt, bzw. ein
heller Strahl erzeugt und damit ein Punkt dargestellt oder es können
Hell- oder Dunkelvektoren wie durch MOVE und DRAW erzeugt werden.

Zur Zeichendarstellung ist noch zu sagen, daß bei der Anweisung LABEL
die Zeichenfolge direkt als Parameter anzugeben ist, dagegen bei LETTER
der Programmablauf stoppt und die gewünschte Zeichenfolge über Tastatur
eingegeben wird.

Außer diesen Grundfunktionen verfügt das Grafik-System über eine Reihe
von Befehlen zur Ausgabe von Koordinatenachsen und Gittern sowie über
Funktionen zum Drehen von Darstellungen.

Zusätzlich zu der interaktiven Anweisung LETTER besitzt das Grafik-
System mit den Befehlen POINTER, CURSOR, DIGITIZE und WHERE die Möglichkeit zur interaktiven Eingabe grafischer Daten.

Dabei erzeugt POINTER auf dem Bildschirm ein Fadenkreuz, bzw. initialisiert einen Kombinationsplotter (vgl. Abschn. 5.1.1.) zur Eingabe von
Koordinatenwerten; CURSOR übergibt die augenblicklichen Koordinaten des
Fadenkreuzes an das Anwenderprogramm; DIGITIZE stoppt den Programmlauf
und wartet, bis der Benutzer das Fadenkreuz bzw. den Stift des Plotters
an die gewünschte Position gebracht hat und übergibt dann auf Aufforde-
rung des Benutzers die Koordinaten an das Anwenderprogramm; WHERE ermittelt die Werte des zuletzt durch den Zeichenstift bzw. den Elektronenstrahl erreichten Punktes und übergibt sie dem Anwenderprogramm.

Auch hier werden die Werte immer auf der Grundlage des gerade gültigen Koordinatensystems übergeben, d.h. eine Differenzierung der Funktionen hinsichtlich der Koordinatensysteme, wie bei PLOT 10 gibt es hier nicht.

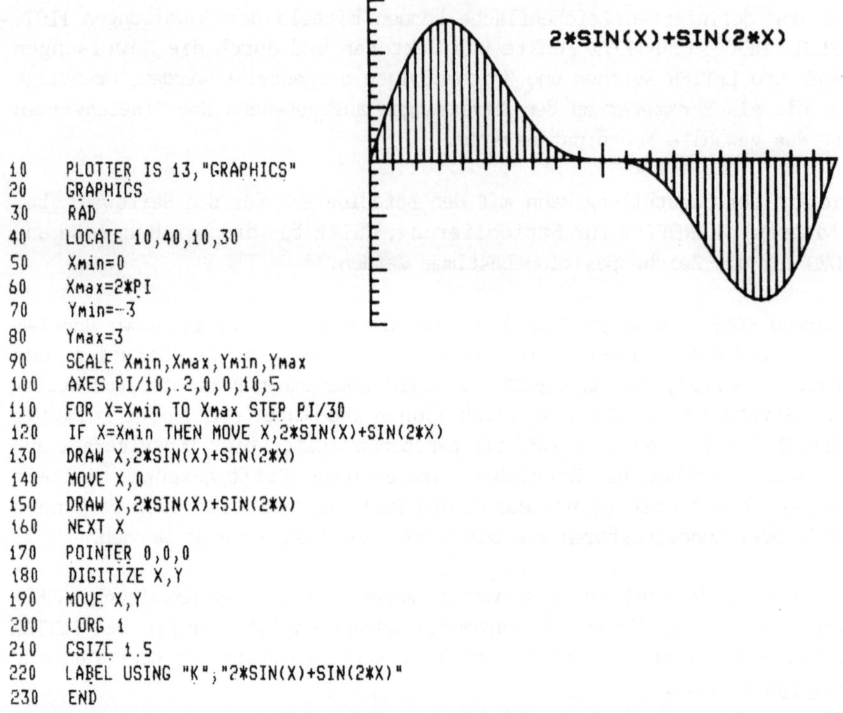


```
10    PLOTTER IS 13,"GRAPHICS"
20    GRAPHICS
30    RAD
40    LOCATE 10,40,10,30
50    Xmin=0
60    Xmax=2*PI
70    Ymin=-3
80    Ymax=3
90    SCALE Xmin,Xmax,Ymin,Ymax
100   AXES PI/10,.2,0,0,10,5
110   FOR X=Xmin TO Xmax STEP PI/30
120   IF X=Xmin THEN MOVE X,2*SIN(X)+SIN(2*X)
130   DRAW X,2*SIN(X)+SIN(2*X)
140   MOVE X,0
150   DRAW X,2*SIN(X)+SIN(2*X)
160   NEXT X
170   POINTER 0,0,0
180   DIGITIZE X,Y
190   MOVE X,Y
200   LORG 1
210   CSIZE 1.5
220   LABEL USING "K";"2*SIN(X)+SIN(2*X)"
230   END
```

Abb. 4.9.: Anwendungsbeispiel für das Grafik-System von HP

4.2 Das Schichtenmodell zur Transformation grafischer Daten

Der allgemeinste (und komplizierteste) Fall der grafischen Darstellung ist - wie in Kapitel 2 dargestellt - die Abbildung von Körpern. Alle schematischen Abbildungen und die grafische Darstellung abstrakter Zusammenhänge lassen sich - als Modellvorstellung - auf die Abbildung von beliebig dünnen gedachten Körpern (z.B. einem Blatt Papier) zurückführen und sind somit in unserem allgemeinsten Fall enthalten. Wir beschreiben deshalb im folgenden den Transformationsprozeß, der für die Darstellung von körperhaften Objekten erforderlich ist.

Bevor ein programmierender Benutzer grafische E/A-Funktionen, wie wir sie im letzten Abschnitt beschrieben haben, in sein Anwenderprogramm aufnimmt, muß er sein dreidimensionales Objekt so transformieren, daß er eine Beschreibung durch die grafischen Primitive Punkt und Linie erhält.

Für diesen Verarbeitungsprozeß haben sich inzwischen allgemeine Vorgehens- und Bezeichnungsweisen eingebürgert. Sie gehen im wesentlichen zurück auf ein Schichtenmodell der GSPC (Graphic Standard Planning Committee: eine Arbeitsgruppe der Association of Computing Machinery (ACM)) zur Transformation von 3-D-Objekten in ein Bild (/Status Report 79/)

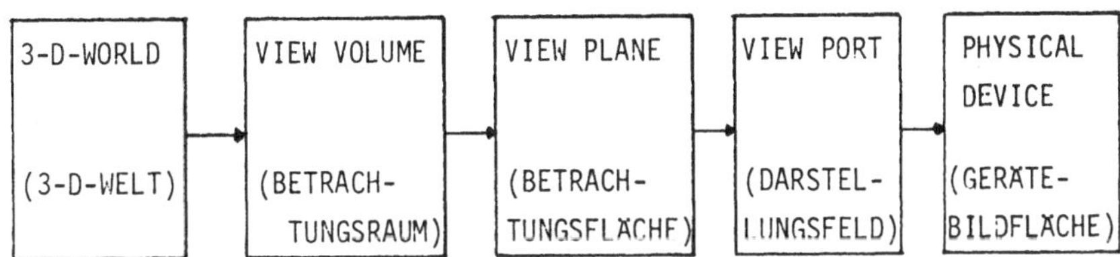

Abb. 4.10.: Bilderzeugungsprozeß nach GSPC

Der Vorschlag der GSPC sieht vor, daß zunächst die gesamte in der Anwenderdatenstruktur gespeicherte "3-D-Welt" auf einen **Betrachtungsraum** (view volume) beschränkt wird. Dieser Betrachtungsraum beinhaltet den Teil der "3-D-Welt", der grafisch dargestellt werden soll.

Für die Darstellung muß nun zunächst eine Umwandlung der 3-D-Koordinaten in eine zweidimensionale Form erfolgen. Dies erreicht man durch Projektion des Betrachtungsraumes auf eine **Betrachtungsfläche** (view plane).

Darauf folgt als dritter Schritt die Festlegung eines sogenannten **Darstellungsfeldes** (viewport), auf das die Betrachtungsfläche übertragen wird. Das Darstellungsfeld ist ein Teil der Ausgabefläche eines abstrakten grafischen E/A-Gerätes mit normalisierten Gerätekoordinaten. (Vergleiche die WINDOW- und LIMIT-Funktionen des letzten Abschnitts.)

Der letzte Schritt in diesem Schichtenmodell betrifft die Umrechnung der normalisierten Gerätekoordinaten in Gerätekoordinaten der Bildfläche eines physikalischen Ausgabegerätes. Mit diesem Vorgang hat der Benutzer nichts mehr zu tun, da die geräteabhängigen Funktionen (vgl. Abb. 4.2.) Bestandteil der Implementierung eines Grafik-Systems sind.

Den fünf Schichten des Modells kann man unterschiedliche Datenstrukturen zuordnen. In der "3-D-Welt" des Anwendungsprogramms und für den Betrachtungsraum ist es zweckmäßig, die geometrischen Daten entsprechend ihrer Zugehörigkeit zu Kanten, Flächen, Körpern, Körpergruppen und Teilbildern strukturiert zu speichern, d.h. ihren Sinnzusammenhang zu erhalten. Dagegen kann man sich für das Darstellungsfeld - bei der Strichgrafik - mit einer Beschreibung der Daten als Punkte und "Fahrbefehle" in Form einer <u>Linearen Liste</u> begnügen, so wie sie aus der Abfolge von PLOT- oder DRAW-Prozeduraurufen entsteht.

Wir wollen den Transformationsprozeß im folgenden etwas eingehender beschreiben und folgen dabei dem Weg vom Modell der "3-D-Welt" des Anwendungsprogramms bis zur Bildausgabe. Die Transformationsberechnungen gelten in der angegebenen Form nur für diese Richtung.

Wenn der Benutzer über ein Eingabegerät wie z.B. das Digitalisiergerät Punktkoordinaten eingibt, so ist zur Berechnung der Koordinaten der "3-D-Welt" selbstverständlich der entgegengesetzte Weg zu beschreiten. Die hierfür notwendigen Rechnungen sind zu den angegebenen invers, also leicht aus den Algorithmen abzuleiten. Allerdings ist die Gewinnung von 3D-Koordinaten aus 2-D-Koordinaten nur durch zusätzliche Informationen, z.B. durch Auswertung mehrerer Projektionen, eindeutig durchzuführen. Hierzu eignen sich besonders gut die orthogonalen Parallelprojektionen der Drei-Tafel-Projektion (vgl. Abb. 4.20). Ein Rekonstruktionsverfahren, das sowohl für die Zentral- als auch für die Parallelprojektion geeignet ist, findet sich in /Rogers76/.

4.2.1. Der Betrachtungsraum

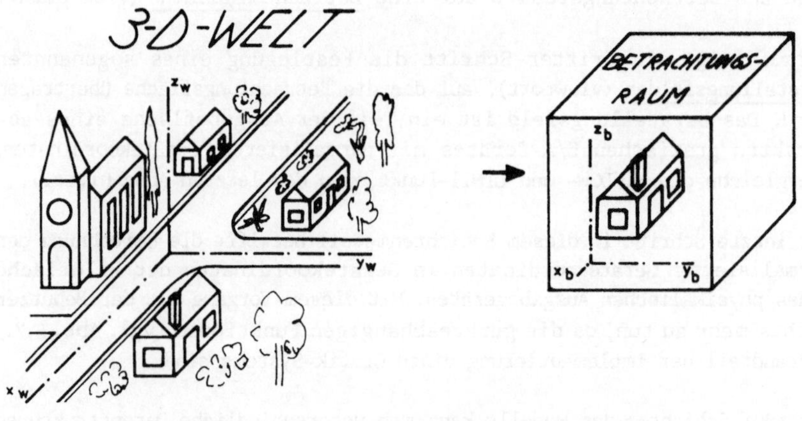

3-D-Weltkoordinaten   3-D-Betrachterkoordinaten

Abb. 4.11.: Betrachtungsraum

Ausgangspunkt für den Transformationsprozeß ist die Anwenderdatenstruktur, in der grafisch darstellbare Objekte auf der Grundlage dreidimensionaler Koordinaten (Weltkoordinaten; world coordinates) beschrieben sind. Aus dieser Gesamtmenge wird nun derjenige Teil herausgelöst, der grafisch dargestellt werden soll, und in einen Betrachtungsraum übertragen. Man kann sich den Betrachtungsraum vorstellen als Ausschnitt (oder 3-D-Fenster) der 3-D-Welt mit einem lokalen Koordinatensystem, den 3-D-Betrachterkoordinaten (vgl. Abschn. 4.2.4.).

Erreicht wird dieses 3-D-Fenster im wesentlichen durch Neuberechnung von Koordinatenwerten: Das 3-D-Betrachterkoordinatensystem kann gegenüber dem 3-D-Weltkoordinatensystem verschoben, gedreht und anders skaliert sein. Weiter ist zu berücksichtigen, daß sich Objekte möglicherweise nur zu einem Teil innerhalb des Betrachtungsraumes befinden, während andere Teile daraus herausragen. Solche Teile müssen abgeschnitten werden ("3D-Clipping"); gegebenenfalls sind grafische Primitive (an den Schnittflächen) neu zu definieren.

Abb. 4.12.:

3-D-Clipping

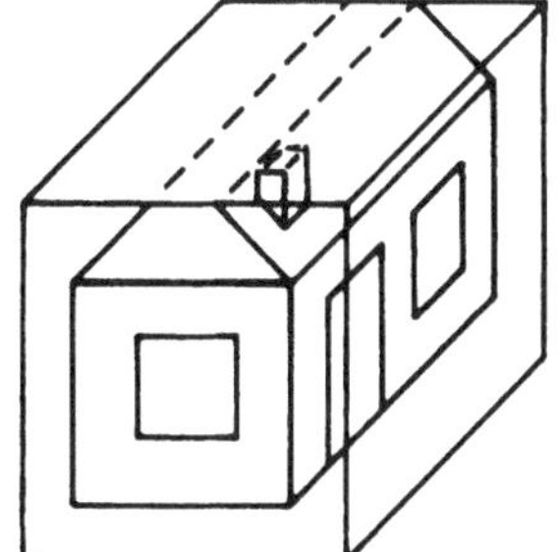

Mit Problemen des 3-D-Clipping wollen wir uns hier nicht weiter beschäftigen, vergleiche aber die Erörterungen zum Clipping im zweidimensionalen Fall im Abschnitt 4.2.4. Verschiebungen (Translationen), Drehungen (Rotationen) und Änderungen der Skalierung von Koordinatensystemen lassen sich mathematisch besonders zweckmäßig in Matrizenschreibweise und in sogenannten homogenen Koordianten darstellen. Die Entwicklung der Formeln findet sich an vielen Stellen in der Literatur, daher soll hier darauf verzichtet werden. Bei den homogenen Koordinaten wird ein Punkt nicht durch das Tripel (x,y,z) sondern durch das Quadrupel $(x,y,z,1)$ beschrieben. Durch diesen mathematischen Trick kann man alle Koordinatentransformationen in 4×4- Matrizen ausdrücken.

Translation

Hat der Ursprung U_b des Betrachterkoordinatensystems bezogen auf das Weltkoordinatensystem die Koordinaten (t_x, t_y, t_z), so berechnen sich die

Betrachterkoordinaten (x_b, y_b, z_b) eines Objektpunktes aus deren Weltkoordinaten (x_w, y_w, z_w) durch

$$(x_b, y_b, z_b) = (x_w - t_x, y_w - t_w, z_w - t_z)$$

Weltkoordinaten:
$U_b = (0,5,2); \ P = (0,7,3)$

Betrachterkoordinaten:
$U_b = (0-0,5-5,2-2) = (0,0,0)$
$P = \ (0-0,7-5,3-2) = (0,2,1)$

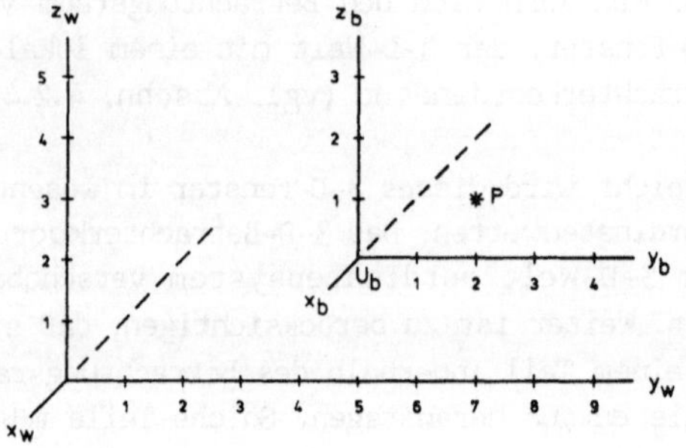

Abb.: 4.13.: Translationsberechnungen

Interpretiert man in homogenen Koordinaten das Quadrupel eines Punktes $(x,y,z,1)$ als 1×4 - Matrix und definiert die eine Translation darstellende Matrix T als

$$T = \begin{bmatrix} 1 & 0 & 0 & 0 \\ 0 & 1 & 0 & 0 \\ 0 & 0 & 1 & 0 \\ -t_x & -t_y & -t_z & 1 \end{bmatrix} ,$$

so berechnen sich Betrachterkoordinaten aus Weltkoordinaten durch die Matrizenmultiplikation

$$(x_b, y_b, z_b, 1) = (x_w, y_w, z_w, 1) \begin{bmatrix} 1 & 0 & 0 & 0 \\ 0 & 1 & 0 & 0 \\ 0 & 0 & 1 & 0 \\ -t_x & -t_y & -t_z & 1 \end{bmatrix}$$

$$= (x_w - t_x, y_w - t_y, z_w - t_z, 1).$$

Rotation

Eine Rotation des Weltkoordinatensystems um seinen Ursprung setzt sich zusammen aus Drehungen um die drei Koordinatenachsen. Dabei kommt der Reihenfolge, in der die Drehungen um die Achsen durchgeführt werden, sehr wohl eine Bedeutung zu.

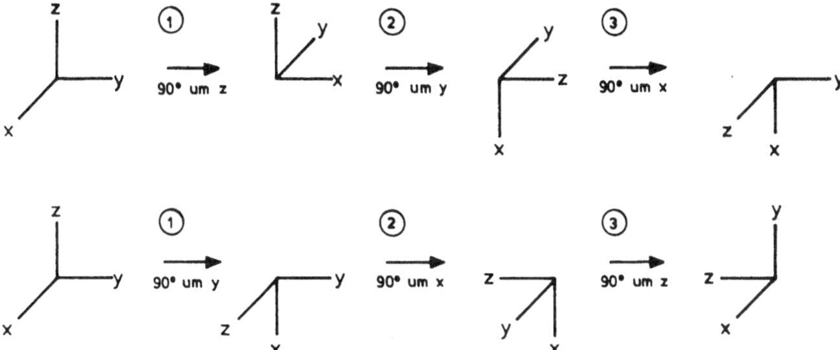

Abb. 4.14.: Beispiel für Bedeutung der Drehreihenfolge

Betrachten wir beispielsweise nur eine Drehung um die x-Achse des Koordinatensystems und wählen als Ausgangspunkt den Punkt P mit (x_w, y_w, z_w) im Weltkoordinatensystem. Der Drehwinkel sei α.

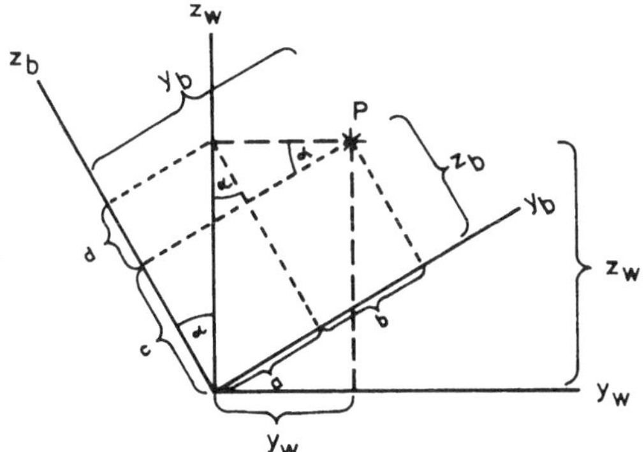

Abb. 4.15.: Drehung um die x-Achse

Wie man anhand der Abb. 4.15. nachvollziehen kann, berechnen sich die Betrachterkoordinaten (x_b, y_b, z_b) aus den Weltkoordinaten (x_w, y_w, z_w) des Punktes P durch:

$x_b = x_w$, da die x-Achse als Drehachse gewählt wurde,

$y_b = b+a = y_w \cos\alpha + z_w \sin\alpha,$

$z_b = c = -d+d+c = -y_w \sin\alpha + z_w \cos\alpha$.

Auch diese Berechnung läßt sich wieder durch eine Matrizenmultiplikation beschreiben. Sei dazu $P = (x_w, y_w, z_w, 1)$ der zugrundeliegende Punkt in homogenen Koordinaten und die Darstellende Matrix für die Drehung um die x-Achse definiert als

$$
R_\alpha = \begin{bmatrix} 1 & 0 & 0 & 0 \\ 0 & \cos\alpha & -\sin\alpha & 0 \\ 0 & \sin\alpha & \cos\alpha & 0 \\ 0 & 0 & 0 & 1 \end{bmatrix}.
$$

Die Betrachterkoordinaten $(x_b, y_b, z_b, 1)$ von P ergeben sich dann aus

$$
(x_b, y_b, z_b, 1) = (x_w, y_w, z_w, 1) \begin{bmatrix} 1 & 0 & 0 & 0 \\ 0 & \cos\alpha & -\sin\alpha & 0 \\ 0 & \sin\alpha & \cos\alpha & 0 \\ 0 & 0 & 0 & 1 \end{bmatrix}.
$$

Entsprechende Überlegungen für eine Drehung um die y-Achse des Weltkoordinatensystems führen zu der darstellenden Matrix

$$
R_\beta = \begin{bmatrix} \cos\beta & 0 & \sin\beta & 0 \\ 0 & 1 & 0 & 0 \\ -\sin\beta & 0 & \cos\beta & 0 \\ 0 & 0 & 0 & 1 \end{bmatrix}
$$

und der Matrizenmultiplikation zur Berechnung der Betrachterkoordinaten von P

$$
(x_b, y_b, z_b, 1) = (x_w, y_w, z_w, 1) \begin{bmatrix} \cos\beta & 0 & \sin\beta & 0 \\ 0 & 1 & 0 & 0 \\ -\sin\beta & 0 & \cos\beta & 0 \\ 0 & 0 & 0 & 1 \end{bmatrix}.
$$

Analog folgt für die z-Achse

$$
R_\gamma = \begin{bmatrix} \cos\gamma & -\sin\gamma & 0 & 0 \\ \sin\gamma & \cos\gamma & 0 & 0 \\ 0 & 0 & 1 & 0 \\ 0 & 0 & 0 & 1 \end{bmatrix}
$$

sowie

$$(x_b, y_b, z_b, 1) = (x_w, y_w, z_w, 1) \begin{bmatrix} \cos\gamma & -\sin\gamma & 0 & 0 \\ \sin\gamma & \cos\gamma & 0 & 0 \\ 0 & 0 & 1 & 0 \\ 0 & 0 & 0 & 1 \end{bmatrix} \; .$$

Insgesamt kann eine Rotation des Weltkoordinatensystems um seinen Ursprung also durch die Matrizen R_α, R_β und R_γ beschrieben werden. Die Betrachterkoordinaten eines Objektpunktes berechnen sich dann durch

$$(x_b, y_b, z_b, 1) = (((x_w, y_w, z_w, 1) \, R_\alpha) \, R_\beta) \, R_\gamma$$

$$= (x_w, y_w, z_w, 1) \, R_\alpha \, R_\beta \, R_\gamma \quad ,$$

wobei wir vorausgesetzt haben, daß zunächst um die x-Achse, dann um die y-Achse und zuletzt um die z-Achse des Weltkoordinatensystems gedreht wird. Setzen wir

$$R = R_\alpha \, R_\beta \, R_\gamma \quad ,$$

so läßt sich also die Rotation im 3-dimensionalen Raum durch eine Matrix beschreiben, die Betrachterkoordinaten jedes Objektpunktes erhält man durch jeweils nur eine Matrizenmultiplikation

$$(x_b, y_b, z_b, 1) = (x_w, y_w, z_w, 1) \, R \quad .$$

<u>Skalierung</u>

Eine Änderung in der Skalierung vom Betrachterkoordinatensystem zum Weltkoordinatensystem wird bestimmt durch sogenannte Skalierungsfaktoren s_x, s_y, s_z für jede Achse des Betrachterkocrdinatensystems. Ihre Bedeutung kann beschrieben werden durch: "Einer Einheit auf der x-Achse des Weltkoordinatensystems entsprechen s_x Einheiten auf der x-Achse des Betrachterkoordinatensystems."

Eine gleichmäßige Verkleinerung bzw. Vergrößerung von Objekten erhält man durch gleiche Werte für s_x, s_y, s_z, eine Verzerrung der Objekte entsteht durch unterschiedliche Werte für die drei Parameter (vgl. die Funktionen FACTOR und DFACT aus Abschnitt 4.1).

Sei $P = (x_w, y_w, z_w)$ ein Punkt des Weltkoordinatensystems. Seine Darstellung im Betrachterkoordinatensystem ergibt sich durch

$$(x_b, y_b, z_b) = (s_x \, x_w, s_y \, y_w, s_z \, z_w) \quad .$$

Benutzen wir wieder die homogenen Koordinaten, so ist

$$S = \begin{bmatrix} s_x & 0 & 0 & 0 \\ 0 & s_y & 0 & 0 \\ 0 & 0 & s_z & 0 \\ 0 & 0 & 0 & 1 \end{bmatrix}$$

die die Skalierung darstellende Matrix und es gilt

$$(x_b,y_b,z_b,1) = (x_w,y_w,z_w,1) \begin{bmatrix} s_x & 0 & 0 & 0 \\ 0 & s_y & 0 & 1 \\ 0 & 0 & s_z & 0 \\ 0 & 0 & 0 & 1 \end{bmatrix} .$$

Die Einführung von Matrizen für die Operationen Translation, Rotation und Skalierung hat nun den Vorteil, daß der Rechenaufwand zum Übergang von der "3-D-Welt" der Anwenderdatenstruktur zu einem Betrachtungsraum minimal wird.

Die Kombination einer Translation mit einer Rotation und einer Skalierung wird dargestellt als Produkt der entsprechenden Matrizen:

$$A = T \times R \times S$$

(wieder ist die Reihenfolge wichtig), und für jeden betroffenen Objektpunkt erfolgt dann die Umrechnung durch

$$(x_b,y_b,z_b,1) = (x_w,y_w,z_w,1)\ A \quad .$$

Die Matrix A hat die Form

$$A = \begin{bmatrix} \cos\beta \cos\gamma\, s_x & -\cos\beta \sin\gamma\, s_z & \sin\beta\, s_z & 0 \\[2ex] (\sin\alpha \sin\beta \cos\gamma + \cos\alpha \sin\gamma)\, s_x & (-\sin\alpha \sin\beta \sin\gamma + \cos\alpha \cos\gamma)\, s_y & -\sin\alpha \cos\beta\, s_z & 0 \\[2ex] (-\cos\alpha \sin\beta \cos\gamma + \sin\alpha \sin\gamma)\, s_x & (\cos\alpha \sin\beta \sin\gamma + \sin\alpha \cos\gamma)\, s_y & \cos\alpha \cos\beta\, s_z & 0 \\[2ex] \begin{aligned}&(-t_x\cos\beta \cos\gamma - \\ &t_y\sin\alpha \sin\beta \cos\gamma \\ &-t_y\cos\alpha \sin\gamma \\ &+t_z\cos\alpha \sin\beta \cos\gamma \\ &-t_z\sin\alpha \sin\gamma)\, s_x\end{aligned} & \begin{aligned}&(t_x\cos\beta \sin\gamma + \\ &t_y\sin\alpha \sin\beta \sin\gamma \\ &-t_y\cos\alpha \cos\gamma \\ &-t_z\cos\alpha \sin\beta \sin\gamma \\ &-t_z\sin\alpha \cos\gamma)\, s_y\end{aligned} & \begin{aligned}&(-t_x\sin\beta + \\ &t_y\sin\alpha \cos\beta \\ &-t_z\cos\alpha \cos\beta)\, \\ &s_x\end{aligned} & 1 \end{bmatrix}$$

Ein Algorithmus zum Übergang von der "3-D-Welt" in einen Betrachtungsraum benötigt also zwei Prozeduren für das Aufstellen der Transformationsmatrix (AUFBAU_TMATRIX) und die Berechnung der Betrachterkoordinaten (BETRACHTERKOORD). Mit den Typenvereinbarungen

```
TYPE VEKTOR = ARRAY[1..4] OF REAL;
     MATRIX = ARRAY[1..4,1..4] of REAL;
```

schreiben wir:

```
PROCEDURE AUFBAU_TMATRIX(TX,TY,TZ,A,B,G,SX,SY,SZ:REAL,
                                        VAR A:MATRIX);
    CONST  P2 = 1.5707964;
    VAR    SA,SB,SG,CA,CB,CG: REAL;
    BEGIN  SA:=SIN(A); SB:=SIN(B); SG:=SIN(G);
           CA:=SIN(A+P2); CB:=SIN(B+P2); CG:=SIN(G+P2);
           A[1,1]:=CB*CG*SX;
           A[1,2]:=-CB*SG*SY;
           A[1,3]:=SB*SZ;
           A[2,1]:=SX*(SA*SB*CG+CA*CG);
           A[2,2]:=SY*(-SA*SB*SG+CA*CG);
           A[2,3]:=-SZ*SA*CB;
           A[3,1]:=SX*(-CA*SB*CG+SA*SG);
           A[3,2]:=SY*(CA*SB*SG+SA*CG);
           A[3,3]:=SZ*CA*CB;
           A[4,1]:=SX*(-TX*CB*CG-TY*(SA*SB*CG+CA*SG)+
                       TZ*(CA*SB*CG-SA*SG));
           A[4,2]:=SY*(TX*CB*SG+TY*(SA*SB*SG-CA*CG)-
                       TZ*(CA*SB*SG+SA*CG));
           A[4,3]:=SZ*(-TX*SB+TY*SA*CB-TZ*CA*CB);
           A[1,4]:=0; A[2,4]:=0; A[3,4]:=0; A[4,4]:=1;
    END;


PROCEDUREBETRACHTERKOORD (VARWPKT:VEKTOR; BPKT:VEKTOR;
                                     TRANSF:MATRIX);
    VAR I,J:INTEGER;
        WERT:REAL;
    BEGIN FOR I:=1 TO 4 DO
          BEGIN WERT:=0.0;
                FOR J:=1 TO 4 DO
                    WERT:=WERT+WPKT(J)*TRANSF(J,I);
                BPKT(I):=WERT;
          END;
    END;
```

und können dann eine Procedure BETRACHTUNGSRAUM wie folgt gestalten.

```
    PROCEDURE BETRACHTUNGSRAUM;

        TYPE VEKTOR = ARRAY[1..4] OF REAL;
             MATRIX = ARRAY[1..4] OF VEKTOR;
        VAR WPUNKT,BPUNKT:VEKTOR; TRANSF:MATRIX
            TX,TY,TZ,ALFA,BETA,GAMMA,SX,SY,SZ:REAL
        BEGIN /* EINLESEN DER TRANSFORMATIONSPARAMETER */
              READ(TX,TY,TZ); /* FÜR DIE TRANSLATION */
              READ(ALFA,BETA,GAMMA); /* FÜR DIE ROTATION */
              READ(SX,SY,SZ); /* FÜR DIE SKALIERUNG */


              /* BERECHNEN DER TRANSFORMATIONSMATRIX */
              AUFBAU_TMATRIX (TX,TY,TZ,ALFA,BETA,GAMMA,SX,SY,SZ,TRANSF);


              /* BERECHNEN DER PUNKTKOORDINATEN IM BETRACHTERKOOR-
              DINATENSYSTEM AUS DEN WELTKOORDINATEN */
              WPUNKT[4]:=1;
              REPEAT
                 READ(WPUNKT[1],WPUNKT[2],WPUNKT[3]);
                 BETRACHTERKOORD (WPUNKT,BPUNKT,TRANSF);
                 WRITELN(BPUNKT[1],BPUNKT[2],BPUNKT[3]);
              UNTIL ...  /* ALLE PUNKTE ABGEARBEITET SIND */
        END;
```

4.2.2. Die Betrachtungsfläche

Nachdem das darzustellende Objekt in Form von Betrachterkoordinaten
dreidimensional in einem Betrachtungsraum vorliegt, ist eine Projektion

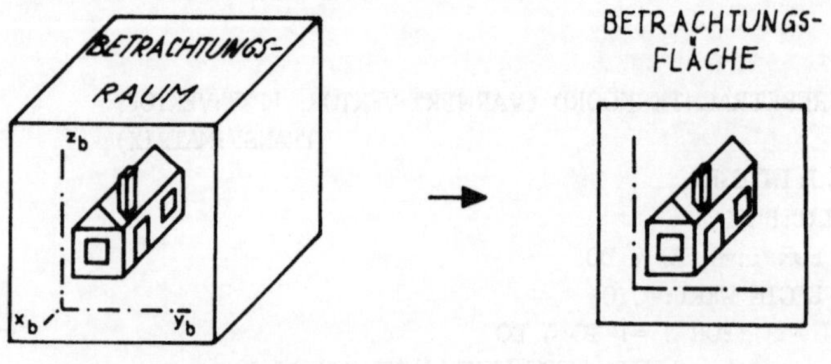

Abb. 4.16.: Betrachtungsfläche

auf eine Betrachtungsfläche vorzunehmen, um die für eine Darstellung notwendigen 2-D-Koordinaten zu ermitteln.

Entsprechend der gewünschten Darstellung sind eine Reihe unterschiedlicher Projektionsarten möglich. Allgemein bekannt sind perspektivische Darstellungen von Objekten oder Darstellungen in Form von Grund- und Aufrissen (Aufsichten, Ansichten, "3-Tafel-Projektion").

Eine Projektionsart ist zu interpretieren als eine Abbildungsvorschrift F, die jedem dreidimensionalen Objektpunkt x einen Punkt auf der Projektionsebene - hier auf der Betrachtungsfläche - als Bildpunkt F(x) zuordnet.

Notwendige Voraussetzung für eine Projektion ist also die Angabe einer Ebene, auf die diese Abbildung vorgenommen wird. Wir legen für die folgende Diskussion einiger für die grafische Datenverarbeitung geeigneter Projektionen als Betrachtungsfläche die x-y-Ebene des 3-D-Betrachterkoordinatensystems fest und beschreiben auf dieser Grundlage die notwendigen Umrechnungen.

Da durch Translation, Rotation und Skalierung der Betrachtungsraum und damit seine x-y-Ebene beliebig im Raum plaziert werden kann, bedeutet diese Festlegung keine Beschränkung für gewünschte Projektionen (vgl. Abb. 4.17.).

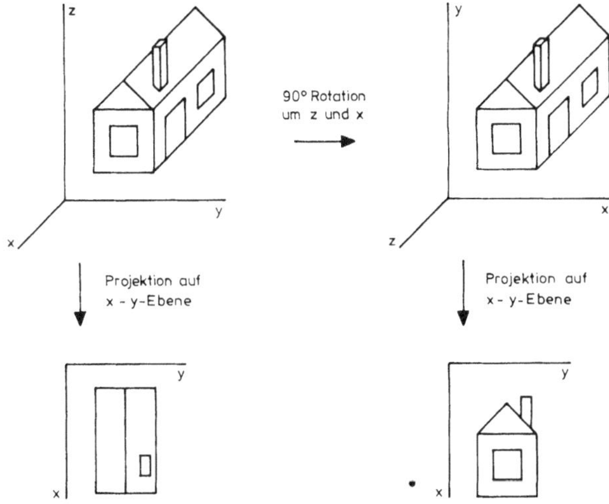

Abb. 4.17.: Zwei Ansichten eines Objekts auf der x-y-Ebene des Betrachterkoordinatensystems als Betrachtungsfläche

Zentralprojektion (Perspektive)

Bei der Zentralprojektion oder Perspektive wird ein 3-D-Objekt von einem Projektionszentrum $z = (z_x, z_y, z_z)$ aus derart auf eine Betrachtungsfläche projiziert, daß für jeden Punkt $p = (p_x, p_y, p_z)$ des Objekts das Bild von p, bezeichnet mit $F_Z(p)$, der Schnittpunkt der Geraden zp mit der Betrachtungsfläche ist.

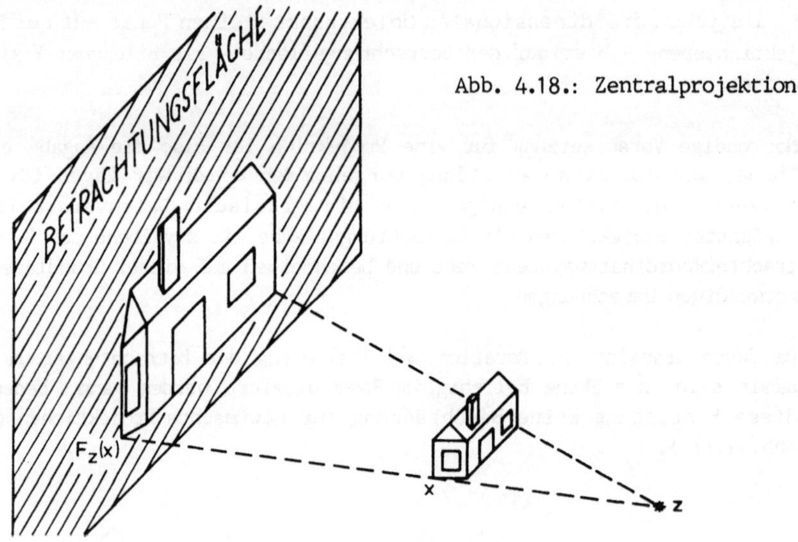

Abb. 4.18.: Zentralprojektion

Die Darstellungsgröße von Objekten hängt von der Entfernung des Projektionszentrums zum Objekt ab. Diese "realistische" Darstellungsweise macht die Zentralperspektive besonders geeignet für Anschauungsmaterial und Übersichtsdarstellungen.

Dagegen sind Maße und Winkel daraus nicht zu entnehmen: Zentralprojektionen verändern Längen, und nur Objektflächen parallel zur Projektionsebene werden ähnlich abgebildet.

Für die Festlegung des Projektionszentrums sind Restriktionen zu beachten: anschaulich entspricht es dem Auge des Betrachters, genauer dem optischen Mittelpunkt der Augenlinse, und muß so gewählt werden, daß der Betrachter ein sinnvolles Bild gewinnt (z.B. nicht innerhalb eines Festkörpers).

Es sei die Betrachtungsfläche B in Hessescher Normalform (vgl. Kap. 7)

$$B = \{ \vec{x} \in \mathbb{R}^3 \ / \ \vec{n}.\vec{x} = \beta \}$$

mit $\vec{n}$ als Normalenvektor der Länge 1 und β als Abstand von B zum Ursprung des 3-D-Betrachterkoordinatensystems gegeben. Da B als x-y-Ebene des 3-D-Betrachterkoordinatensystems vorausgesetzt ist, gilt

$$\beta = 0 \text{ und } \vec{n} = (0,0,1)$$

Weiter sei $p = (p_x, p_y, p_z)$ der zu projizierende Objektpunkt, $F_Z(p)$ sein Bild unter der Zentralprojektion und $z = (z_x, z_y, z_z)$ das Projektionszentrum. Mit

$$zp = \vec{z} + \lambda(\vec{p} - \vec{z})$$

folgt dann

$$F_Z(p) = \{ \vec{y} \in \mathbb{R}^3 \ / \ \vec{y} = \vec{z} + \lambda(\vec{p} - \vec{z}) \ \} \subset B$$

und somit

$$\vec{n}.(\vec{z} + \lambda(\vec{p} - \vec{z})) = \beta, \text{ d.h.}$$

$$\lambda = \frac{-\vec{n}.\vec{z}}{\vec{n}.(\vec{p} - \vec{z})}$$

Es ergibt sich

$$F_Z(p) = \vec{z} + \frac{-\vec{n}.\vec{z}}{\vec{n}.(\vec{p} - \vec{z})} \ (\vec{p} - \vec{z})$$

und in Koordinatenschreibweise

$$F_Z(p) = (z_x, z_y, z_z) + \frac{z_z}{p_z - z_z} \ (p_x - z_x, p_y - z_y, p_z - z_z)$$

$$= (z_x - \frac{z_z \ (p_x - z_x)}{p_z - z_z}, z_y - \frac{z_z \ (p_y - z_y)}{p_z - z_z}, 0)$$

$$= (\frac{p_x \, z_z - p_z \, z_x}{z_z - p_z}, \frac{p_y \, z_z - p_z \, z_y}{z_z - p_z}, 0)$$

Wie bei den Translationen, Rotationen und Skalierungen verwenden wir auch hier zur Vereinfachung der Berechnungen die Matrizendarstellung.

Wir gehen dazu wieder über zu homogenen Koordinaten und erhalten $Q = (q_x, q_y, 0, 1)$ als Punkt der Betrachtungsfläche.

Setzen wir

$$Z = \begin{bmatrix} 1 & 0 & 0 & 0 \\ 0 & 1 & 0 & 0 \\ \dfrac{z_x}{z_z} & \dfrac{z_y}{z_z} & 0 & \dfrac{1}{z_z} \\ 0 & 0 & 0 & 1 \end{bmatrix}$$

so gilt mit $p = (p_x, p_y, p_z, 1)$:

$$(p_x, p_y, p_z, 1) \cdot \begin{bmatrix} 1 & 0 & 0 & 0 \\ 0 & 1 & 0 & 0 \\ \dfrac{z_x}{z_z} & \dfrac{z_y}{z_z} & 0 & \dfrac{1}{z_z} \\ 0 & 0 & 0 & 1 \end{bmatrix}$$

$$= \left(p_x - \frac{p_z\, z_x}{z_z}, \; p_y - \frac{p_z\, z_y}{z_z}, \; 0, \; 1 - \frac{p_z}{z_z} \right).$$

Eine Division durch $1 - \dfrac{p_z}{z_z} = \dfrac{z_z - p_z}{z_z}$ ergibt dann

$$\left(\frac{p_x - \dfrac{p_z\, z_x}{z_z}}{\dfrac{z_z - p_z}{z_z}}, \; \frac{p_y - \dfrac{p_z\, z_y}{z_z}}{\dfrac{z_z - p_z}{z_z}}, \; 0, \; 1 \right)$$

$$= \left(\frac{p_x\, z_z - p_z\, z_x}{z_z - p_z}, \; \frac{p_y\, z_z - p_z\, z_y}{z_z - p_z}, \; 0, \; 1 \right) = F_Z(p)$$

Man erhält also das Bild von p unter der Zentralprojektion durch Multiplikation von p mit der Matrix Z und anschließender Normalisierung, d.h. durch Division des Ergebnisvektors durch seine vierte Komponente. Die Matrix Z ist somit die darstellende Matrix der Zentralprojektion.

Parallelprojektion

Bei der Parallelprojektion rückt das Projektionszentrum ins Unendliche.
Mittels eines Vektors u wird eine Projektionsrichtung vorgegeben. Das
Bild $F_p(p)$ eines Punktes $p = (p_x, p_y, p_z)$ eines abzubildenden Objekts
berechnet sich dann als Schnittpunkt einer zu u parallelen Geraden durch
p mit der Betrachtungsfläche.

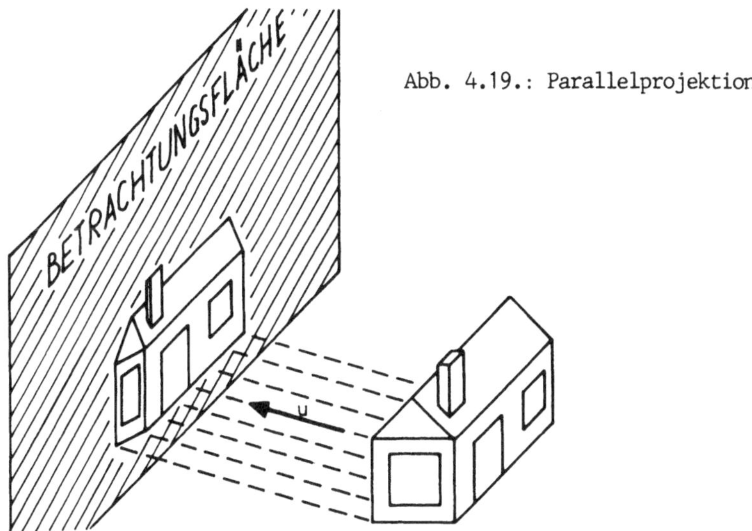

Abb. 4.19.: Parallelprojektion

Die entstehenden Darstellungen erscheinen zwar nicht so realistisch wie
die bei der Zentralprojektion, sie haben jedoch einige Eigenschaften,
die für Anwendungen sehr wichtig sind.

Entsprechend dieser Eigenschaften unterteilt man die Parallelprojektion
in drei Gruppen.

Orthogonale Parallelprojektion

Orthogonalen Parallelprojektionen liegt als Betrachtungsfläche die x-y-
Ebene des Betrachtungsraumes und als Projektionsrichtung der Normalen-
vektor dieser Ebene zugrunde. Je nach Festlegung des Betrachtungsraumes
(vgl. Abb. 4.17.) bezeichnet man diese Projektionen als **Aufsicht** und
Ansicht oder auch als Grundriß, Aufriß oder Kreuzriß (**"Drei-Tafel-
Projektion"**).

Darstellungen dieser Art bieten sich besonders für technische Anwendungen an. Allerdings erfordert das "Lesen" von Darstellungen in Aufsicht und Ansicht besondere kognitive Fähigkeiten, um sich den dreidimensionalen Charakter der dargestellten Objekte "vorstellen" zu können.

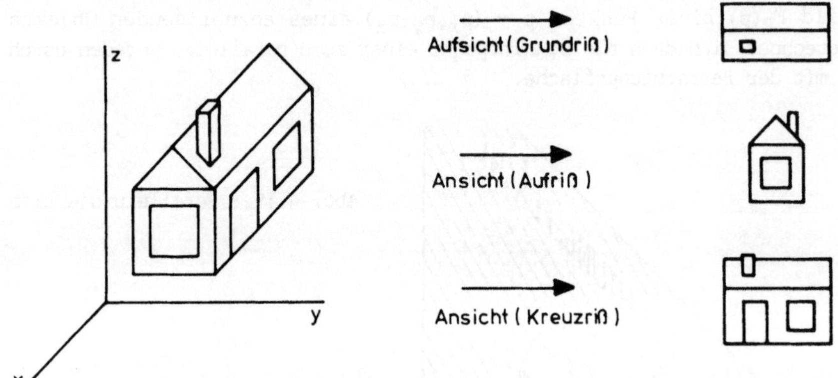

Abb. 4.20.: Drei-Tafel-Projektion

Es sei $\vec{u} = (0,0,1)$, $p = (p_x, p_y, p_z)$ und $B = \{ \vec{x} \in \mathbb{R}^3 / \vec{n}.\vec{x} = \beta$, $\vec{n}=(0,0,1)$, $\beta = 0 \}$ die Betrachtungsfläche in Hessescher Normalform, sowie $\{ \vec{y} \in \mathbb{R}^3 / \vec{p}+\lambda \vec{u} = y \}$ die zu $\vec{u}$ parallele Gerade durch p. Dann gilt:

$$F_P(p) = \{ \vec{y} \in \mathbb{R}^3 / \vec{p}+\lambda \vec{u} = \vec{y} \} \subset B$$

und somit

$$\vec{n}.(\vec{p}+\lambda \vec{u}) = 0, \quad \text{d.h.} \quad \lambda = -\frac{\vec{n}.\vec{p}}{\vec{n}.\vec{u}} .$$

Wir erhalten

$$F_P(p) = \vec{p} - \frac{\vec{n}.\vec{p}}{\vec{n}.\vec{u}} \vec{u}$$

und in Koordinatenschreibweise

$$F_P(p) = (p_x, p_y, p_z) - \frac{p_z}{u_z} (u_x, u_y, u_z)$$

$$= (p_x - \frac{p_z}{u_z} u_x, \; p_y - \frac{p_z}{u_z} u_y, \; 0) = (p_x , p_y , 0) .$$

Bei der orthogonalen Parallelprojektion wird also jeder Objektpunkt $p = (p_x, p_y, p_z)$ auf seine x- und y-Komponente abgebildet.

Eine diese Projektion darstellende Matrix ist

$$P = \begin{bmatrix} 1 & 0 & 0 & 0 \\ 0 & 1 & 0 & 0 \\ 0 & 0 & 0 & 0 \\ 0 & 0 & 0 & 1 \end{bmatrix}.$$

Orthogonale Axonometrie

Orthogonale Axonometrien bewirken eine Darstellung von Objekten, die einerseits räumlich wirkt, ähnlich wie die Zentralprojektion, andererseits aber auch für alle Linien das Ablesen der ursprünglichen Maße gestattet. Winkel sind nur dann ersichtlich, wenn die abgebildete Fläche parallel zur Betrachtungsfläche verläuft.

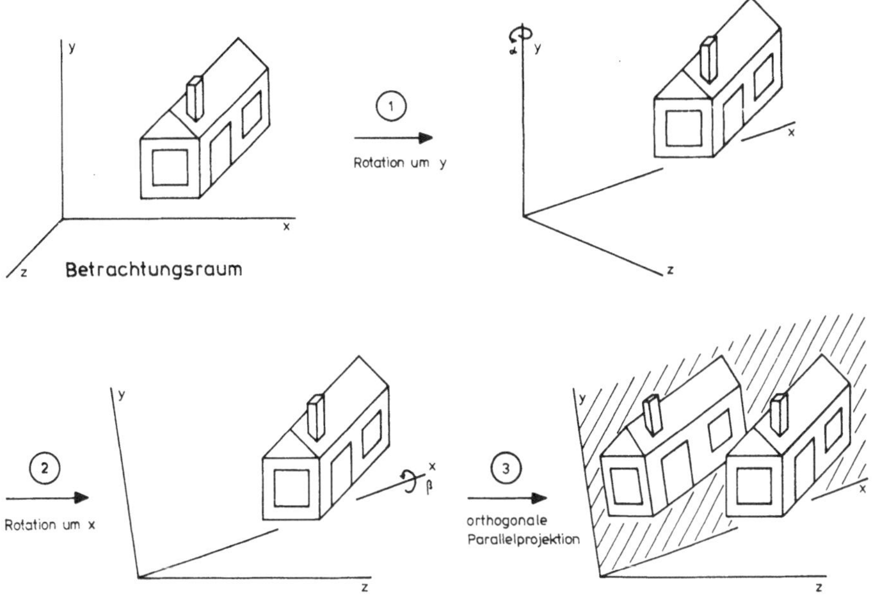

Abb. 4.21.: Orthogonale Axonometrie

Erreicht wird eine solche Darstellung, indem man zunächst von der x-y-
Ebene des 3-D-Betrachterkoordinatensystems als Betrachtungsebene
ausgeht, diese für die Projektion aber in bestimmter Art und Weise um
den Ursprung dreht und dann durch orthogonale Parallelprojektion auf die
so gedrehte Betrachtungsfläche ein Objekt abbildet (vgl. Abb. 4.21.).
Die Art der Darstellung hängt nun natürlich wesentlich von den Drehungen, d.h. den Drehwinkeln α und β ab.

Für technische Anwendungen unterscheidet man im allgemeinen die isometrische orthogonale Axonometrie und die dimetrische orthogonale Axonometrie. Beide sind durch DIN-Norm festgelegt.

Bei der isometrischen orthogonalen Axonometrie sind Längen von Linien,
die parallel zur x-, y- und z-Achse des Betrachtungsraumes verlaufen
direkt im Verhältnis 1:1:1 abzulesen. Die dimetrische orthogonale Axonometrie verkürzt Linien parallel zur z-Achse auf die Hälfte, die
übrigen bleiben erhalten, d.h. das Verkürzungsverhältnis ist $1:1:\frac{1}{2}$.
Durch die Verkürzung soll ein "natürlicheres" Aussehen erreicht werden.

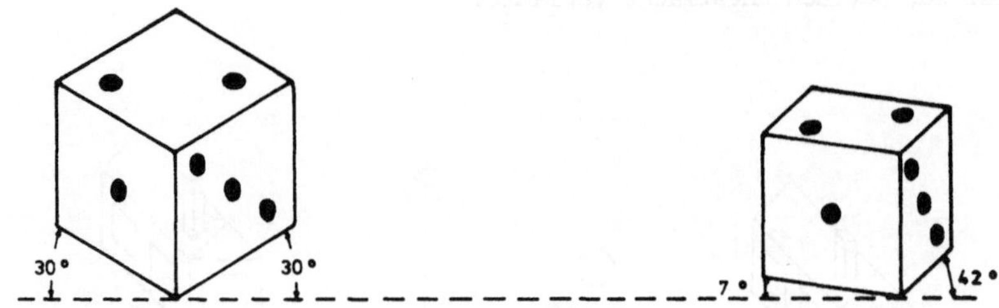

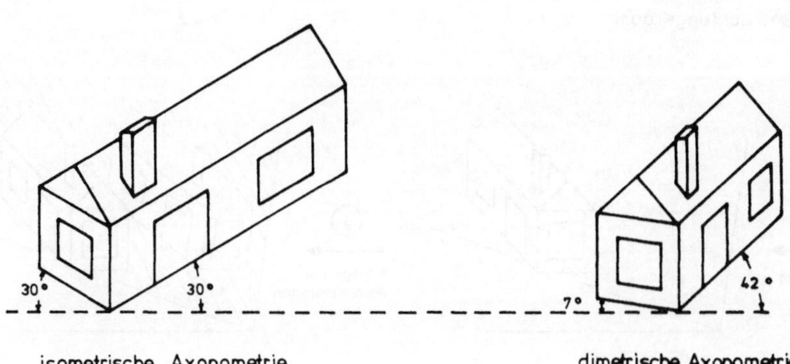

isometrische Axonometrie   dimetrische Axonometrie

Abb. 4.22.: Isometrische und dimetrische orthogonale Projektion

Ohne im einzelnen auf die Herleitung einzugehen, wollen wir die Abbildungsvorschrift und die jeweils darstellende Matrix angeben.

Isometrische orthogonale Axonometrie

$$F_I(p_x,p_y,p_z) = (\ p_x\ \tfrac{1}{2}\sqrt{3} + p_z\ \tfrac{1}{2}\sqrt{3},\ p_x\cdot\tfrac{1}{2} + p_y - p_z\cdot\tfrac{1}{2},\ \ 0\ )$$

$$I = \begin{bmatrix} \tfrac{1}{2}\sqrt{3} & \tfrac{1}{2} & 0 & 0 \\ 0 & 1 & 0 & 0 \\ \tfrac{1}{2}\sqrt{3} & -\tfrac{1}{2} & 0 & 0 \\ 0 & 0 & 0 & 1 \end{bmatrix}$$

Dimetrische orthogonale Axonometrie

$$F_D(p_x,p_y,p_z) = (\ p_x\tfrac{3}{8}\sqrt{7} + p_z\ \tfrac{3}{8}\ ,\ p_x\ \tfrac{1}{8} + p_y - p_z\ \tfrac{1}{8}\sqrt{7}\ ,\ \ 0\ )$$

$$D = \begin{bmatrix} \tfrac{3}{8}\sqrt{7} & \tfrac{1}{8} & 0 & 0 \\ 0 & 1 & 0 & 0 \\ \tfrac{1}{8} & -\tfrac{1}{8}\sqrt{7} & 0 & 0 \\ 0 & 0 & 0 & 1 \end{bmatrix}$$

Schiefe Axonometrien

Schiefe Axonometrien vereinigen Eigenschaften der orthogonalen Parallelprojektion und der orthogonalen Axonometrien in sich. Die Betrachtungs-

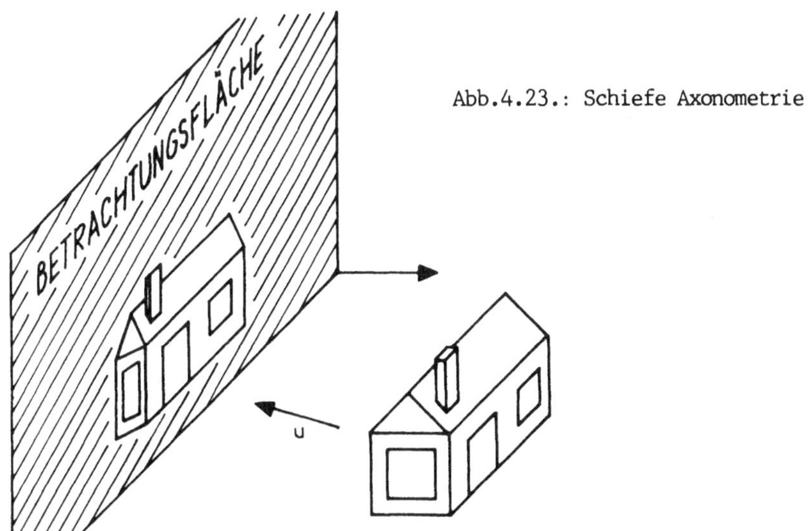

Abb.4.23.: Schiefe Axonometrie

fläche ist die x-y-Ebene des Betrachtungsraumes. Der Vektor u für die Projektionsrichtung steht nun aber nicht mehr senkrecht auf dieser Ebene, sondern ist schiefwinklig vorzugeben. Dies bewirkt, daß die Flächen, die parallel zur x-y-Ebene liegen, winkeltreu und längentreu abgebildet werden; die Flächen, die parallel zur y-z-Ebene des Betrachtungsraumes liegen, werden zwar nicht winkeltreu wiedergegeben, es lassen sich aber die Längen aus der Darstellung ermitteln.

Zwei Typen schiefwinkliger Axonometrien werden häufiger verwendet. Die erste ist die Kavalierperspektive. Für sie sollen folgende Bedingungen erfüllt sein:
- Die x-Achse und die y-Achse werden jeweils auf sich abgebildet.
- Das Bild der z-Achse bildet mit der x-Achse einen Winkel von 135º.
- Das Bild eines Abschnitts auf der z-Achse wird mit dem Faktor $\frac{1}{2}$ gekürzt.

Der zweite hier zu nennende Projektionstyp ist die **Militärperspektive.** Hier gelten die Bedingungen:
- Das Bild der z-Achse steht vertikal auf der Betrachtungsfläche.
- Die Bilder der beiden anderen Achsen stehen senkrecht aufeinander und schließen mit der z-Achse jeweils einen Winkel von 135º ein.
- Die Bilder der Achsenabschnitte werden nicht verkürzt.

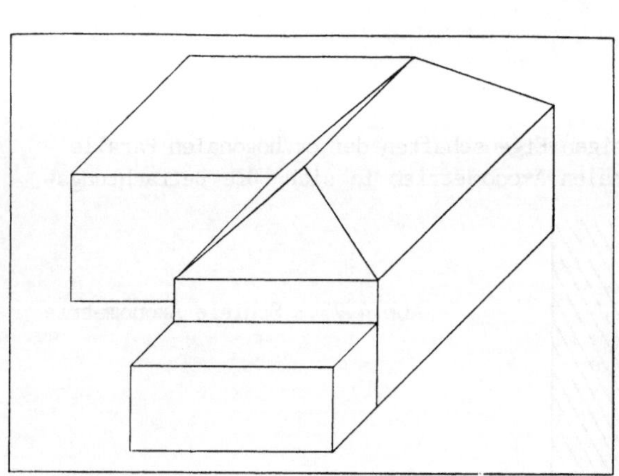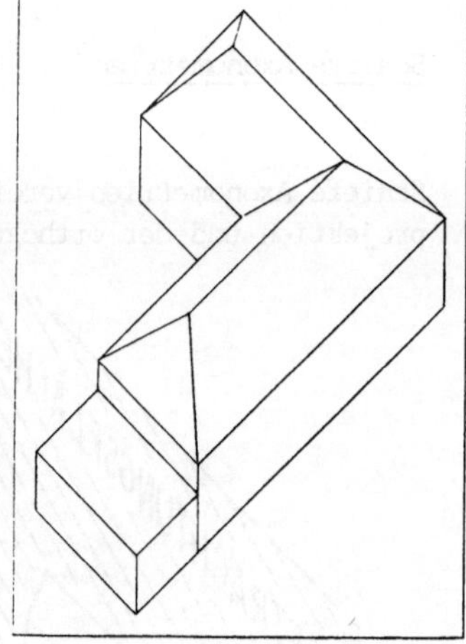

Abb. 4.24.: Kavalier- (links) und Militärperspektive (aus: /Martens81/)

Während sich für die Kavalierperspektive der Richtungsvektor $\vec{u}$ aus den Bedingungen als

$$\vec{u} = (\ \tfrac{1}{4}\sqrt{2}\ ,\ \tfrac{1}{4}\sqrt{2}\ ,\ 1\ )$$

ableiten läßt, kann die Militärperspektive ersetzt werden durch eine
Drehung um die z-Achse mit dem Drehwinkel α = -135o und eine Parallelprojektion auf die x-y-Ebene mit u = (0,-1,1).

Mit einer entsprechenden Berechnung wie in der Herleitung zur orthogonalen Parallelprojektion folgt für die Kavalierperspektive:

$$F_K(p_x,p_y,p_z) = (\ p_x - p_z\tfrac{1}{4}\sqrt{2}\ ,\ p_y - p_z\tfrac{1}{4}\sqrt{2}\ ,\ 0\ )$$

und daraus als darstellende Matrix

$$K = \begin{bmatrix} 1 & 0 & 0 & 0 \\ 0 & 1 & 0 & 0 \\ -\tfrac{1}{4}\sqrt{2} & -\tfrac{1}{4}\sqrt{2} & 0 & 0 \\ 0 & 0 & 0 & 1 \end{bmatrix}$$

und für die Militärperspektive (mithilfe der Rotationsmatrix R_γ):

$$F_M(p_x,p_y,p_z) = (\ -p_x\tfrac{1}{2}\sqrt{2} + p_y\tfrac{1}{2}\sqrt{2}\ ,\ -p_x\tfrac{1}{2}\sqrt{2} - p_y\tfrac{1}{2}\sqrt{2} + p_z\ ,\ 0\ )\ ,$$

sowie die darstellende Matrix

$$M = \begin{bmatrix} -\tfrac{1}{2}\sqrt{2} & -\tfrac{1}{2}\sqrt{2} & 0 & 0 \\ \tfrac{1}{2}\sqrt{2} & -\tfrac{1}{2}\sqrt{2} & 0 & 0 \\ 0 & 1 & 0 & 0 \\ 0 & 0 & 0 & 1 \end{bmatrix}$$

Durch die Beschreibung von Projektionen mithilfe von Matrizen ist nun
der Übergang vom Betrachtungsraum zur Betrachtungsfläche sehr einfach
durch eine Matrizenmultiplikation für jeden Punkt durchzuführen.

Mit den Prozeduren MATMULT

```
PROCEDURE MATMULT (VAR MAT1,MAT2,MULT:MATRIX);

    VAR  I,J,K: INTEGER; WERT: REAL;ß
    BEGIN FOR I:=1 TO 4 DO
        BEGIN FOR J:=1 TO 4 DO
            BEGIN WERT:=0.0;
                FOR K:=1 TO 4 DO
                    WERT:= WERT + MAT1(I,K)*MAT2(K,J);
                MULT(I,J):=WERT;
            END;
        END;
    END;
```

AUFBAU_TMATRIX und BETRACHTERKOORD aus dem letzten Abschnitt bietet es
sich jedoch an, die Umrechnung von Weltkoordinaten in 2-D-Betrachter-
koordinaten in einem Schritt, d.h. insgesamt mit einer Matrizenmultiplikation für jeden Objektpunkt durchzuführen. Wir definieren dazu eine
Prozedur BETRACHTUNGSFLAECHE als Alternative zu BETRACHTUNGSRAUM durch

```
PROCEDURE BETRACHTUNGSFLAECHE;

  TYPE  VEKTOR = ARRAY[1..4] OF REAL;
        MATRIX = ARRAY[1..4] OF VEKTOR;

  VAR  WPUNKT,BPUNKT: VEKTOR; TRANSF,TRANSF1,PROJEKTION: MATRIX;
       TX,TY,TZ,ALFA,BETA,GAMMA,SX,SY,SZ: REAL;
       BPUNKT4: REAL;
       PROJEKTIONSART: STRING;

  BEGIN /* EINLESEN DER TRANSFORMATIONSPARAMETER */
        READ(TX,TY,TZ); /* FÜR DIE TRANSLATION */
        READ(ALFA,BETA,GAMMA); /* FÜR DIE ROTATION */
        READ(SX,SY,SZ); /* FÜR DIE SKALIERUNG */

        /* EINLESEN DER PROJEKTIONSART UND DER PROJEKTIONSMATRIX */
        READ(PROJEKTIONSART);
        READ(PROJEKTION);

        /* BERECHNEN DER TRANSFORMATIONSMATRIX */
        AUFBAU_TMATRIX (TX,TY,TZ,ALFA,BETA,GAMMA,SX,SY,SZ,TRANSF);
        MATMULT (TRANSF,PROJEKTION,TRANSF1);

        /* BERECHNEN DER PUNKTKOORDINATEN IM 2-D-BETRACHTER-
        KOORDINATENSYSTEM AUS DEN WELTKOORDINATEN */
        WPUNKT[4]:=1;
        REPEAT
          READ(WPUNKT[1],WPUNKT[2],WPUNKT[3]);
          BETRACHTERKOORD (WPUNKT,BPUNKT,TRANSF1);
          BPUNKT4:=BPUNKT[4];
          IF (PROJEKTIONSART=ZENTRALPROJEKTION) AND
             (ABS(BPUNKT4)>0.0000001)
              THEN BEGIN BPUNKT[1]:=BPUNKT[1] / BPUNKT4;
                         BPUNKT[2]:=BPUNKT[2] / BPUNKT4;
                         BPUNKT[4]:=1;
                   END;
              ELSE ERROR  /* FEHLERAUSGANG */
          WRITELN(BPUNKT[1],BPUNKT[2],BPUNKT[3]);
        UNTIL ...  /* ALLE PUNKTE ABGEARBEITET SIND */
  END;
```

4.2.3. Das Problem der "sichtbaren Kanten und Flächen"

Nach Anwendung der Prozedur BETRACHTUNGSFLÄCHE auf das dreidimensional
dargestellte Objekt erhält man für jeden Objektpunkt die entsprechenden
zweidimensionalen Betrachterkoordinaten. An der Topologie des Objekts,
d.h. zwischen welchen Punkten Kanten definiert sind und welche Kanten
eine Fläche bilden usw., ändert sich dabei nichts. Würde also das Objekt
nach Anwendung des Algorithmus auf einem Ausgabegerät dargestellt, so
wird es durch sämtliche definierten Kanten und Flächen repräsentiert.
Dies sind aber unter Umständen viel mehr, als zur Übersichtlichkeit und
Eindeutigkeit der Darstellung nötig sind. Handelt es sich bei dem in
Abb. 4.25.(a) dargestellten Haus um eine Projektion des Objekts (b) oder
des Objekts (c)? Ist (a) in dieser Form noch einigermaßen übersichtlich,
was geschieht bei Darstellung des Hauses mit Innenwänden und Möbeln?

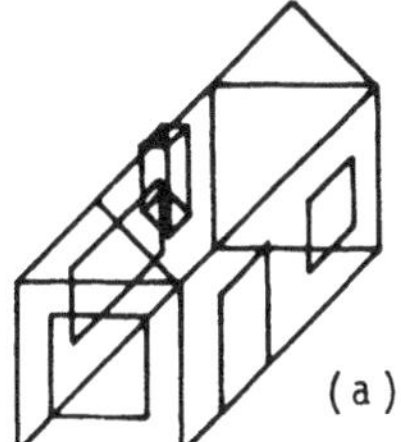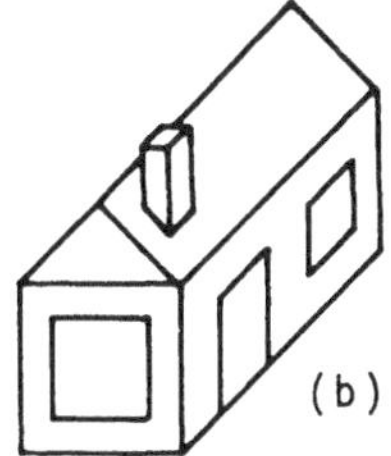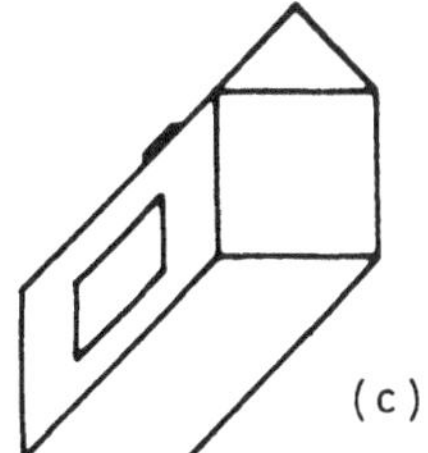

Abb. 4.25.: Zweideutigkeiten bei der Darstellung

In der Natur und bei Fotografien wird diese Problematik durch die phy-
sikalischen Eigenschaften des Lichts gelöst: Transparente Stoffe lassen
das Licht durch, transluszente führen zu einer diffusen Brechung der
Lichtstrahlen und undurchsichtige Stoffe bewirken, daß die verdeckten
Objektteile nicht dargestellt werden, bzw. nicht gesehen werden. Bei
technischen Zeichnungen reicht das "Nicht-Darstellen" oft nicht aus.
Hier wird auch eine Darstellung der verdeckten Teile mit geringerer
Strichstärke, gestrichelt oder andersfarbig gewünscht.

Abb. 4.26.:

Strichlierte Darstellung
verdeckter Kanten

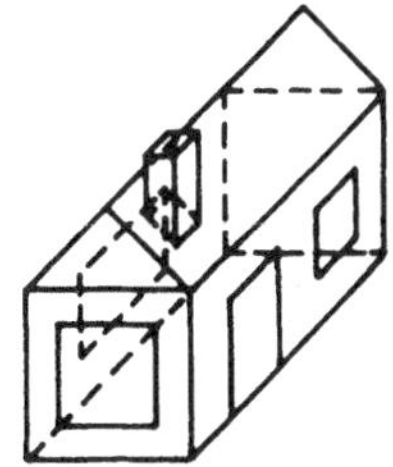

In der grafischen Datenverarbeitung wird die geschilderte Problematik
als **Visible-Edge** **Problem** oder - einer weniger präzisen aber weit ver-
breiteten Sprechweise folgend - als **Hidden-Line** **Problem** bezeichnet. Verfahren, die für ein im Rechner gespeichertes Objekt die verdeckten
Kanten ermitteln, heißen **Hidden-Line-Algorithmen**.

Während für die binäre Strichgrafik solche Hidden-Line-Algorithmen zur
Wiedergabe "realistischer" Bilder ausreichen, sind im Bereich der Flä-
chengrafik noch weitergehende Fähigkeiten denkbar. Sichtbare Teile von
Oberflächen können in Abhängigkeit von Lichteinfall und schattiert oder
farbig dargestellt werden. Man nennt Verfahren mit diesen weitergehenden
Fähigkeiten **Visible-Surface-Algorithmen**, die gegebenenfalls auch die
Transparenz und Transluszenz des Objektmaterials, sowie die Reflexions-
eigenschaften der Objektflächen berücksichtigen müssen.

Da wir uns von vornherein auf die Darstellung von Problemen der binären
Strichgrafik beschränkt haben, wollen wir die Visible-Surface-Algorithmen im folgenden nicht weiter betrachten, weisen aber darauf hin, daß
einige der in Kapitel 7 beschriebenen Verfahren auch diese Anwendungen
unterstützen können.

Meist ausgehend von bestimmten Anwendungen, Geräteeigenschaften oder zugrundeliegenden Objekt-Datenstrukturen sind bis heute eine Reihe verschiedener Hidden-Line-Algorithmen entwickelt worden, mit dem Ziel ein
möglichst effektives Verfahren zur Bestimmung der verdeckten Teile eines
Objekts zu finden. Die meisten Algorithmen setzen eine bestimmte Projektionsart voraus - entweder nur Zentralprojektion oder nur Parallelprojektion -, nur ganz wenige sind für beide Projektionsarten geeignet.

Eine erste grobe Unterteilung kann man für Hidden-Line-Verfahren hinsichtlich der möglichen Objekte vornehmen. Eine Gruppe eignet sich nur
für ebenflächig und geradlinig begrenzte Körper (Polyeder), die andere
liefert auch für Körper mit Flächen höheren Gerades und gekrümmten Kanten das gewünschte Ergebnis. Innerhalb beider Gruppen gibt es Verfahren,
die zusätzliche Einschränkungen für die möglichen Objekte vornehmen und
somit nur eine ganz eng begrenzte Klasse von Objekten bearbeiten kann.
Die wichtigsten kennzeichnenden Merkmale von Hidden-Line-Verfahren sind
der Arbeitsraum und das Arbeitsprinzip. Man unterscheidet hinsichtlich
des Arbeitsraumes **Bildraumalgorithmen**, **List-Priority-Algorithmen** und
Objektraum-Algorithmen.

Zu den Objektraum-Algorithmen zählen Verfahren, die alle Berechnungen
innerhalb des Betrachtungsraumes am 3-D-Objekt vornehmen und damit un-
mittelbar feststellen, welche Objektteile sichtbar und welche verdeckt
sind. Sie arbeiten sehr genau, sind im Prinzip unabhängig von den Eigenschaften der verwendeten Ausgabegeräte und ermöglichen auch für Aus-

schnittsvergrößerungen (vgl. die Fenstertechnik in Abschnitt 4.2.4.)
exakte Darstellungen.

Die Genauigkeit der Lösung hängt bei den Bildraum-Algorithmen von der
Auflösung des zugrundeliegenden Ausgabegerätes ab. Sie sind in der Regel
nur für einen bestimmten Gerätetyp (Vektorprinzip, Rasterprinzip, vergl.
Kapitel 5) geeignet und führen die Sichtbarkeitsuntersuchungen für jeden
"adressierbaren Punkt" eines Ausgabegeräts durch. Grundlage für die
Berechnungen ist also nicht das 3-D-Objekt, sondern die Darstellung des
Objekts innerhalb der Betrachtungsebene.

List-Priority-Algorithmen kombinieren Berechnungen innerhalb der Betrachtungsebene mit Sichtbarkeitsuntersuchungen im Betrachtungsraum.
Hier wird zunächst im Betrachtungsraum eine Prioritätenliste für die
Sichtbarkeit von Flächen aufgestellt. Eine Fläche höherer Priorität
liegt näher beim Betrachter als eine Fläche niedrigerer Priorität. Die
Berechnung der sichtbaren Teile der Flächen erfolgt dann in der Betrachtungsebene.

Für das Arbeitsprinzip, d.h. für die Vorgehensweise zur Feststellung,
welche Teile eines Objekts von einem Betrachterstandort aus sichtbar
bzw. nicht sichtbar sind, gibt es folgende Einteilung: Flächentest,
Punkttest, Punkt/Flächentest und Bildunterteilung. Beim **Flächentest** wird
die Sichtbarkeit einer Objektfläche in ihrer Gesamtheit untersucht.

Wir setzen eine Sichtgerade $S = B + \lambda\,(F-B)$ vom Betrachterstandort B zu
Fußpunkten F der Objektflächen voraus und für jede Fläche einen aus dem
Objekt herausgerichteten Normalenvektor N in F.

Abb. 4.27.:

Flächentest

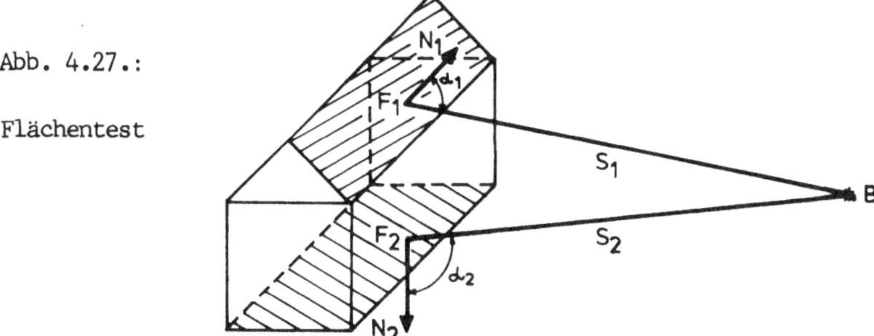

Eine Fläche ist genau dann nicht sichtbar, wenn der Winkel α zwischen N
und S zwischen 90° und 180° liegt, d.h. wenn das Skalarprodukt

$$N.(F-B) = |N|\cdot|F-B|\ \cos\alpha\ <\ 0$$

negativ ist.

Bei konvexen Objekten gilt, daß alle Kanten, die zu einer sichtbaren Fläche gehören, auch vollständig sichtbar sind. Diejenigen Kanten, die zu zwei nicht sichtbaren Flächen gehören, sind selbst auch vollständig verdeckt.

Der große Vorteil des Flächentests liegt in seiner Effektivität. Für jede Kante ist nach Ermittlung der Flächen-Sichtbarkeit nur ein Test nötig, um zu entscheiden, ob die Kante als Ganzes sichtbar ist oder nicht. Der Nachteil des Flächentest ist seine Beschränktheit auf konvexe Objekte. Besteht das Objekt aus einer Gruppe von Körpern oder ist das Objekt konkav, so können Flächen teilweise verdeckt werden und Kanten werden teilweise sichtbar und teilweise nicht sichtbar. Hier kann der Flächentest nur eine Unterscheidung in potentiell sichtbare und vollständig unsichtbare Flächen und Kanten leisten.

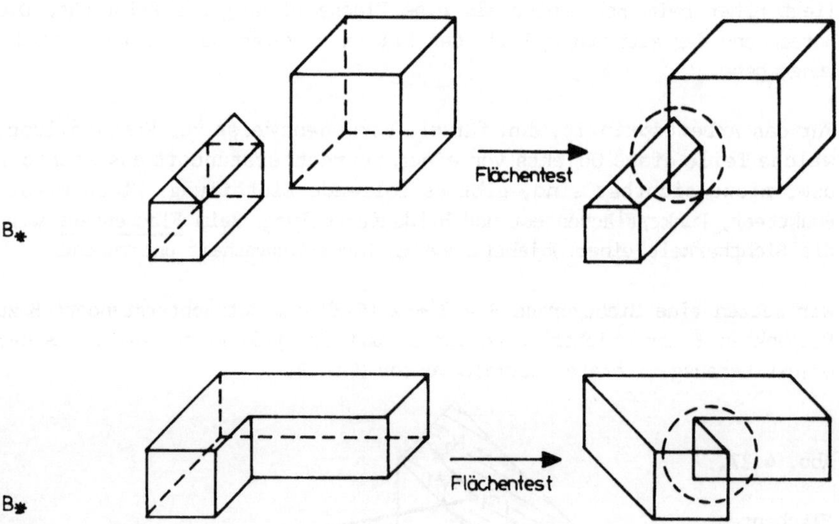

Abb. 4.28.: Probleme des Flächentest

Beim **Punkttest** gibt es prinzipiell keine Einschränkungen bezüglich der Überprüfbarkeit von Objekten. Hier wird jede zu untersuchende Objektkante in eine Reihe Segmente geteilt und auf jedem Segment ein Testpunkt T bestimmt. Die Feststellung der Sichtbarkeit für diesen Testpunkt erfolgt durch die Überprüfung, ob zwischen dem Testpunkt und dem Betrachterstandort ein weiterer zum Objekt gehörender Punkt liegt, der Testpunkt also durch eine Fläche verdeckt wird. Ist der Testpunkt als sichtbar bzw. unsichtbar gefunden, wird das durch ihn repräsentierte Segment sichtbar bzw. unsichtbar angenommen. Auf diese Weise kann man für jede

Kante näherungsweise diejenigen Grenzpunkte G ermitteln, bei denen sich die Sichtbarkeit einer Kante ändert.

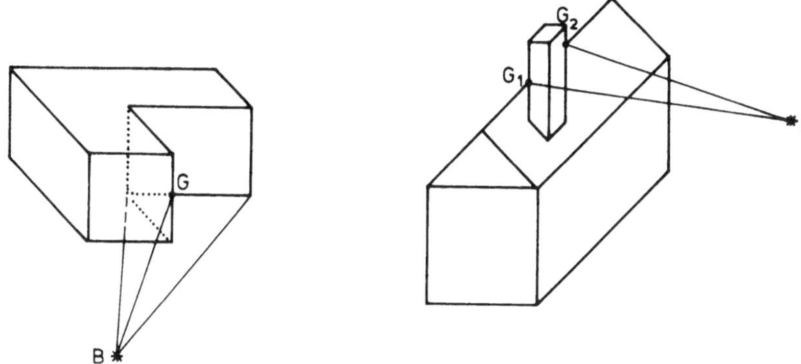

Abb. 4.29.: Punkttest

Die Überprüfung, ob ein Testpunkt von Objektflächen verdeckt wird, wird als _Tiefentest_ bezeichnet. Liegt ein Objektpunkt vor einem Testpunkt, so liegt dieser "tiefer im Raum" (im Verhältnis zum Betrachterstandort).

Für Objekte, die durch Zentralprojektion abgebildet sind ist beispielsweise folgender Tiefentest möglich:

Man stellt für jeden Testpunkt die Gerade durch das Projektionszentrum Z und dem Testpunkt T auf und berechnet für sämtliche Flächen des Objekts die Schnittpunkte S dieser Geraden mit den Flächen. Gilt $T-Z > S-Z$, so liegt T hinter der Fläche F und wird von ihr verdeckt.

Abb. 4.30.:

Tiefentest bei
Zentralprojektion

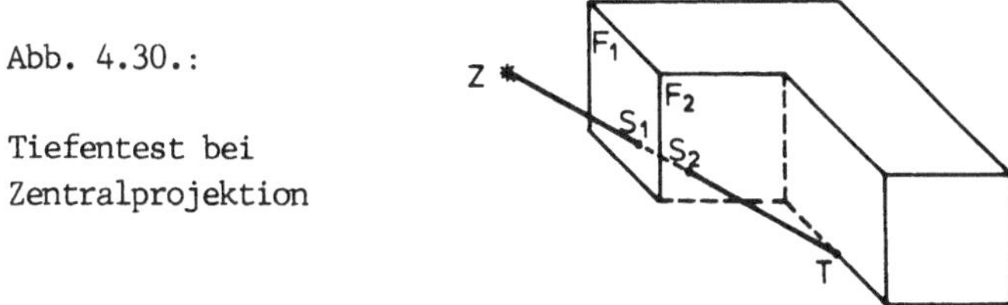

Die Güte der Grenzpunkte G und damit die Genauigkeit des Verfahrens hängt nur von der Größe der Segmente ab. Um gute Ergebnisse zu erzielen, müssen sehr kleine Segmente gewählt werden. Da dieses Verfahren für jede Objektkante erforderlich ist, ist der Rechenaufwand immens. Reine Punkttests sind dadurch in der Praxis nicht durchführbar.

Die Vor- und Nachteile der beiden beschriebenen Verfahren führten dazu, daß viele bis heute realisierte Hidden-Line-Algorithmen eine Mischung aus Punkt- und Flächentest sind. Diese **Punkt/Flächentests** versuchen, die Vorteile beider Tests in einer bestimmten Strategie miteinander zu kombinieren. Beispiele dieses Arbeitsprinzips sind in den Algorithmen in Kapitel 7 beschrieben.

Algorithmen auf der Grundlage des Arbeitsprinzips **Bildunterteilung** versuchen durch die Aufteilung des Bildes die jeweils zu berücksichtigende Informationsmenge zu verringern und dadurch das Hidden-Line-Problem effektiver zu lösen.

Bei Bildraum-Algorithmen wird dazu das Bild so lange in Teilbilder aufgeteilt, bis mithilfe einfachster Kriterien entscheidbar ist, welche Objektteile im Teilbild sichtbar sind, bzw. bis die Auflösung des Ausgabegerätes erreicht ist.

Für Objektraum-Algorithmen ist die Unterteilung der Betrachtungsebene in Form einer Gitterstruktur sinnvoll. Hier wird immer ein Gitterfeld herangezogen und die in dieses Feld abgebildeten Objektteile werden im 3-D-Raum auf Sichtbarkeit untersucht.

Zum Abschluß unserer Betrachtungen zu den Hidden-Line-Verfahren, wollen wir noch auf eine Schwierigkeit im Zusammenhang mit dem Tiefentest hinweisen.

In der oben beschriebenen Form funktioniert der Tiefentest nur für Objekte, die mittels Zentralprojektion auf 2-dimensionale Betrachterkoordinaten abgebildet werden, da eine notwendige Voraussetzung die Existenz eines Betrachterstandorts (Projektionszentrum) ist. Andere Tiefentests eignen sich dagegen nur für Parallelprojektionen. Diese Einschränkungen bewirken, daß heutige Hidden-Line-Verfahren meist nur für eine Projektionsart möglich sind.

Um einen einheitlichen und einfachen Tiefentest für alle Projektionsarten zu erhalten und damit die Voraussetzung für universelle Hidden-Line-Algorithmen zu schaffen, kann folgendermaßen vorgegangen werden:

Die Projektion entsprechend einer Projektionsart der Punkte eines Objekts auf die 2-D-Betrachterebene - die für die folgenden Betrachtungen wiederum gesetzt wird als x-y-Ebene des 3-D-Betrachtungsraumes, vgl. Abschn. 4.2.2. - erfolgt nicht direkt mithilfe der im vorigen Abschnitt angeführten Matrizen, sondern wird in zwei Schritten durchgeführt.

Der erste Schritt, genannt **perspektivische Verzerrung**, verändert das 3D-Objekt im Raum derart, daß eine im zweiten Schritt durchzuführende

orthogonale Parallelprojektion dasselbe Bild erzeugt, wie eine
unmittelbare Ausführung der Ausgangsprojektion.

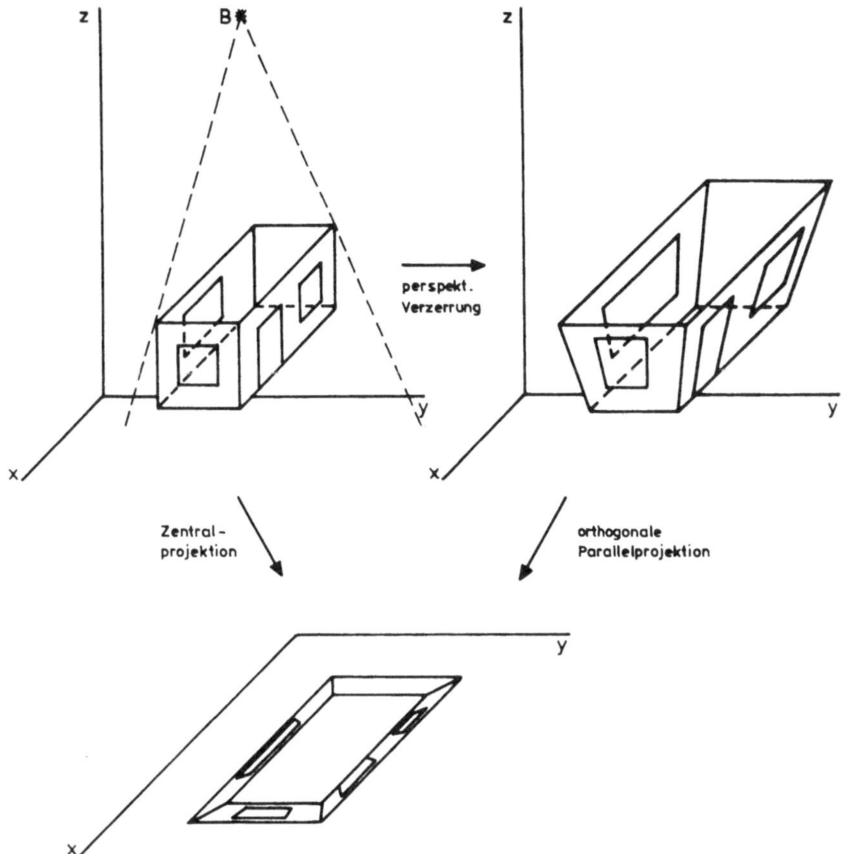

Abb.: 4.31.: Perspektivische Verzerrung

Die perspektivische Verzerrung berechnet dazu die x- und y-Koordinaten
für Punkte des Objekts in der selben Weise, wie durch Ausführung der
Ausgangsprojektion. Die z-Koordinate wird hier aber nicht auf Null
gesetzt - wie dies durch Anwendung der eine Projektion darstellenden
Matrix geschieht -, sondern die räumlichen Eigenschaften des Objekts
bleiben erhalten. Die Berechnung der z-Koordinaten erfolgt in der Form,
daß diese die Informationen über die Tiefe der Objektpunkte erhalten und
der Tiefentest einfach als Vergleich von z-Koordinatenwerten vorzunehmen
ist.

Es seien $P' = (p'_x, p'_y, p'_z)$ und $Q' = (q'_x, q'_y, q'_z)$ zwei Punkte nach Durchführung der perspektivischen Verzerrung, so liegt P' näher zum Betrachter, falls $p'_z < q'_z$ gilt.

Da die Blickrichtung auf das Objekt, wegen der anschließend durchzuführenden orthogonalen Parallelprojektion immer entlang der positiven z-Achse verläuft, hat man sich durch die perspektivische Verzerrung sozusagen für jeden Objektpunkt ein eigenes Projektionszentrum geschaffen.

Seien P' und Q' wie oben gesetzt, so verdeckt P' den Punkt Q', falls $p'_x = q'_x$ und $p'_y = q'_y$, sowie $p'_z < q'_z$ gilt.

Wegen der geringfügigen Unterschiede bei der Berechnung läßt sich die perspektivische Verzerrung durch ähnliche Matrizen beschreiben wie die einzelnen Projektionsarten. Lediglich für die z-Koordinate ergeben sich Unterschiede, wobei für die Zentralprojektion der ursprüngliche Wert erhalten bleibt und für die nicht orthogonalen Parallelprojektionen neue Werte berechnet werden müssen.

Die einzelnen Matrizen für die perspektivische Verzerrung sind (vgl. Abschn. 4.2.2.):

$$Z' = \begin{bmatrix} 1 & 0 & 0 & 0 \\ 0 & 1 & 0 & 0 \\ \dfrac{z_x}{z_z} & \dfrac{z_y}{z_z} & 1 & \dfrac{1}{z_z} \\ 0 & 0 & 0 & 1 \end{bmatrix}$$

für die Zentralprojektion eines Punktes $p = (p_x, p_y, p_z)$ mit dem Projektionszentrum $z = (z_x, z_y, z_z)$,

$$P' = \begin{bmatrix} 1 & 0 & 0 & 0 \\ 0 & 1 & 0 & 0 \\ 0 & 0 & 1 & 0 \\ 0 & 0 & 0 & 1 \end{bmatrix}$$

für die orthogonale Parallelprojektion,

$$I' = \begin{bmatrix} \tfrac{1}{2}\sqrt{3} & \tfrac{1}{2} & -\tfrac{1}{2}\sqrt{2} & 0 \\ 0 & 1 & \tfrac{1}{2}\sqrt{2} & 0 \\ \tfrac{1}{2}\sqrt{3} & -\tfrac{1}{2} & \tfrac{1}{2}\sqrt{2} & 0 \\ 0 & 0 & 0 & 1 \end{bmatrix}$$

für die isometrische orthogonale Axonometrie,

$$
D' = \begin{bmatrix} \frac{3}{8}\sqrt{7} & \frac{1}{8} & -\frac{1}{4}\sqrt{2} & 0 \\ 0 & 1 & \frac{1}{4}\sqrt{2} & 0 \\ \frac{3}{8} & -\frac{1}{8}\sqrt{7} & \frac{1}{4}\sqrt{14} & 0 \\ 0 & 0 & 0 & 1 \end{bmatrix}
$$

für die dimetrische orthogonale Axonometrie,

$$
K' = \begin{bmatrix} 1 & 0 & 0 & 0 \\ 0 & 1 & 0 & 0 \\ -\frac{1}{4}\sqrt{2} & -\frac{1}{4}\sqrt{2} & 1 & 0 \\ 0 & 0 & 0 & 1 \end{bmatrix}
$$

für die Kavalierperspektive und

$$
M' = \begin{bmatrix} -\frac{1}{2}\sqrt{2} & -\frac{1}{2}\sqrt{2} & 0 & 0 \\ \frac{1}{2}\sqrt{2} & -\frac{1}{2}\sqrt{2} & 0 & 0 \\ 0 & 1 & 1 & 0 \\ 0 & 0 & 0 & 1 \end{bmatrix}
$$

für die Militärperspektive.

Setzt man nun einfach in den Algorithmus BETRACHTUNGSFLAECHE zur
Berechnung von 2-D-Betrachterkoordinaten statt der Projektionsmatrizen
Z, P, I, D, K und M die Matrizen Z', P', I', D', K' und M' ein, so kann
man "ohne" Mehraufwand bei Berechnungen die zweidimensionalen Betrachterkoordinaten bestimmen und gleichzeitig die für einen Tiefentest notwendigen Informationen ermitteln. Die anschließend durchzuführende
orthogonale Parallelprojektion stellt dann keinen weiteren Rechenaufwand
dar, da sie ja einfach durch "Nichtberücksichtigen" der z-Komponente von
Objektpunkten vorgenommen werden kann.

Im Abschnitt 7.5. werden drei Hidden-Line-Algorithmen ausführlich beschrieben.

4.2.4. Das abstrakte E/A-Gerät

Vor der eigentlichen Bildausgabe befindet sich als letzte Schicht innerhalb des Transformationsprozesses von der rechnerinternen Darstellung
zum Bild das sogenannte abstrakte E/A-Gerät. Seine Bedeutung liegt, wie
eingangs dieses Kapitels bereits erläutert, in der mit seiner Einführung
erreichten Geräteunabhängigkeit grafischer Systeme: Je nach Art und
Beschaffenheit der zur Verfügung stehenden grafischen Endgeräte erfolgt
durch geräteabhängige Funktionen ("Treiber", vgl. auch GKS) die Umwandlung der Bild-Daten in die für das Gerät erforderliche Form.

Ausgangspunkt ist dabei die Ausgabefläche des abstrakten E/A-Geräts, in
der die grafische Darstellung durch sogenannte normalisierte Gerätekoordinaten dargestellt ist. Üblicherweise ist das normalisierte Gerätekoordinatensystem ein 2-D-System mit einer Skalierung von 0 bis 1 für
die Abzisse und die Ordinate.

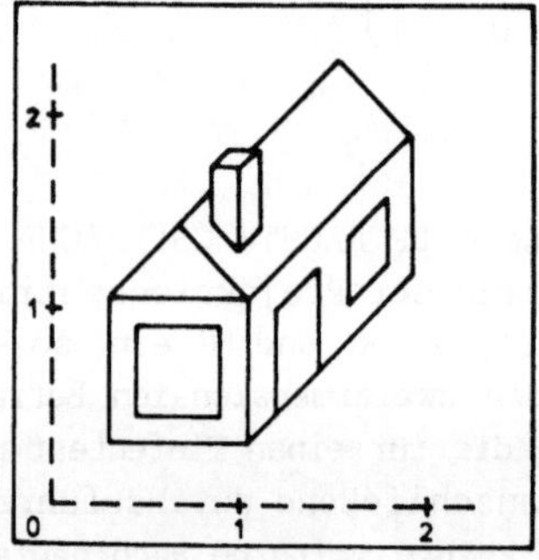

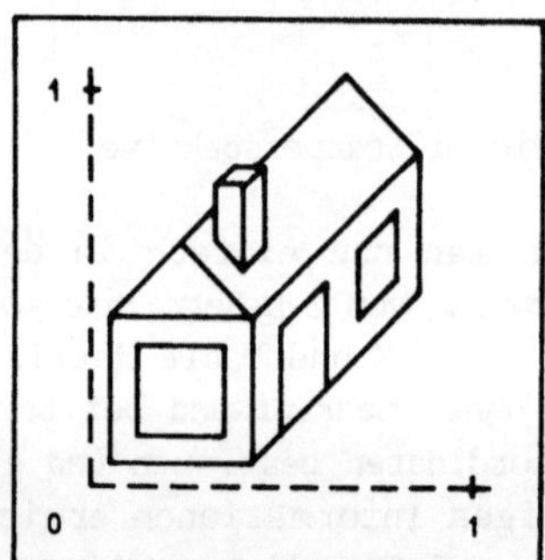

Abb. 4.32.: Abstraktes E/A-Gerät

Eine Umwandlung der Daten von der Betrachtungsfläche zum abstrakten E/A-
Gerät könnte ganz einfach durch Translation und Neu-Skalierung des 2-D-
Betrachterkoordinatensystems erfolgen. Man verschiebt den Ursprung des
Betrachterkoordinatensystems und wählt die Skálierung derart, daß das
gesamte darzustellende Objekt in den Bereich 0 .. 1 fällt.

Gehen wir wieder über zu den homogenen Koordinaten, die im zweidimensionalen Fall für einen Punkt $P = (x,y)$ durch das Tripel $P = (x,y,1)$ gegeben sind, so erreichen wir die Umrechnung in normalisierte Gerätekoordinaten durch

$$(x_{ng},y_{ng},1) = (x_b,y_b,1) \begin{bmatrix} 1 & 0 & 0 \\ 0 & 1 & 0 \\ -t_x & -t_y & 1 \end{bmatrix} \begin{bmatrix} s_x & 0 & 0 \\ 0 & s_y & 0 \\ 0 & 0 & 1 \end{bmatrix}$$

für jeden Objektpunkt $(x_b,y_b,1)$. t_x und t_y sind die Werte, um die das Betrachterkoordinatensystem in X- bzw. y-Richtung verschoben wurde, s_x und s_y sind die Skalierungsfaktoren für die Abzisse und Ordinate, die eine Einheit im Betrachterkoordinatensystem s_x bzw. s_y Einheiten im normalisierten Gerätekoordinatensystem zuordnen (vgl. Abschn. 4.2.1.).

Eine derartige Rechnung liefert zwar prinzipiell die gewünschten normalisierten Gerätekoordinaten, reicht aber für den Übergang von einer Betrachtungsfläche zum abstrakten E/A-Gerät nicht aus. So ist es für Anwendungen wichtig, daß z.B. nur Ausschnitte des Objekts der Betrachtungsfläche tatsächlich dargestellt werden, daß mehrere Ausschnitte gleichzeitig dargestellt werden oder daß gleichzeitig mehrere Projektionen, z.B. Grund- und Aufriß auf einem Ausgabegerät erscheinen.

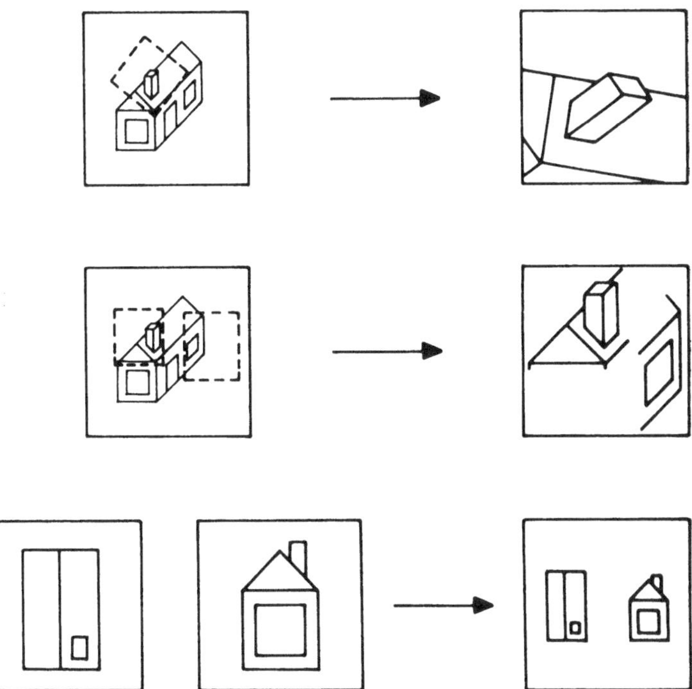

Abb. 4.33.: Ein Ausschnitt, mehrere Ausschnitte und mehrere Projektionen werden auf einem Ausgabegerät dargestellt

Die grafische Datenverarbeitung sieht für solche Anforderungen Techniken vor, die üblicherweise "Fenster" (window) und "Darstellungsfeld" (view port) genannt werden.

Fenster (Window)

Mit Fenster wird ein vom Benutzer zu definierender Bereich der Betrachtungsfläche bezeichnet. Üblicherweise hat dieser Bereich die Form eines Rechtecks, das parallel zu den Koordinatenachsen des Betrachterkoordinatensystems zu plazieren ist. Es wird definiert
- durch den linken unteren und den rechten oberen Eckpunkt oder
- durch seinen Mittelpunkt und Ausdehnung vom Mittelpunkt in x- und y-
  Richtung.

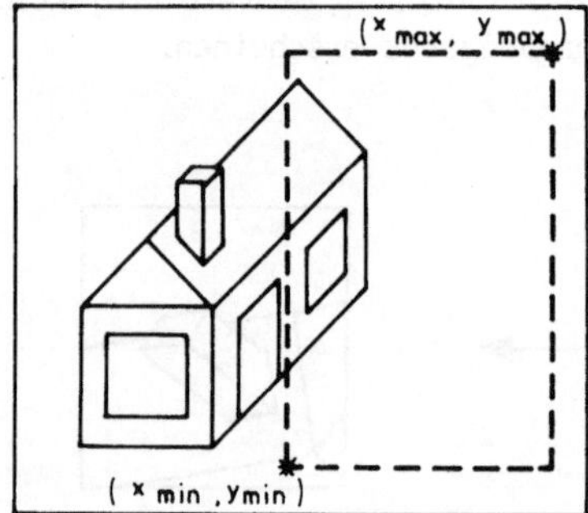

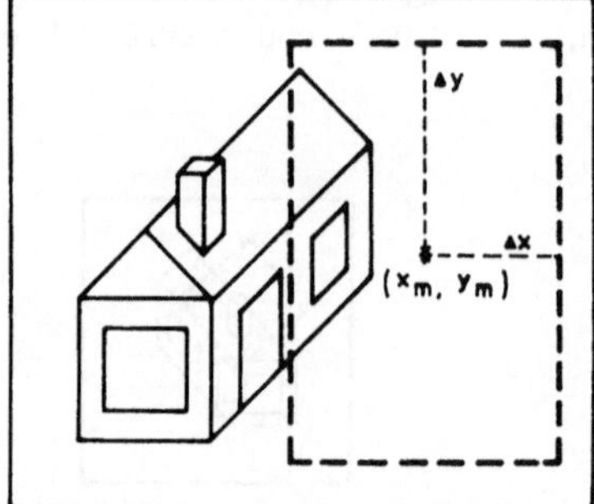

Abb. 4.34.: Fensterdefinition

Der Fall, daß ein Fenster gewünscht wird, das nicht parallel zu den Koordinatenachsen liegt (siehe Bild 4.33.), wird zwar mitunter auch von Grafik-Systemen unterstützt, setzt aber aufwendige Verfahren vor allem zum "Clipping" (siehe unten) voraus und ist auch im zukünftigen internationalen Standard für Grafik-Systeme (GKS: Abschnitt 4.4) nicht vorgesehen. Wir wollen diesen Fall hier nicht weiter betrachten und nur auf die Möglichkeit hinweisen, daß durch geeignete Drehung des Betrachterkoordinatensystems eine beliebige Plazierung des Fensters erreichbar ist, wenn auch durch die erforderlichen Koordinatenumrechnungen der Aufwand beträchtlich ist.

Clipping

Durch die Definition von Fenstern können Teile der dargestellten Objekte abgeschnitten werden: Punkte und Linien, die außerhalb des Fensters liegen, werden nicht dargestellt, Linien, die nur teilweise innerhalb des Fensters liegen müssen als solche erkannt und entsprechend gekürzt werden. Man nennt diesen Vorgang Clipping.

Für die Darstellung von Bildern auf physikalischen Ausgabegeräten ist das vorherige Clipping auf einigen Gerätetypen auch deswegen nötig, weil sonst unbeabsichtigte Darstellungseffekte auftreten. Ein solcher Effekt ist z.B. das sogenannte "wrap-around", bei dem Objekte, die aus der tatsächlichen Bildfläche herausragen nicht als solche erkannt werden, sondern an unerwarteter Stelle auf der Bildfläche dargestellt werden (vgl. z.B. /Foley82/ oder /Giloi78/).

Es seien im folgenden x_{min}, x_{max}, y_{min} und y_{max} die ein Fenster definierenden Werte.

Das **Clipping von Punkten** kann einfach über Koordinatenvergleich, d.h. durch Lösung der Ungleichungen

$$x_{min} < x < x_{max} \; , \; y_{min} < y < y_{max}$$

für einen Punkt $P = (x,y)$ erfolgen.

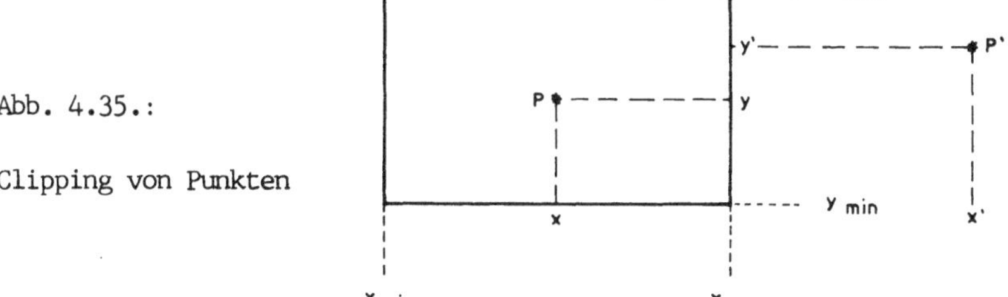

Abb. 4.35.:

Clipping von Punkten

Ein Punkt $P = (x,y)$ liegt innerhalb des Fensters, falls seine x-Koordinate im Bereich zwischen x_{min} und x_{max} und seine y-Koordinate im Bereich zwischen y_{min} und y_{max} liegt (Punkt P). Ist mindestens eine der beiden Bedingungen nicht erfüllt, liegt der Punkt außerhalb des Fensters (Punkt P').

Das **Clipping von Linien** wird bei gekrümmten Linien zurückgeführt auf das Clipping von Polygonzügen, also einer Folge von (verbundenen) Strecken. Das **Clipping von Strecken** erfolgt mithilfe ihrer beiden Endpunkte, ist jedoch ungleich komplizierter als für Punkte und verläuft immer in zwei Schritten.

In einem ersten Schritt wird die Lage der Strecke zum Fenster bestimmt. Dazu wird die Darstellungsfläche in neun Bereiche unterteilt und jedem

Bereich ein Tupel (sx,sy) zugeordnet (vgl. Abb. 4.36.). Entsprechend
ihrer Lage in einem der Bereiche wird nun jedem Endpunkt einer Strecke
das betreffende Zahlentupel als Parameter zugewiesen, wodurch Aussagen
über die Strecke d.h. deren Sichtbarkeit möglich sind.

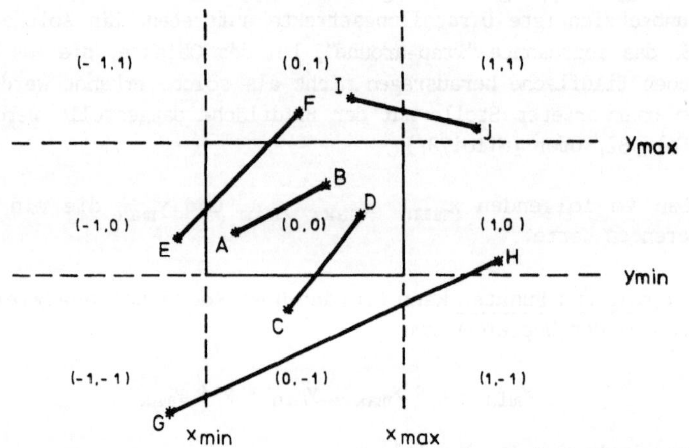

Abb. 4.36.: Clipping von Strecken: Bereiche in der Darstellungsfläche

Seien sx1, sy1 und sx2,sy2 die beiden Parameter der beiden Endpunkte
einer Strecke so gilt:
- Ist sx1 = sy1 = sx2 = sy2 = 0, so folgt: Beide Endpunkte sind innerhalb des Fensters, die Strecke ist vollständig sichtbar (AB).
- Ist sx1 = sx2 ≠ 0 oder sy1 = sy2 ≠ 0, so folgt: Beide Endpunkte sind
  außerhalb des Fensters und die Linie ist vollständig außerhalb des
  Fensters (LJ).
- Ist sx1 = sy1 = 0 und sx2 ≠ 0 oder sy2 ≠ 0 oder ist sx2 = sy2 = 0 und
  sx1 ≠ 0 oder sy1 ≠ 0, so folgt: Ein Endpunkt ist innerhalb und einer
  außerhalb des Fensters, die Strecke ist teilweise sichtbar (CD).
- Für alle anderen Variationen können keine Aussagen gemacht werden.
  Daraus folgt insbesondere, daß, falls beide Endpunkte außerhalb des
  Fensters ermittelt werden, nicht unbedingt entschieden werden kann, ob
  die Strecke teilweise innerhalb oder ganz außerhalb des Fensters liegt
  (EF), (GH).

Für Strecken, die nach dem ersten Schritt nicht als vollständig unsichtbar oder vollständig sichtbar erkannt wurden, muß in einem zweiten
Schritt versucht werden, die sichtbaren Teile zu bestimmen. Der Grund
dieser Zweiteilung ist vor allem darin zu sehen, daß durch den ersten
sehr einfachen Schritt bereits ein Großteil der Strecken innerhalb der
Betrachtungsfläche ausscheidet und der zweite rechenaufwendigere Schritt

nur noch auf "relativ wenige" Strecken angewendet werden muß. Es gibt
für diesen Schritt mehrere Vorgehensweisen, wir wollen zwei davon kurz
skizzieren.

1. Berechnung von Schnittpunkten

Aufbauend auf dem ersten Schritt können in folgender Weise die
Schnittpunkte zwischen der zu untersuchenden Kante und der nächsten
Rechteckseite, d.h. möglicherweise deren Verlängerung bestimmt werden.

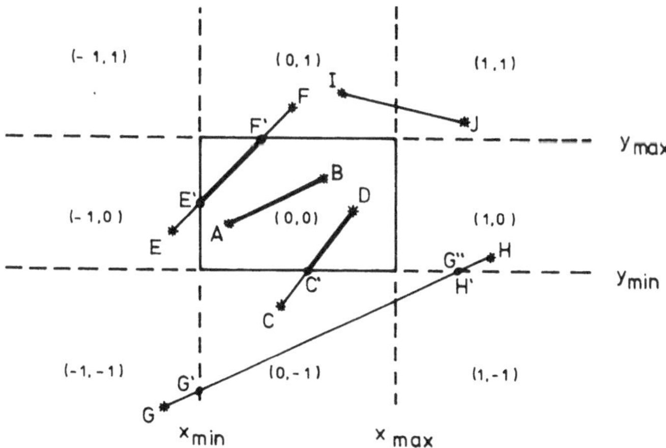

Abb. 4.37.: Clipping von Strecken: Berechnung von Schnittpunkten


```
VAR X1,X2,Y1,Y2,                    /* ENDPUNKTE DER LINIE */
    XX1,XX2,YY1,YY2,                /* HILFSGRÖSSEN */
    XMIN,XMAX,YMIN,YMAX: REAL;      /* ENDPUNKTE DES FENSTERS */
    SX1,SX2,SY1,SY2: INTEGER;       /* PARAMETER FÜR PUNKTLAGE */
BEGIN
XX1:=X1; XX2:=X2; YY1:=Y1; YY2:=Y2;
IF SX1 ≠ 0 THEN
   BEGIN   /* X-KOORDINATE DES ERSTEN ENDPUNKTES LIEGT LINKS ODER
              RECHTS VOM FENSTER */

       ...   /* BERECHNUNG DES SCHNITTPUNKTES DER UNTERSUCHTEN
              LINIE MIT DER SENKRECHTEN GERADEN DURCH XMIN,
              BZW. XMAX, DER AM NÄCHSTEN BEIM PUNKT (XX1,YY1)
              LIEGT.
              SCHNITTPUNKTKOORDINATEN XX1, YY1 ZUWEISEN.
              PUNKTLAGEPARAMETER SX1, SX2 FÜR XX1, YY1 NEU
```

```
                        BERECHNEN. */
            END;


    IF SY1 ≠ 0 THEN
       BEGIN    /* Y-KOORDINATE DES  ERSTEN ENDPUNKTES BZW. DES EBEN
                   BERECHNETEN SCHNITTPUNKTES LIEGT UNTER- ODER OBERHALB
                   DES FENSTERS */


            ...       /* BERECHNUNG DES SCHNITTPUNKTES DER UNTERSUCHTEN
                         STRECKE MIT DER WAAGERECHTEN GERADEN DURCH YMIN,
                         BZW. YMAX, DER AM NÄCHSTEN BEIM PUNKT  (XX1,YY1)
                         LIEGT.
                         SCHNITTPUNKTKOORDINATEN XX1, YY1 ZUORDNEN. */
       END;


    IF SX2 ≠ 0 THEN
       BEGIN    /* X-KOORDINATE DES ZWEITEN ENDPUNKTES LIEGT LINKS ODER
                   RECHTS VOM FENSTER */


            ...    /* FÜHRE  DIE  BERECHNUNGEN VON  OBEN ENTSPRECHEND
                      FÜR XX2, YY2 DURCH */
       END;


    IF SY2 ≠ 0 THEN
       BEGIN     /* Y-KOORDINATE  DES ZWEITEN ENDPUNKTES, BZW. DES  EBEN
                    BERECHNETEN SCHNITTPUNKTES LIEGT UNTER- ODER OBERHALB
                    DES FENSTERS */


            ...     /* FÜHRE DIE BERECHNUNGEN VON OBEN ENTSPRECHEND FÜR
                       XX2, YY2 DURCH. */
       END;


    IF (XX1 = XX2) AND (YY1 = YY2) THEN
                    /* UNTERSUCHTE STRECKE LIEGT AUSSERHALB DES FENSTERS */
                    ELSE
                    /* XX1, YY1, XX2, YY2 SIND DIE ENDPUNKTE DER SICHTBAREN
                       STÜCKE DER GECLIPPTEN STRECKE */


    END;
```

2. Mittelpunktverfahren

Ebenfalls aufbauend auf der Parameterzuweisung zu den Endpunkten einer
Strecke werden durch das Mittelpunktverfahren Abschnitte der Strecke,
die sicher innerhalb, bzw. sicher außerhalb des Fensters liegen, gesucht
und dadurch iterativ die sichtbaren Strecken ermittelt.

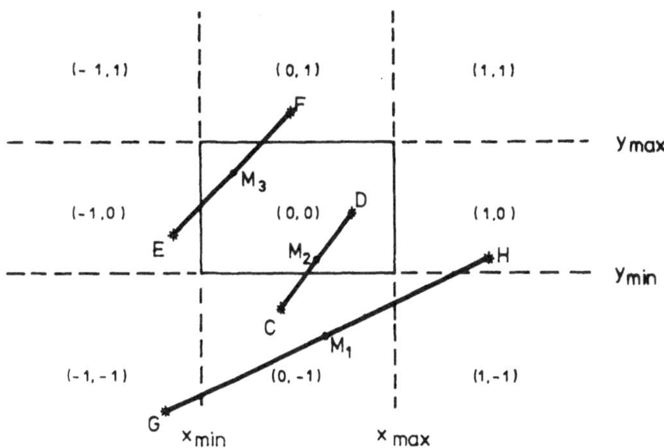

Abb. 4.38.: Clipping von Strecken: Mittelpunktverfahren

Für jede zu untersuchende Strecke P_1P_2 wird ihr Mittelpunkt durch $M = (\ (x_2+x_1)/2\ ,\ (y_2+y_1)/2\ )$ berechnet und dann die beiden Strecken P_1M und MP_2 mit dem ersten Schritt auf Sichtbarkeit, Nicht-Sichtbarkeit oder Nicht-Entscheidbarkeit hin untersucht. Scheidet daraufhin ein Streckenabschnitt aus der weiteren Betrachtung aus (wie in Abb. 4.48. die Abschnitte M_2D als sicher sichtbar und GM_1 als sicher unsichtbar) wird mit dem anderen Abschnitt das Verfahren rekursiv wiederholt, bis der Mittelpunkt gerade den Fensterrand trifft (CD), bzw. bis der Streckenabschnitt einen Grenzwert für die Länge unterschreitet (GH). Tritt einmal der Fall ein, daß nicht entschieden werden kann ob ein Teil sichtbar oder unsichtbar ist (EF), so ist nach Abarbeitung des einen Teils (M_3F) die Iteration für den zweiten Teil zu wiederholen (EM_3).

Ähnlich kompliziert wie das Clippen von Strecken ist das <u>Clipping von Texten.</u> Hier gibt es drei grundsätzlich unterschiedliche Ansätze:

Beim ersten Ansatz wird der Text als eine Einheit aufgefaßt, für den ein umschreibendes Rechteck zu definieren und mithilfe der Rechteckdiagonalen, d.h. deren Endpunkte, über die Sichtbarkeit des Rechtecks zu entscheiden ist.

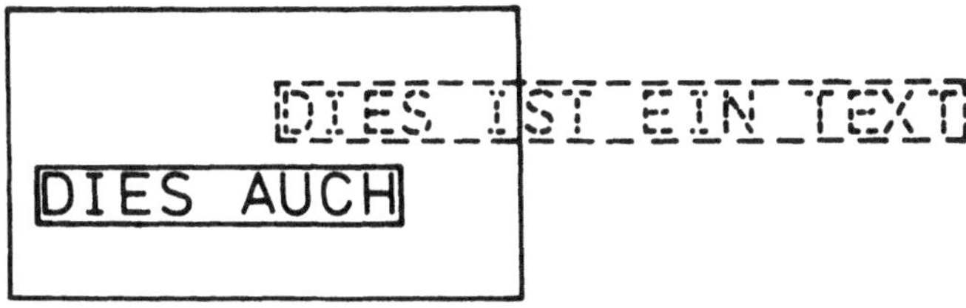

Abb. 4.39.: Clipping von Texten: Text als Einheit

Liegen beide Endpunkte innerhalb des Fensters, wird der Text sichtbar, andernfalls wird er nicht dargestellt.

Der zweite Ansatz betrachtet jedes Zeichen als Einheit und bestimmt mit dem eben beschriebenen Verfahren über die Sichtbarkeit der einzelnen Zeichen. Dadurch werden Teile des Textes sichtbar, andere werden abgeschnitten.

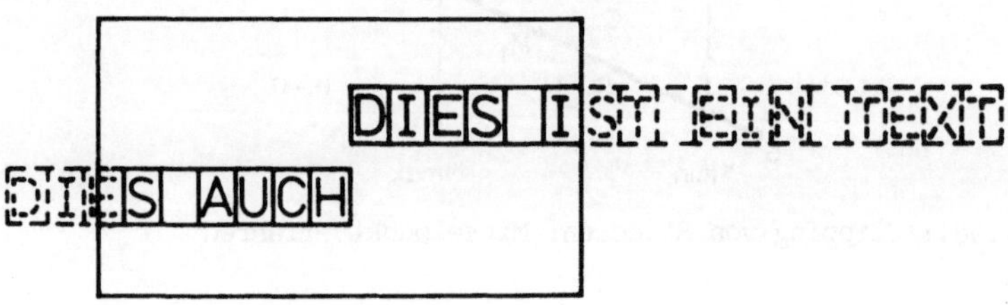

Abb. 4.40.: Clipping von Texten: Zeichen als Einheiten

Der dritte Ansatz führt das Clipping von Texten auf das von Strecken zurück. Zunächst könnte also mit dem zweiten Ansatz die sicher sichtbaren Zeichen erkannt werden. Dann wird das "Randzeichen" in Strecken unterteilt und diese auf Sichtbarkeit untersucht. Das Ergebnis sind sichtbare Abschnitte der Strecken und damit eine teilweise Darstellung von Zeichen.

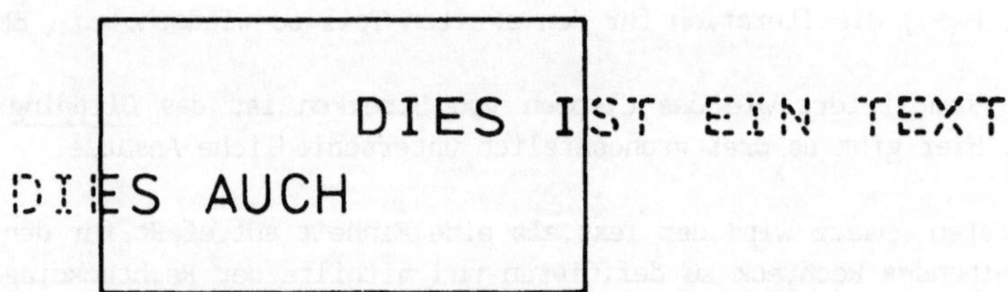

Abb. 4.41.: Clipping von Texten: Zeichen zerlegt in Strecken

Dieses letzte Verfahren ist sicher das genaueste, das, was man sich wünscht bei der Definition von Fenstern (wie durch ein Fenster auf die Betrachtungsfläche schauen), benötigt aber auch die meiste Rechenzeit und ist nur zu gebrauchen, falls die Zeichen mithilfe von Vektoren direkt auf einem physikalischen Ausgabegerät dargestellt werden (vgl. Kapitel 5), oder aus der Abbildung von Vektoren auf ein Punktraster entstehen.

Darstellungsfeld (View Port)

Der Inhalt eines Fensters der Betrachtungsfläche wird nun auf einen
ebenfalls als Rechteck definierten Bereich der Ausgabefläche des
abstrakten E/A-Geräts - das Darstellungsfeld - übertragen.

Die Möglichkeit, innerhalb der normalisierten Gerätekoordinaten Darstellungsfelder zur Aufnahme der Informationen aus Fenstern zu definieren,
erlaubt es also, gleichzeitig mehrere Bildausschnitte und Ansichten auf
Ausgabegeräten darzustellen. Dabei ist das Darstellungsfeld wieder ach-
senparallel zum normalisierten Gerätekoordinatensystem und kann wie das
Fenster angegeben werden
- durch linken unteren und rechten oberen Eckpunkt oder
- durch Mittelpunkt und Ausdehnung in x- und y-Richtung.

Betrachtungsfläche

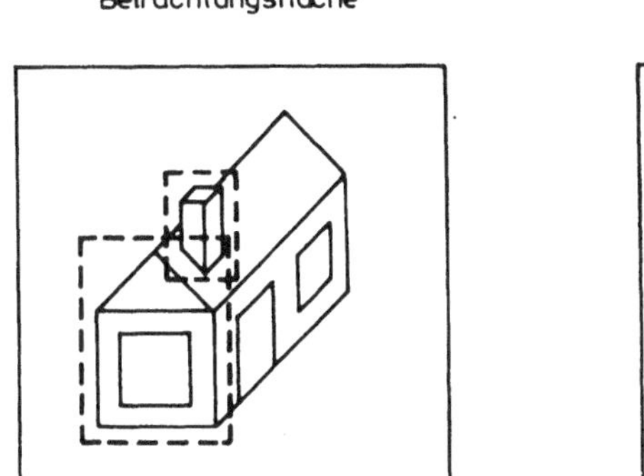

abstraktes E / A-Gerät
Darstellungsfelder

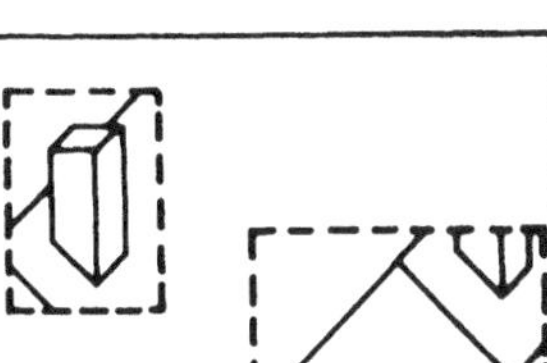

Abb.: 4.42.: Darstellungsfelder auf abstraktem E/A-Gerät

Die Berechnung der normalisierten Gerätekoordinaten eines Darstellungsfeldes aus den Betrachterkoordinaten eines Fensters erfolgt - wieder
nach Übergang zu homogenen Koordinaten - durch

$$(x_{ng}, y_{ng}, 1) = (x_b, y_b, 1) \begin{bmatrix} 1 & 0 & 0 \\ 0 & 1 & 0 \\ -t_x & -t_y & 1 \end{bmatrix} \begin{bmatrix} s_x & 0 & 0 \\ 0 & s_y & 0 \\ 0 & 0 & 1 \end{bmatrix}$$

für jeden Punkt $(x_b, y_b, 1)$ des 2-D-Betrachterkoordinatensystems. (Dies
ist die gleiche Formel, wie wir sie am Anfang dieses Abschnitts zur
Umrechnung angegeben haben, wenn das gesamte Objekt auf der gesamten
Ausgabefläche dargestellt werden soll.)

Die Werte t_x, t_y, s_x und s_y lassen sich aus den das Fenster definierenden Werten xf_{min}, yf_{min}, xf_{max} und xf_{max}, sowie den das Darstellungsfeld definierenden Werten xd_{min}, yd_{min}, xd_{max} und yd_{max} wie folgt berechnen (vergl. Abb. 4.43.):

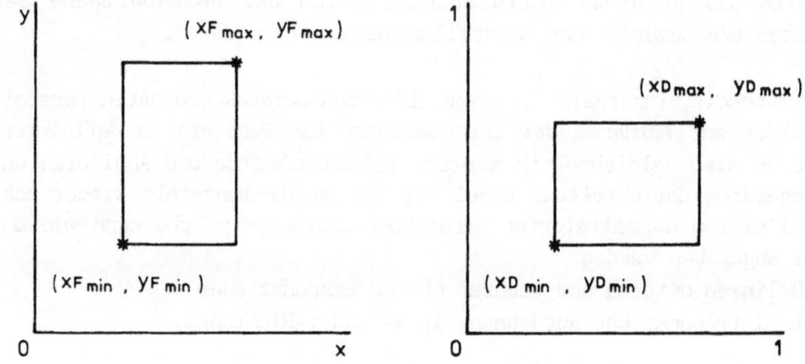

Abb. 4.43.: Bestimmung der Translations- und Skalierungsparameter

$$s_x = \frac{xd_{max} - xd_{min}}{xf_{max} - xf_{min}} \quad , \quad s_y = \frac{yd_{max} - yd_{min}}{yf_{max} - yf_{min}}$$

$$t_x = s_x \cdot xf_{min} - xd_{min} \quad , \quad t_y = s_y \cdot yf_{min} - yd_{min}$$

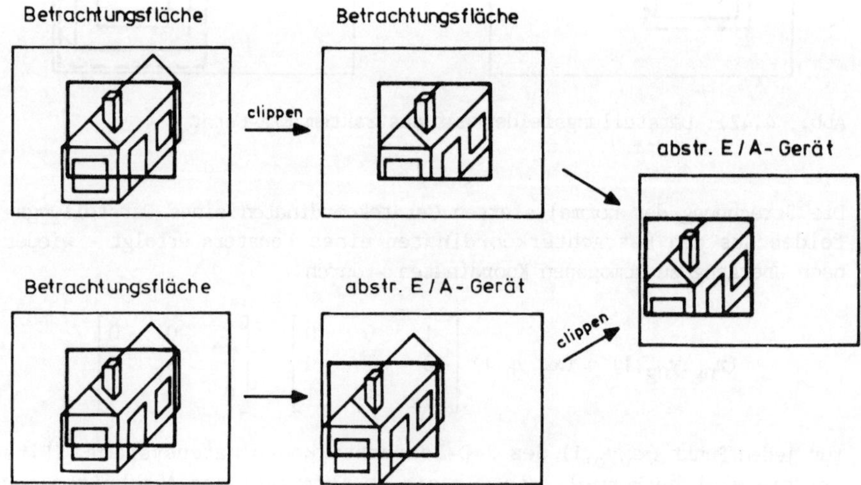

Abb. 4.44.: Clipping vor oder nach dem Übergang auf normalisierte Gerätekoordinaten führt zum selben Ergebnis

Wir hatten oben das Clipping auf der Basis von Betrachterkoordinaten beschrieben. Hier ist es von der Logik des GSPC-Schichtenmodells auch anzusiedeln, weil das Abschneiden von nicht sichtbaren Objektteilen durch die Fenstertechnik entsteht.

Rechentechnisch spielt es aber keine Rolle, ob Linien innerhalb der Betrachtungsfläche geclippt werden und dann der Übergang zu normalisierten Gerätekoordinaten erfolgt oder ob zunächst die Koordinatenumrechnungen vorgenommen werden und dann geclippt wird (vgl. Abb. 4.44.).

Wir wollen zum Abschluß dieses Abschnitts noch zwei mit dem Fenster und dem Darstellungsfeld eng zusammenhängende Techniken ansprechen. Die erste Technik könnte man deutsch mit "Lupeneffekt" bezeichnen, im Englischen wird sie meist Zoom genannt.

Lupe (Zoom)

Bei diesem Effekt wird ausgehend von einem Fenster und einem Darstellungsfeld auf Anforderung der tatsächlich auf das Darstellungsfeld übertragende Bereich verändert. Man definiert sozusagen Fenster von Fenstern, verändert das Darstellungsfeld aber nicht. Als Ergebnis erhält man in ihrer Größe verändert dargestellte Ausschnitte, als führe man mit einer Lupe über das Fenster. Zur Rechnungsvereinfachung hat die Lupe hier die Form eines Rechtecks.

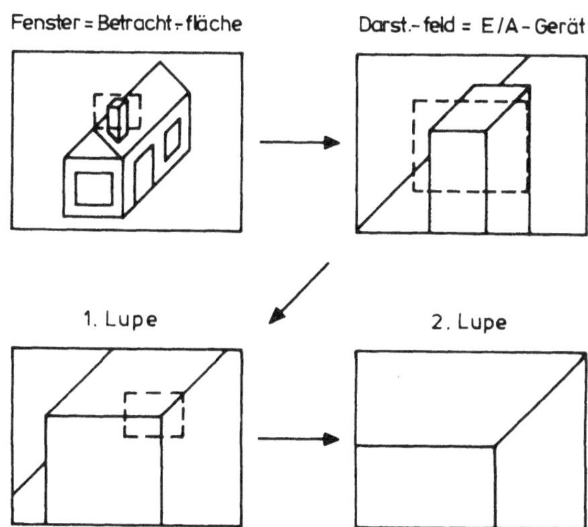

Abb. 4.45.: Lupe

Für die Definition solcher Fenster von Fenstern gibt es grundsätzlich
zwei Wege:
- Man gibt das gewünschte Rechteck durch zwei Eckpunkte an oder durch
  Mittelpunkt und Ausdehnung.
- Man gibt einen Punkt an, der als Mittelpunkt des Rechtecks (oder als
  Eckpunkt) interpretiert wird, und einen Maßstabsfaktor, mit dem eine
  Vergrößerung oder auch Verkleinerung gewünscht wird. Aus der Vergrö-
  ßerung bzw. Verkleinerung ergibt sich dann der in das Darstellungsfeld
  hineinpassende Bereich des Fensters.

Wird die Lupe durch ein Programm realisiert, so wird die oben beschriebene Umrechnung für die entsprechenden Punkte des Fensters durchgeführt.
Es gibt aber bereits Ausgabegeräte, die diesen Effekt hardwaremäßig
anbieten, sodaß durch Betätigen einer Funktionstaste der gewünschte
Ausschnitt dargestellt wird. Dahinter steht natürlich auch ein Algorithmus der obigen Art, jetzt aber im Geräteprozessor enthalten.

Segmente

Eine für die grafische Datenverarbeitung sehr wichtige Technik ist die
Möglichkeit, für eine Darstellung Teilbilder, sogenannte Segmente, zu
definieren. Diese sind zu interpretieren als "logische Fenster" in das
dargestellte Objekt: bestimmte Bildelemente werden als logisch zusammen-
gehörig definiert und als Ganzes betrachtet. Sie können in dieser Einheit unabhängig von anderen Bildteilen bearbeitet werden.

Die Bedeutung und Konsequenzen von Segmenten für die Datenstruktur zur
Speicherung des Objekts wurde bereits im letzten Kapitel angeführt. Für
die Schichten Betrachtungsfläche und abstraktes E/A-Gerät ist die
Aufteilung eines Bildes in Segmente insofern wichtig als
- Transformationsberechnungen nicht nur für einen räumlich begrenzten,
  sondern auch für einen logisch begrenzten Ausschnitt von Betrachtungs-
  flächen durchführbar sein müssen,
- Segmente wie einzelne Bildelemente manipulierbar sein müssen (vgl.
  Abschn. 4.3.),
- Darstellungsfeldern auch Segmente zugeordnet sein können und
- Fenster auch auf Segmente angewendet werden können.

Gleichzeitig können aber auch Segmente innerhalb eines Bildes ohne jede
Hervorhebung genau wie die übrigen Bildteile dargestellt werden und
durch Fenster oder Darstellungsfelder verändert werden.

4.2.5. Das physikalische E/A-Gerät

Die Einführung abstrakter E/A-Geräte als Schicht zwischen einem zweidimensional in Betrachterkoordinaten dargestellten Bild und der eigentlichen Bildausgabe hat den Zweck, Grafik-Systeme möglichst geräteunabhängig entwickeln zu können. Dadurch werden diese Systeme hochgradig kompatibel und lassen sich für nahezu jede Hardware-Umgebung verwenden.

Für jedes tatsächlich vorhandene E/A-Gerät ist ein Programm - genannt <u>Treiber</u> zu entwickeln, das die normalisierten Gerätekoordinaten in die jeweiligen Gerätekoordinaten umwandelt. Ein solcher Treiber ist normalerweise nicht Sache eines Anwenders, sondern wird entweder vom Gerätehersteller in Kombination mit einem Gerät angeboten, oder der Hersteller eines Grafik-Systems liefert standardmäßig für eine Reihe von E/A-Geräten die notwendigen Treiber mit.

Einige hierbei zu beachtende Probleme, d.h. die hardwareseitigen Vorgaben und Voraussetzungen werden im nächsten Kapitel noch angesprochen.

4.3 Abstrakte E/A-Funktionen

Jedes E/A-Gerät verfügt über eine Reihe von elementaren Fähigkeiten - Grundfunktionen -, durch die grafische Daten ein- und ausgegeben werden können. Es sind dies z.B. das Erzeugen von Vektoren und Zeichen, das Stiftheben oder -senken, die Koordinateneingabe und das Identifizieren von dargestellten Objekten.

Die Art und der Umfang dieser Funktionen hängt von dem jeweiligen Gerät ab, für ihre Realisierung existieren eine Vielzahl unterschiedlicher Ansätze. Ein Beispiel solcher elementaren Fähigkeiten haben wir am Anfang dieses Buches bereits durch die Turtle gegeben. Die Auswirkungen unterschiedlicher Vorgehensweisen und Funktionen schlägt sich nieder in den geräteabhängigen Grafik-Systemen (vgl. Abschn. 4.1.). Diese sich an bestimmten Geräten orientierenden Systeme verfügen über Funktionen unterschiedlicher Leistungsfähigkeit und mehr oder weniger willkürlichen Bezeichnungen, sie sind ausgerichtet auf bestimmte Anwendungen, teilweise lassen sich Funktionen auf andere Funktionen zurückführen.

Diese uneinheitliche Entwicklung mußte ein Ende finden mit der Einführung des abstrakten E/A-Gerätes. Durch die Einführung einer solchen Zwischenschicht als Grundlage für geräteunabhängige Grafik-Systeme wurde es erforderlich, einen Satz elementarer E/A-Funktionen unabhängig von Anwendungen und Geräten zu definieren.

4.3.1. Abstrakte Ausgabefunktionen

Bei der Entwicklung der sogenannten abstrakten E/A-Funktionen gab es zunächst eine Reihe kontroverser Auffassungen: Während das Graphic-Core-
System als Normvorschlag der GSPC ausgehend von einer aktuellen Stiftposition - die ihren Ursprung in der Versorgung von Grafik-Geräten mit
Steuerinformationen hat - E/A-Funktionen auf der Grundlage von dreidimensionalen Koordinaten vorsah, verzichtet das GKS als Normvorschlag
(DIN und ISO) auf die aktuelle Stiftposition und definiert die Funktionen nur für zweidimensionale Koordinatensysteme (Abschn. 4.2.2.: 2-D-
Betrachterkoordinaten).

Heute hat sich weltweit die Ansicht der GKS-Entwickler durchgesetzt, wir
beschreiben deshalb GKS detailliert im nächsten Abschnitt. Hier wollen
wir kurz die wichtigsten Unterschiede mit ihren Auswirkungen auf
den Funktionsumfang anführen, vor allem weil noch fast alle heute verwendeten Grafik-Systeme von einer aktuellen Stiftposition ausgehen.

Die abstrakten Ausgabefunktionen auf der Grundlage einer aktuellen
Stiftposition sind in Tabelle 4.1. dargestellt.

Bei der MOVE- und PLOT-Funktion wird außerdem noch unterschieden, ob der
angegebene Punkt relativ zur aktuellen Position interpretiert wird oder
als absolute Koordinaten bzgl. des zugrundeliegenden Koordinatensystems
gemeint ist. Den Funktionen werden jeweils eine Reihe von Attributen
zugeordnet, die Eigenschaften wie Linienart, Linienbreite, Zeichentyp, -
größe und -richtung usw. festlegen (vgl. Abschn. 4.1.)

FUNKTION	WIRKUNG
MOVE	POSITIONIEREN DES SCHREIBKOPFES, D.H. BEWEGEN VON DER AKTUELLEN POSITION ZU EINEM ANGEGEBENEN PUNKT OHNE ZU ZEICHNEN.
PLOT (DRAW)	AUSGABE EINES GERADENABSCHNITTS, D.H. ZEICHNEN EINER STRECKE VON DER AKTUELLEN POSITION ZU EINEM ANGEGEBENEN PUNKT
SYMBOL	AUSGABE EINES SYMBOLS AN DER AKTUELLEN POSITION
TEXT	AUSGABE EINER ZEICHENKETTE AN DER AKTUELLEN POSITION

Tabelle 4.1.: Ausgabe-Funktionen aufbauend auf aktueller Stiftposition

Außer den genannten sind eine Reihe weiterer Funktionen wünschenswert,
z.B. PLOT-Funktionen für gekrümmte Linien wie Kreisbögen, andere Kegel-
schnitte und Splines sowie Funktionen zur Darstellung von Koordinatenachsen. Da ihre Wirkung auch mit einer Sequenz der einfachen abstrakten
Funktionen erzielt werden kann, sind sie jedoch nicht als Grundfunktionen anzusehen.

Der von GKS gewählte Ansatz ohne aktuelle Stiftposition stellt einen
höheren Grad der Abstraktion dar und entfernt sich noch mehr von den
physikalischen E/A-Geräten.

FUNKTION	WIRKUNG
POLYLINE	EINE FOLGE VON EINGEGEBENEN PUNKTEN WIRD DURCH GERADE LINIEN ZU EINEM POLYGONZUG VERBUNDEN. (POLYLINE ENTSPRICHT PLOT, WENN NUR ZWEI PUNKTE EINGEGEBEN WERDEN.)
POLYMARKER	AN EINER GEGEBENEN FOLGE VON PUNKTEN WIRD JEWEILS EIN SYMBOL ERZEUGT. (GIBT MAN NUR EINEN PUNKT AN, ENTSPRICHT DIE WIRKUNG DER VON SYMBOL.)
STRING	AN EINER ANGEGEBENEN POSITION WIRD EINE ZEICHEN-KETTE DARGESTELLT.

Tabelle 4.2.: Elementare Ausgabe-Funktionen des GKS

Eigenschaften wie Linienart, -breite usw. werden ebenfalls durch Attribute bestimmt. Eine detaillierte Beschreibung erfolgt im nächsten Abschnitt dieses Kapitels.

Darüberhinaus stellt GKS drei Funktionen zur Ausgabe komplizierter
Objekte wie Flächen und Kreisbögen zur Verfügung (siehe Abschnitt 4.4).

4.3.2. Abstrakte Eingabefunktionen

Keine grundsätzlich differierenden Ansichten gab es hinsichtlich der
notwendigen abstrakten Eingabefunktionen. Allgemein üblich ist heute der
in Tabelle 4.3. angegebene Funktionsumfang. Nur bezüglich der Funktion
STRING gab es die Auffassung, daß es sich hier nicht um eine echte
Grundfunktion handele, da sie auf einer wiederholten Anwendung einer

speziellen Funktionstastatur, der alsphanumerischen Tastatur, zurückzuführen sei. Aus praktischen Gründen wurde STRING doch aufgenommen und
als Unterscheidungsmerkmal die freie Programmierbarkeit der Funktionstastatur herangezogen.

FUNKTION	WIRKUNG
PICK (IDENTIFIZIEREN)	AUSWAHL EINES GRAFISCHEN OBJEKTS AUS EINER MENGE AUF EINEM AUSGABEGERÄT DARGESTELLTER OBJEKTE (TYPISCHES GERÄT: LICHTGRIFFEL)
LOCATOR (POSITIONIEREN)	AUSWAHL EINES KOORDINATENPUNKTES AUF EINEM AUSGABEGERÄT (TYPISCHE GERÄTE: BILDSCHIRM-FADENKREUZ, DIGITALISIERGERÄT)
CHOICE (AUSWÄHLEN)	AUSWAHL EINER MÖGLICHKEIT AUS EINER PRO-GRAMMTECHNISCH DEFINIERTEN ALTERNATIVMENGE (TYPISCHES GERÄT: FUNKTIONSTASTATUR)
VALUATOR (WERT EINGEBEN)	AUSWAHL EINER "GLEITKOMMAZAHL" AUS EINEM VOM ANWENDER GESETZTEN INTERVALL (TYPISCHES GERÄT: POTENTIOMETER)
STRING (ZEICHENKETTE EIN- GEBEN)	EINGABE EINER ZEICHENKETTE - ENTSPRICHT READ OHNE UMWANDLUNG NUMERISCHER STRINGS IN ZAHLEN - (TYPISCHES GERÄT: ALPHANUME-RISCHE TASTATUR)

Tabelle 4.3.: Abstrakte Eingabefunktionen

In der Tabelle sind lediglich einige typische Geräte für die jeweiligen
Funktionen genannt. Wie sie im einzelnen durch physikalische Eingabe-
Geräte realisiert werden, bzw. bei Nichtvorhandensein eines speziell
einer Funktion zuzuordnenden Geräts durch andere Eingabegeräte simuliert
werden können, beschreiben wir im nächsten Kapitel.

Außer einer Unterscheidung der einzelnen Funktionen muß für jede einzelne abstrakte Eingabefunktionen eine Unterscheidung nach dem möglichen
Eingabemodus (bei GKS Betriebsart genannt) gemacht werden. Die vorgesehenen Eingabemodi im Verhältnis zu den Eingabefunktionen sind in Tabelle
4.4. aufgelistet und erläutert.

Die Simulation von Eingabemodi durch andere als in der Tabelle
aufgeführte Funktionen wird in Abschnitt 5.5.2. behandelt.

MODUS (MIT ERLÄUTERUNG)	PICK	LOCATOR	CHOICE	VALUATOR	STRING
REQUEST (ABFRAGE) DER PROGRAMMLAUF WIRD UNTERBROCHEN, BIS DER BENUTZER EINEN ANGEFORDERTEN WERT EINGEGEBEN UND GGFS. DIE EINGABE DURCH BETÄTIGEN EINER SPEZIELLEN TASTE (RETURN, SEND) BEENDET HAT.	X	X	X	X	X
SAMPLE (PROBENENTNAHME) OHNE AUF EINE REAKTION DES BENUTZERS ZU WARTEN, WIRD DER ZUSTAND (WERT) DES GERÄTS ABGEFRAGT, WENN DIE PROZEDUR IM PROGRAMMLAUF AUFGERUFEN WIRD		X	X	X	
EVENT (EREIGNIS) WENN DER BENUTZER EIN BESTIMMTES EREIGNIS AUSLÖST, WIRD DER ZUGEHÖRIGE WERT IN EINER WARTESCHLANGE GESPEICHERT UND KANN JEDERZEIT VOM PROGRAMM ABGEFRAGT WERDEN.	X		X		

Tabelle 4.4.: Abstrakte Eingabefunktionen zu Eingabemodi

4.4 Das grafische Kernsystem GKS

Das Bestreben, innerhalb der grafischen Datenverarbeitung eine Standardisierung zu erreichen, findet in der heute vorliegenden Norm DIN 66252 für das grafische Kernsystem GKS (Internationaler Norm-Entwurf ISO DIS 7942) seine vorläufigen Schlußpunkt. GKS ist konzipiert als interaktives Grafiksystem. Es legt Geräte-, Programmiersprachen- und Anwendungsunabhängig die Grundfunktionen zur Erzeugung und Manipulation von 2-dimensionalen, mithilfe von Computern generierten Bildern fest. Allerdings ist die Normung erst für die Funktionsbeschreibung abgeschlossen. Die sogenannten "Sprachschalen", d.h. die Festlegung der Unterprogramm-Bezeichnungen und -Parameter für die Programmiersprachen FORTRAN, PASCAL, ADA, BASIC usw., ist in Arbeit.

4.4.1. GKS - Architektur

Die Unabhängigkeit des GKS von Geräten, Programmiersprachen und Anwendungen wird erreicht durch eine Architektur, die auf der einen Seite eine schichtenförmige Anwenderschnittstelle vorsieht und auf der anderen Seite, der Arbeitsplatzschnittstelle, gekennzeichnet ist durch das Konzept des virtuellen Arbeitsplatzes, genannt Workstation.

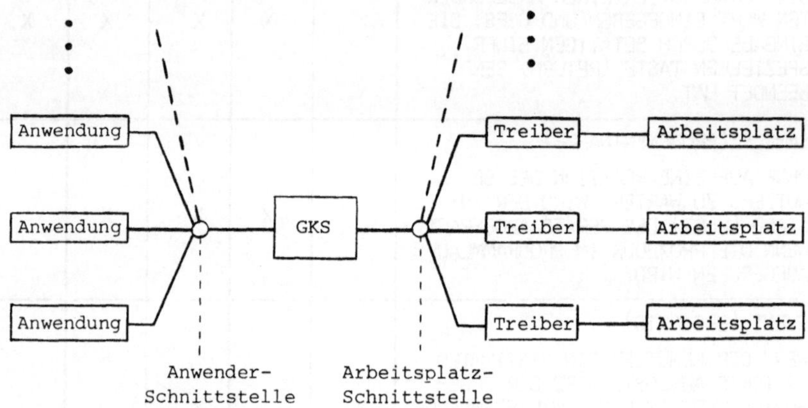

Abb. 4.46.: GKS-Architektur

Schichtenmodell

Für die Anwendung von GKS zur grafischen Datenverarbeitung müssen die abstrakt definierten Funktionen durch eine Programmiersprache realisiert werden. Solche sprachabhängigen Schichten gibt es für FORTRAN, PASCAL und andere Sprachen.

Ein Anwenderprogramm kann mithilfe solch einer sprachabhängigen Schicht, z.B. durch Unterprogrammaufrufe grafische Darstellungen bearbeiten.

Damit spezielle Anwendungsgebiete, z.B. CAD oder Präsentationsgrafik, besonders unterstützt werden können, ist zwischen dem Anwenderprogramm und der sprachabhängigen Schicht eine zusätzliche Ebene, die anwendungsorientierte Schicht, vorgesehen. Hier werden Funktionen und Fertigkeiten zur Verfügung gestellt, die auf die Bearbeitung spezieller Grafik-Probleme abgestimmt sind. Ein Beispiel für solch eine Funktion aus dem CAD-Bereich wäre die automatische Bemaßung von Objekten oder das Darstellen von Bohrungen, Fasen usw.

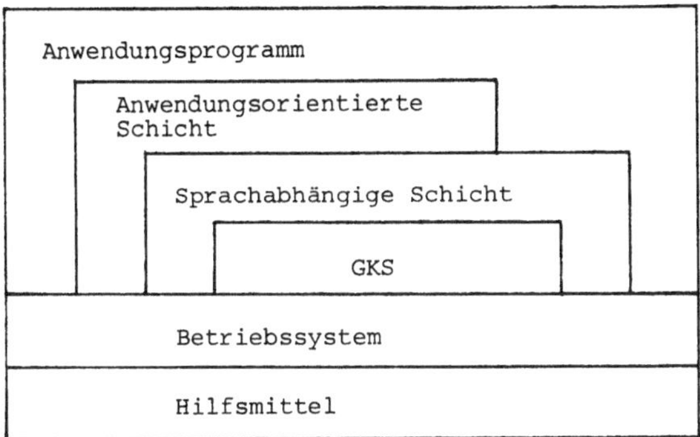

Abb. 4.47.: Das Schichtenmodell von GKS

Ein Anwenderprogramm kann mithilfe dieses Schichtenmodells also direkt zugreifen auf Funktionen der sprachabhängigen Schicht, der anwendungsorientierten Schicht und auf Funktionen des jeweiligen Betriebssystems, wodurch eine flexible Arbeitsweise für die grafische Datenverarbeitung gewährleistet ist.

Virtueller Arbeitsplatz

Die Verbindung von GKS zu grafischen E/A-Geräten wird durch das Konzept des virtuellen Arbeitsplatzes (workstation) hergestellt.

Ein Anwender ordnet jedem ihm zur Verfügung stehenden E/A-Gerät einen virtuellen Arbeitsplatz zu, wobei jeweils in einer Arbeitsplatzbeschreibungstabelle die Möglichkeiten und Fähigkeiten eines Gerätes aufgeführt sind. Ein virtueller Arbeitsplatz repräsentiert dadurch genau ein E/A-Gerät.

Für das Arbeiten mit den einzelnen workstations stellt GKS eine Reihe von Funktionen bereit.

Die Funktion "ÖFFNE ARBEITSPLATZ" (open workstation) stellt die Verbindung zu einem Arbeitsplatz her, von hieraus sind jetzt Eingaben grafischer Daten möglich. Die Funktion "AKTIVIERE ARBEITSPLATZ" (activate workstation) macht einen Arbeitsplatz zusätzlich zur Eingabe zur Ausgabe bereit. Durch "SCHLIESSE ARBEITSPLATZ" (close workstation) und "DEAKTIVIERE ARBEITSPLATZ" (deactivate workstation) werden Arbeitsplätze wieder freigegeben, bzw. für Ausgaben gesperrt.

Seien A1 und A2 Bildschirmgeräte mit angeschlossenen Eingabegeräten, wie z.B. Tastatur oder Fadenkreuz, und A3 ein einfacher Plotter sowie A4 ein

Digitalisiergerät, so wird durch die folgende Sequenz zunächst
(a) Eingabe über A1, A2 und A4 und Ausgabe auf A1 und A2 möglich, dann
(b) Eingabe über A1 und A2, Ausgabe aber nur auf A3 und schließlich
(c) Ein- und Ausgabe nur auf A1 möglich.

```
       ÖFFNE ARBEITSPLATZ A1              DEAKTIVIERE ARBEITSPLATZ A2
       ÖFFNE ARBEITSPLATZ A2              AKTIVIERE ARBEITSPLATZ A3
       ÖFFNE ARBEITSPLATZ A3          (b) /* Eingabefunktionen */
       ÖFFNE ARBEITSPLATZ A4              /* Ausgabefunktionen */
       AKTIVIERE ARBEITSPLATZ A1          SCHLIESSE ARBEITSPLATZ A2
       AKTIVIERE ARBEITSPLATZ A2          DEAKTIVIERE ARBEITSPLATZ A3
   (a) /* Eingabefunktionen */            AKTIVIERE ARBEITSPLATZ A1
       /* Ausgabefunktionen */        (c) /* Eingabefunktionen */
       SCHLIESSE ARBEITSPLATZ A4          /* Ausgabefunktionen */
       DEAKTIVIERE ARBEITSPLATZ A1        ...
```

Der besondere Vorteil der gleichzeitigen Darstellung von Bildern auf
mehreren Ausgabegeräten wird ersichtlich, wenn man berücksichtigt, daß
jedem Arbeitsplatz sogenannte Arbeitsplatz-Attribute zugeordnet sind.
Beispiele für solche Attribute sind Darstellungsart von Linien, Texten
oder Markierungen oder auch darzustellender Ausschnitt eines Bildes (wir
gehen weiter unten noch näher auf die Attribute ein). Dadurch wird es
z.B. möglich, eine Übersichtszeichnung gleichzeitig mit mehreren De-
taillzeichnungen in unterschiedlichen Darstellungsarten herzustellen.

4.4.2. Ausgabefunktionen

Die durch GKS genormten Kernfunktionen zur Ausgabe grafischer Daten sind
POLYLINE (Polygon), POLYMARKER (Polymarker), TEXT (Text), FILL AREA
(Füllgebiet), CELL ARRAY (Zellmatrix) und GENERALIZED DRAWING PRIMITIVE
(Verallgemeinertes Darstellungselement)

POLYLINE erzeugt einen Kantenzug. Als Parameter sind die Anzahl der
Punkte und deren Koordinaten anzugeben.

POLYMARKER bewirkt die Darstellung eines Punktes einer Punktmenge durch
eine zentrierte Marke. Die Parameter sind wiederum die Anzahl der Punkte
und deren Koordinaten. Welche Marke zur Darstellung verwendet wird, ist
vorher durch eine Attributsfunktion (s.u.) anzugeben.

TEXT erzeugt einen als Parameter zu übergebenden Text an einer als
Parameter anzugebenden Position. Die Darstellungsart des Textes ist - im

Gegensatz zu den Funktionen SYMBOL aus Abschnitt 4.1. - durch Attributsfunktionen vorher einzustellen.

Außer diesen drei auf die Grundelemente Punkt, Kante und Text der
binären Strichgrafik bezogenen Funktionen, die auch als abstrakte
Ausgabefunktionen der grafischen Datenverarbeitung angesehen werden
(siehe Abschnitt 4.3.), sind in GKS noch drei weitergehende Funktionen
definiert, deren Einführung auf die Allgemeingültigkeit von GKS für alle
Anwendungen und Gerätekonfigurationen zurückzuführen ist.

FILL AREA erzeugt eine Fläche, die durch ein als Folge von Koordinaten-
paaren der Eckpunkte beschriebenes Polygon umrandet ist. Durch Attributsfunktionen kann die Fläche in einer einheitlichen Farbe angelegt,
gemustert oder schraffiert werden.

CELL ARRAY ist eine besonders auf Raster-Ausgabegeräte (siehe Kapitel 5)
abgestimmte Elementarfunktion. Aus einer durch Parameter spezifizierten
Pixelmatrix wird hierdurch ein Rasterbild erzeugt.

Die letzte Funktion, GENERALIZED DRAWING PRIMITIVE, dient der Ausnutzung
nicht genormter Darstellungsfähigkeiten von Ausgabegeräten, wie z.B. des
Zeichnens von Kreisbögen oder Interpolationskurven. Die Parameter dieser
Funktion werden von GKS nicht ausgewertet, sondern an das Ausgabegerät
weitergereicht.

Das den Parametern der Funktionen zugrundeliegende zweidimensionale
Koordinatensystem wird in GKS Weltkoordinatensystem genannt. Es entspricht den 2-D-Betrachterkoordinaten aus Abschnitt 4.2.2.

Attribute

Zur Festlegung der Darstellungsart der durch die Ausgabefunktionen
erzeugten Elemente sind in GKS eine Reihe von Attributsfunktionen
definiert. Hierdurch können folgende Attribute eingestellt werden:

Polygon: Linienart (durchgezogen, strichliert, strich-punktiert,...),
            Linienbreite und Linienfarbe
Polymarker: Markenart (Punkt, Kreuz, Stern ...), Markengröße und Mar-
            kenfarbe
Text: Zeichenhöhe, Zeichenabstand, Zeichenverzerrung (Höhen- und
            Breitenverhältnis), Schreibrichtung (von links nach rechts,
            von oben nach unten ...), Schriftart (kursiv, gotisch, ...)
            usw.
Füllgebiet: Ausfüllung (farbig, gemustert, schraffiert,...), Farbe,
            Mustergröße, Schraffurart.

Die Zellmatrix besitzt keine solchen Attribute; das verallgemeinerte Darstellungselement ist bezüglich seiner Attribute nicht festgelegt.

Für sämtliche Attribute zur Festlegung der Darstellungsart muß angegeben werden, ob sie global, d.h. auf allen Arbeitsplätzen zur Darstellung eines Elements verwendet werden, oder ob sie arbeitsplatzspezifisch gesetzt werden. In diesem Fall wird ein Attribut nicht dem Element, sondern dem Arbeitsplatz zugeordnet, sodaß alle Elemente auf den einzelnen Arbeitsplätzen unterschiedlich dargestellt werden können.

Außer den die Darstellungsart bestimmenden Attributen gibt es für alle Darstellungselemente ein Attribut Pickerkennzeichnung, durch das einzelnen Elementen Namen - vom Anwender gewählt - zugeordnet werden können. Dies ist für Anwendungen besonders dann sinnvoll, wenn Elemente außer ihrer grafischen Darstellung auch noch andere Eigenschaften aufweisen, auf die im Anwendungsprogramm mithilfe ihres Namens zugegriffen werden soll.

4.4.3. Eingabefunktionen

Für die Eingabe grafischer Daten sieht die DIN-Norm GKS folgende Funktionen vor, die bereits in Abschnitt 4.3. beschrieben wurden: PICK, LOCATOR, CHOICE, VALUATOR und STRING.

Dabei ist anzumerken, daß die Prozedur PICK die Kennzeichnung eines (logischen) Segments übergibt, LOCATOR ein Koordinatenpaar (im Anwenderkoordinatensystem) und VALUATOR eine REAL-Größe. Dazu kommt noch die Prozedur STROKE, die unter dem Eingabemodus (Betriebzustand) SAMPLE laufend die Koordinatenpaare eines LOCATOR übergibt.

Die Eingabemodi werden in GKS Betriebszustände genannt und wirken wie im Abschnitt 4.3. beschrieben: REQUEST (Anforderung), SAMPLE (Abfrage) EVENT (Ereignis).

Je nach gesetztem Betriebszustand ist in seiner Qualität eine unterschiedliche interaktive Arbeitsweise möglich. Während im Anforderungsfall der Anwender auf Aktionen des Programms reagiert, der Dialog also programmgesteuert abläuft, ist in den anderen beiden Fällen der Programmverlauf abhängig von Aktionen des Anwenders, man spricht dann von benutzergeführtem Dialog. Außer diesen grundlegenden Funktionen zur Ein- und Ausgabe grafischer Daten werden durch das GKS einige weitergehende Techniken, wie Fenster- und Segmentkonzept (vgl. Abschn. 4.2.4.) unterstützt.

4.4.4. Segmente

In Abschnitt 4.2.4. wurde begründet, daß es wünschenswert ist, Teilbilder einer Darstellung (Segmente) getrennt voneinander ansprechen zu können. GKS stellt ein umfangreiches Segmentkonzept zur Verfügung, mit dem Darstellungselemente unter einem frei wählbaren Namen zu Segmenten zusammengefaßt werden können.

Initialisiert wird ein Segment durch die Funktion OPEN SEGMENT. Es wird dadurch in einem für jeden Arbeitsplatz vorgesehenen Segmentspeicher ein Bereich für das betreffende Segment angelegt, sofern ein Arbeitsplatz als aktiv vereinbart ist. Das Schließen des Segments (CLOSE SEGMENT) bewirkt, daß die zugehörigen Darstellungselemente nicht mehr verändert werden können.

In GKS definierte Manipulationsmöglichkeiten für Segmente sind u.a.
- Erzeugen von Segmenten
- Transformation (Translation, Skalierung, Drehung)
- Sichtbarkeit festlegen (das Segment ist auf einem Arbeitsplatz sichtbar oder nicht sichtbar dargestellt)
- Hervorheben (Veränderung der Darstellungsart für alle Elemente des Segments)
- Priorität festlegen (Überlappen sich bei Darstellungen Teile von Segmenten, so wird nur das Segment vollständig dargestellt, das höhere Priorität hat, die anderen werden (teilweise) verdeckt. Dies Technik hat vor allem bei Raster-Ausgabegeräten große Bedeutung.)
- Umbenennen von Segmenten
- Löschen von Segmenten

Neben arbeitsplatzabhängigen Segmentspeichern sieht GKS auch einen arbeitsplatzunabhängigen Segmentspeicher vor. Dadurch können zu beliebigen Zeitpunkten Segmente an Arbeitsplätze zur Ausgabe übertragen werden.

4.4.5. Fenster

Die Abbildung von Darstellungselementen in 2-D-Betrachterkoordinaten auf die Gerätekoordinaten eines Arbeitsplatzes erfolgt zweistufig über ein normalisiertes Gerätekoordinatensystem. In einem ersten Schritt werden durch eine Normalisierungstransformation aus den 2-D-Betrachterkoordinaten normalisierte Gerätekoordinaten berechnet (vgl. Abschn. 4.2.4.), danach erfolgt durch eine Gerätetransformation eine Umrechnung in die für einen Arbeitsplatz gültigen Gerätekoordinaten.

Beide Transformationen werden über achsenparallele Rechtecke durchge-
führt: Die Normalisierungstransformation setzt ein Fenster im 2-D-Be-
trachterkoordhnatensystem voraus, die entsprechende GKS-Funktion ist SET
WINDOW, und überträgt die Darstellungselemente aus dem Fenster auf ein
Darstellungsfeld, definiert durch SET VIEWPORT im normalisierten
Gerätekoordinatensystem.

Die Gerätetransformation rechnet die durch ein Gerätefenster des normalisierten Gerätekoordinatensystems festgelegten Darstellungselemente um
auf ein Gerätedarstellungsfeld in Gerätekoordinaten. Die notwendigen
Funktionen hierfür sind SET WORKSTATION WINDOW und SET WORKSTATION
VIEWPORT.

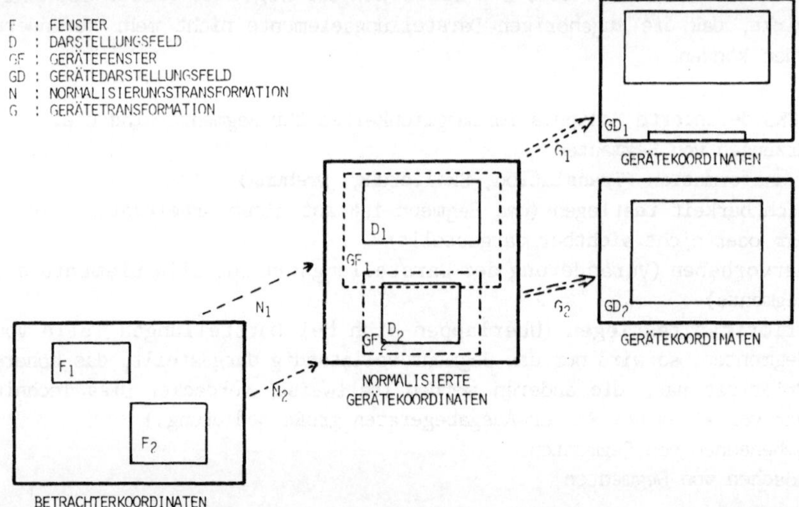

Abb.: 4.48.: Fenstertechnik in GKS

Beide Transformationen leisten dabei eine Translation und eine Skalierung mit gleichem Faktor für beide Achsen. Weitergehende Möglichkeiten,
wie wir sie in Abschnitt 4.2.4. beschrieben haben, sind hier nicht vorgesehen.

Während das Clipping für aus dem Fenster ragende Objekte bei der Gerätetransformation obligatorisch ist, um der begrenzten Ausgabefläche eines
Gerätes gerecht zu werden, ist das Clipping bei der Normalisierungstransformation nicht unbedingt erforderlich und kann durch eine Funktion
abgeschaltet werden. Dadurch ist es möglich, beide Clippvorgänge miteinander zu verbinden, sodaß der entsprechende Algorithmus für einen
Arbeitsplatz nur einmal durchgeführt werden muß.

5 Die Schnittstelle zum Benutzer

Für die Brauchbarkeit eines Grafiksystems in einem bestimmten Anwendungsgebiet, z.B. für die Erzeugung von Konstruktionszeichnungen (beim CAD) oder die Präsentation von statistischen und betriebswirtschaftlichen Daten ("Präsentationsgrafik"), ist nicht nur die Schnittstelle zum Anwender, d.h. der Person oder der Organisation, die den Einsatz des Systems bestimmt und das Anwendungsprogramm erstellt (oder erstellen läßt), von großer Bedeutung.

Außerdem spielt die Schnittstelle zum Benutzer, also demjenigen, der das Grafiksystem bedient, die Daten eingibt und die produzierten Ergebnisse weiterverarbeitet, eine entscheidende Rolle (vergl. Kapitel 2: Anwender - Benutzer - Maschinenbediener).

Diese Schnittstelle bestimmt den "Benutzungskomfort", die Geschwindigkeit, mit der eine Aufgabe gelöst wird, die Qualität des Arbeitsergebnisses und die psychische und physische Belastung des Benutzers. Während also die Schnittstelle zwischen Grafiksystem und Anwender die Programmierung ökonomisch und ergonomisch beeinflußt, wird das Arbeitsergebnis, die produzierten bildlichen Darstellungen mit ihrer wirtschaftlichen Bedeutung durch die Schnittstelle zwischen Grafiksystem und Benutzer geprägt.

Auch wenn die technische Entwicklung zu erstaunlichen Verbesserungen der Geräte und der Systemarchitektur (d.h. Aufbau und Zusammenspiel der Geräte und maschinennahen Programme) geführt hat, ist so manches Mal der Einsatz von Grafiksystemen an falsch gewählter Architektur und der "benutzerseitigen Oberfläche" gescheitert. Im folgenden werden deshalb einige wichtige Kriterien der Realisierung der abstrakten Ausgabe- und Eingabefunktionen diskutiert und die ökonomisch und ergonomisch maßgeblichen Faktoren der Systemarchitektur dargestellt, die bei einer Systemanalyse zur Einführung eines Grafiksystems in einer nach wirtschaftlichen Kriterien arbeitenden Organisation berücksichtigt werden müssen.

5.1 E/A-Geräte für die grafische Datenverarbeitung

Hier ist leider nicht Raum für eine Darstellung der Geschichte der Grafikgeräte. Wir werden uns deshalb auf die Aspekte beschränken, die die Art und die Qualität des Resultats von automatischer Bildgenerierung bestimmen.

<table>
<tr><td rowspan="2">GERÄT
BEZEICHNUNG</td><td colspan="4">PERMANENTES BILD</td><td colspan="3">TEMPORÄRES BILD</td></tr>
<tr><td colspan="4">HARDCOPYGERÄT</td><td colspan="3">SICHTGERÄT</td></tr>
<tr><td></td><td>TROMMEL-
TISCHPLOTTER</td><td>INK-JET
PLOTTER</td><td>NADEL
DRUCKER</td><td>LASERPLOTTER</td><td>KATHODEN-
SICHTGERÄT</td><td>LC-DISPLAY</td><td>PLASMA-
DISPLAY</td></tr>
<tr><td>BILDTRÄGER</td><td colspan="3">PAPIER</td><td>FILM
FOTOFILM | DIEZOFILM</td><td>ANODENFLÄCHE EINER KATHODEN-STRAHLRÖHRE</td><td>FLÜSSIG-KRISTALLE (LIQUID CRYSTAL)</td><td>GASPLASMA</td></tr>
<tr><td>ZEICHEN-WERKZEUG.</td><td>STIFT</td><td>DÜSE</td><td>STEMPEL (NADEL)</td><td>LASERSTRAHL</td><td>KATHODEN-STRAHL</td><td colspan="2">ELEKTR. STROM</td></tr>
<tr><td>ZEICHEN-MITTEL</td><td colspan="2">TUSCHE, TINTE</td><td>ELEKTRO-STAT. TONER (FLÜSSIG, PULVER)</td><td>PHOTO-CHEM. PROZESS | THERMO/PHOTO-CHEM. PROZESS</td><td>PHOSPHOR-FLUORESZENZ UND PHOSPHORESZENZ</td><td>REFLEX.-EIGEN-SCHAFTEN VON LC</td><td>LEUCHTEN VON EDELGAS-PLASMA</td></tr>
<tr><td>DARSTELLUNG</td><td>VEKTOREN FAHRWEG-INKREMENTE (PUNKTE)</td><td colspan="2">PUNKTE</td><td>VEKTOREN (PUNKTE)</td><td>VEKTOREN PUNKTE</td><td colspan="2">PUNKTE</td></tr>
</table>

Tab. 5.1.: Techniken grafischer Ausgabegeräte

Danach ist zuerst zu unterscheiden zwischen Geräten zur Erzeugung permanenter und temporärer Bilder - einfacher ausgedrückt zwischen Sichtgeräten und Hardcopy-Geräten. Weiter ist zu prüfen, mit welcher Technik die grafische Darstellung auf der Bildfläche diskretisiert, d.h. in Bildpunkte, in Fahrweginkremente (winzige Vektoren) oder in Vektoren aufgelöst, wird.

Von den Eingabegeräten, die häufig in ihrer Technik an Ausgabegeräte gebunden sind, sollen hier nur die behandelt werden, die für die Grafik eine besondere Bedeutung haben.

5.1.1. Grafische Ausgabegeräte

Wie oben angedeutet, ist für unsere Zwecke die Haupttrennung zwischen Geräten zur Erzeugung temporärer und permanenter Bilder zu ziehen. In Tab. 5.1. ist dazu eine Übersicht aufgestellt. In historischer Reihenfolge behandeln wir die Hardcopygeräte zuerst. Dabei wollen wir nicht weiter behandeln, daß auch mit einfachen Druckern sogenannte Printplots (Abb. 5.1.) hergestellt werden können.

Abb. 5.1.: Printplot

Hardcopygeräte

Aus einfachen Meßwertschreibern, bei denen auf einem von einem Uhrwerk über eine Trommel bewegten Papierstreifen ein Meßzeiger mit Tuschespitze die Meßwerte kontinuierlich (und analog) aufzeichnete, wurde der Trommelplotter (vgl. Abb. 5.3.) entwickelt: Der Papierstreifen kann nun sowohl vor- wie zurückbewegt werden, der Bewegungsmechanismus der Tuschefeder übernimmt die andere Koordinatenrichtung. Der Vortrieb erfolgt nicht mehr analog, sondern in Einzelschritten (Inkrementen), die jeweils einen Fahrtakt in Anspruch nehmen. Durch eine koordinierte Bewegung in beiden Richtungen können so von einem Punkt ausgehend acht verschiedene Vektoren (Abb. 5.2.) in einem Fahrtakt realisiert werden. (Durch aufwendigere Technik läßt sich die Zahl von möglichen Richtungen der Fahrweg-Inkremente noch erhöhen, aber nur durch Aufgabe des Inkrementalprinzips, also Übergang von Digital- zu Analogtechnik, könnten Vektoren beliebiger Richtung gezeichnet werden.)

Abb. 5.2.:

Fahrweginkremente und
mögliche Grundrichtungen
eines Plotters

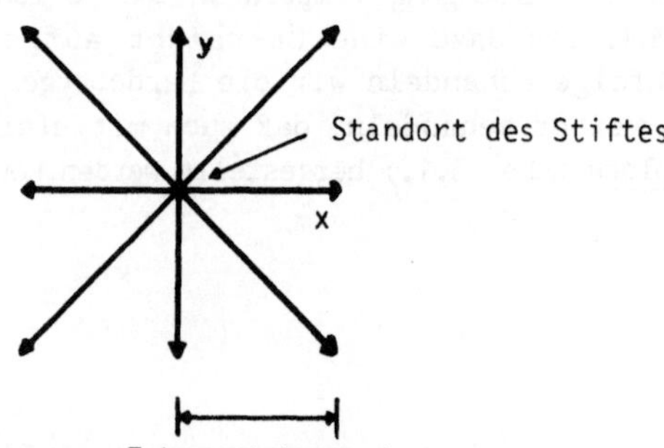

Ein anderes Konstruktionsprinzip, der Tischplotter (vgl. Abb. 5.4.), läßt das Papier unbewegt auf einer ebenen Zeichenfläche liegen und bewegt die Tuschefeder auf einer Traverse über das Papier vergleichbar mit einer Kranbahnbrücke mit Laufkatze. Während beim Trommelplotter das Papier "endlos" von einer Rolle läuft, benötigt man beim Tischplotter einen Operateur, der nach Fertigstellung jedes Blattes neues Papier auflegt.

Für beide Plottertypen wird heute eine große Produktauswahl angeboten, die nach möglichem Zeichnungsformat, Anzahl der Zeichenstifte (für verschiedene Farben oder Strichstärken), Größe der Inkremente, Zeichengeschwindigkeit (Dauer eines Fahrtakts), Wiederholgenauigkeit (Positionsfehler beim wiederholten Anfahren eines Papierpunktes) und der Systemarchitektur (vgl. Abschn. 5.2.) zu unterscheiden sind. Während für den Anschluß an einen Heimcomputer ein Tischplotter für A4-Format mit einem (austauschbaren) Stift, einer Inkrementgröße von 0.25 mm und einer Zeichengeschwindigkeit von unter 10 cm/s für wenige hundert Mark angeboten

Abb. 5.3.: Trommelpotter (Benson)

Abb. 5.4.: Tischplotter (Hewlett Packard)

wird, wirken sich die Anforderungen an Präzisionsplotter für metergroße Zeichnungen mit Inkrementen < 0.1 mm und Zeichengeschwindigkeiten von mehr als 100 cm/s entsprechend auf den Preis aus. Für die Erstellung von Landkarten, Katasterplänen, Schiffsrissen und Vorlagen für die Halbleiterchipherstellung werden derartige Geräte zu Preisen von mehreren hunderttausend Mark gebaut.

Die technischen Schwierigkeiten zum Erreichen der genannten Merkmale bei gleichzeitiger hoher Wiederholgenauigkeit entstehen u.a. durch große Massen, die beim Zeichnen beschleunigt und gebremst werden müssen, durch die Verformung von Bauteilen unter Belastung und durch die Veränderung des Zeichnungsmaterials (Papier, Folie, Glasplatten, o.ä.) bei Temperatur- oder Luftfeuchtigkeitsveränderungen.

Bei Stiftplottern tritt noch ein praktisches Problem auf: der Tintenfluß. Insbesondere bei schnellen Geräten "reißt der Strich ab" durch eintrocknende Tusche in Zeichenfedern oder dickflüssige Tinte in Kugelschreibern. Zeitliche Probleme macht auch das Heben und Senken des Zeichenstifts und der Wechsel des aktiven Zeichenstifts (zum Wechseln der Zeichenfarbe und/oder der Strichstärke).

Daher bemühten sich die Ingenieure um andere Zeichenwerkzeuge, die nicht wie Zeichenstifte mechanisch bewegt werden müssen und eintrocknen können. Dies führte einerseits zur Entwicklung von Ink-Jet-Plottern, bei denen aus einer Düse winzige Tintentropfen auf das Papier gesprüht werden, und andererseits zu Nadeldruckern, bei denen das Bild durch den Abdruck von Nadeln (mit einem Farbband) erzeugt wird. Ein drittes Prinzip stellt der elektrostatische Printer/Plotter dar, bei dem die Papierfläche dort eingeschwärzt wird, wo elektrostatisch geladenes Kunstharz (Toner) auf (entgegengesetzt geladenen oder neutralen) Papierpunkten haften bleibt.

Diese drei Verfahren setzen allerdings voraus, daß das Bild vorher in Bildzeilen aufgelöst wird (Raster-Scan-Verfahren). Sie werden deshalb auch für die Erzeugung von Flächengrafik auf Papier verwendet. Die Qualität der Bilder hängt dabei von der Feinheit des Punktrasters ab.

Bei der Verwendung eines Laserstrahls statt eines Stiftes und eines photochemischen Films als Trägermaterial lassen sich Geräte konstruieren, die mit hoher Geschwindigkeit und Präzision Zeichnungen herstellen. Die Film-Laserplotter arbeiten auf Mikrofilm oder Mikrofiche, die nach üblicher Entwicklung rückvergrößert werden müssen. Es gibt auch eine Kombination von Laser und elektrostatischen Kopieren: der elektrostatische Laserplotter. Dabei wird der Laserstrahl dazu verwendet, eine statisch geladene lichtempfindliche Halbleiterfläche zu entladen. An den vom Laser beschriebenen Stellen bleibt dann Kunstharz-Toner haften und kann auf Papier abgedruckt werden. Durch Wärmebehandlung wird der Toner dann auf dem Papier festgeschmolzen.

Unter den Hardcopy-Geräten seien schließlich der Vollständigkeit halber noch die __fotografischen Geräte__ erwähnt, mit denen Sichtgeräte-Bilder auf Diafilm oder Fotopapier schwarz/weiß oder farbig aufgezeichnet werden können.

Sichtgeräte

Sichtgeräte dienen der kurzzeitigen Speicherung von visueller Information. Ihre Technik sorgt von sich aus dafür, daß das Bild verschwindet, wenn der Benutzer nicht besondere Vorkehrungen zu seiner Erhaltung trifft, im Gegensatz zu den Ausgabegeräten für permanente Bilder, bei denen der Benutzer - sofern überhaupt möglich - den Löschvorgang ausdrücklich aktivieren muß.

Das häufigste Sichtgerät ist das __Kathoden-Sichtgerät__. Ein erhitzter Draht (Kathode) sendet in einer luftleeren Röhre Elektronen aus, die durch Magnetfelder zu einem scharfen Strahl gebündelt werden können. Dieser Strahl kann wiederum magnetisch so abgelenkt werden, daß er beim Auftreffen auf der Anodenfläche, der Stirnfläche der Glasröhre, entsprechende Figuren zeichnet. Die Phosphor-Beschichtung der Anodenfläche leuchtet beim Auftreffen des Kathodenstrahls für kurze Zeit auf (Fluoreszenz) und die Zeichnung wird durch die Glasfläche hindurch sichtbar. Durch Veränderung der Zusammensetzung der Phosphorschicht lassen sich die Farbe des abgegebenen Lichts und die Dauer des Nachleuchtens (Phosphoreszenz) verändern.

Man unterscheidet Kathodensichtgeräte
1.) nach der Technik, mit der das Bild über längere Zeit erhalten wird, zwischen
   - Speichersichtgeräten und
   - Bildwiederholgeräten;
2.) nach der Methode der Elektronenstrahlsteuerung zwischen
   - Random-Scanning und
   - Raster-Scanning sowie
3.) nach der Darstellungsweise der Zeichnung auf der Bildfläche zwischen
   - Punktdarstellung und
   - Vektordarstellung.
   (Die bei mechanischen Plottern häufig verwendete Technik der Fahrweginkremente wird hier nicht verwendet.)

Bei einem __Speichersichtgerät__ (vgl. Abb. 5.6.) befindet sich in der Röhre vor der Anodenfläche ein sogenanntes Speichergitter, das mit einem

Dielektrikum beschichtet und negativ geladen ist. Der energiereiche
Schreibstrahl erzeugt auf diesem Gitter eine positive Ladung. Von einer
zweiten Kathode wird ein Elektronenschauer ausgesandt, der gleichmäßig
auf das Speichergitter trifft, aber an den Stellen mit positiver Ladung
so beschleunigt wird, daß er durch das Gitter hindurch tritt und auf der
Anodenfläche die Phosphorschicht aufleuchten läßt (Abb. 5.5.)

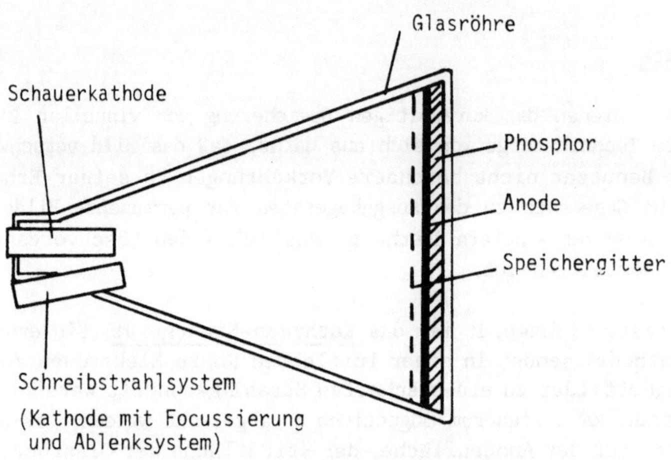

Abb. 5.5.: Bildspeicherröhre (Prinzip)

Der Schreibsrahl "brennt" sozusagen das Bild in die Speichergitterfläche
ein, die nun den Elektronenschauer durch die Löcher hindurchläßt und das
Bild sichtbar macht. Einmal "eingebrannte" Löcher lassen sich nicht
selektiv schließen, anders ausgedrückt: einzelne Bildteile lassen sich
bei dieser Technik nicht löschen oder verändern. Durch Wiederherstellung
der gleichmäßigen negativen Anfangsladung wird das ganze Bild gelöscht.
Das größte Speichersichtgerät der Firma Tektronix hat rund 4000 × 3000
adRessierbare Bildpunkte und erlaubt die Vektordarstellung sowie eine
Punktdarstellung für Zeichen.

Ein **Bildwiederholsichtgerät** (vgl. Abb. 5.7. und 5.8.) arbeitet mit
einer Wiederholung der Bilder, sodaß aufgrund der Wiederholfrequenz und
der Nachleuchtdauer des Phosphors das Bild nicht flimmert. Die Frequenz
liegt üblicherweise zwischen 25 und 60 Hz. Die Darstellung muß also so
gespeichert werden, daß der Elektronenstrahl sie in dieser Frequenz auf
dem Schirm aufzeichnen kann.

Dazu wird entweder die Random-Scan-Technik verwendet, bei der der Strahl
abgeschaltet auf einen der adressierbaren Bildpunkte fokussiert und dann

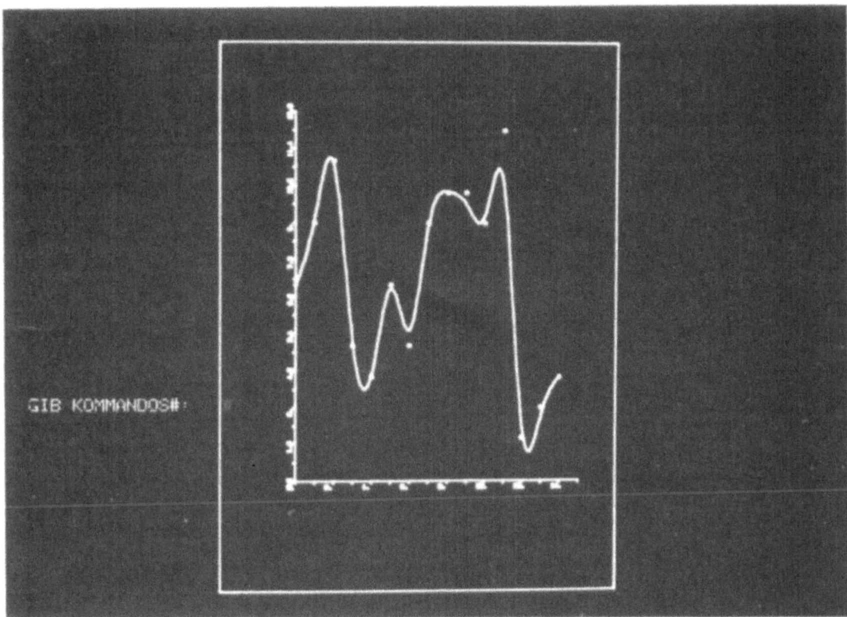

Abb. 5.6.: Speichersichtgerät (Tektronix)

Abb. 5.7.: Bildwiederholsichtgerät, Raster-Prinzip (Hewlett Packard)

eingeschaltet wird. Nun wird entweder nur der Punkt zum Leuchten gebracht (Punktdarstellung) oder der Strahl zu einem anderen Punkt gesteuert, wobei er unterwegs eine Spur hinterläßt (Vektordarstellung).

Oder der Strahl wird zeilenweise über das Bild geführt (Raster-Scan) und während des Durchlaufs ständig analog in seiner Helligkeit verändert (Videotechnik) oder laufend ein- und ausgeschaltet (Digital-Raster-Technik). Diese Verfahren setzen voraus, daß das gewünschte Bild vorher in ein Punktraster zerlegt wurde. Für jeden Rasterpunkt, der auch Pixel (picture element) genannt wird, müssen entweder nur die Zustände Hell/Dunkel oder eine größere Zahl von Zuständen für Grautöne und für Farben gespeichert werden können.

Die Dichte des Rasters entscheidet hier über die Auflösung des Bildes, sie läßt sich jedoch nicht beliebig erhöhen, da z.B. bei einer Bildwiederholfrequenz von 60 Hz und einem Raster von 1280 × 1024 Pixels für ein Pixel nur ca. 25 Nanosekunden zur Verfügung stehen, während es bei halber Auflösung (512 Zeilen) noch 100 Nanosekunden pro Pixel sind.

Andere grafische Sichtgeräte bestehen aus einem Punktraster von Flüssigkristallen (LCD-Sichtgeräte), die die Eigenschaft haben, bei Stromdurchfluß auffallendes Licht nicht mehr zu reflektieren. Wegen der sehr geringen Auflösung, der langen Ansprechzeit und recht geringem Kontrast sind sie noch nicht weit verbreitet.

Dagegen werden Plasma-Sichtgeräte häufiger verwendet, seit es sie auch mit hoher Rasterauflösung gibt. Hier wird ein Pixel durch eine kleine Neonlampe dargestellt, die dann aufleuchtet (das Neon-Gas in Plasmazustand versetzt), wenn eine hinreichend hohe Spannung angelegt wird. Das Gas ist zu diesem Zweck in Kammern zwischen zwei Glasplatten eingeschlossen, auf die Leiterbahnen aufgedampft sind.

Die Schwierigkeit beim Einsatz von Plasmadisplays liegt in der geringen Leuchtstärke der kleinen Gasblasen und an der relativ großen Zündzeit beim "Einschalten" eines Pixels. Das gegenwärtig größte Plasmadisplay liefert die Firma IBM mit 960 × 750 Pixels.

Ein Hybridsystem stellt ein Lasersichtgerät der Firma Laser Scan Ltd. mit einer Bildfläche von ca 100 × 70 cm dar: Das Bild wird vom Laserstrahl in Vektordarstellung auf einen Film gezeichnet, der bei großer Lichtintensität sofort geschwärzt wird (Diezofilm). Durch eine andere Lichtquelle wird das entstehende Filmbild direkt auf eine große Mattscheibe projiziert. Durch Wärmebehandlung kann das Bild als Ganzes gelöscht werden. Somit kann mit diesem Sichtgerät ähnlich wie mit einem Bildspeichersichtgerät gearbeitet werden. Die Anzahl adressierbarer Bildpunkte liegt etwa bei 16000 × 10000.

Abb. 5.8.: Bildwiederholsichtgerät, Raster-Prinzip (Fernsehmonitor)

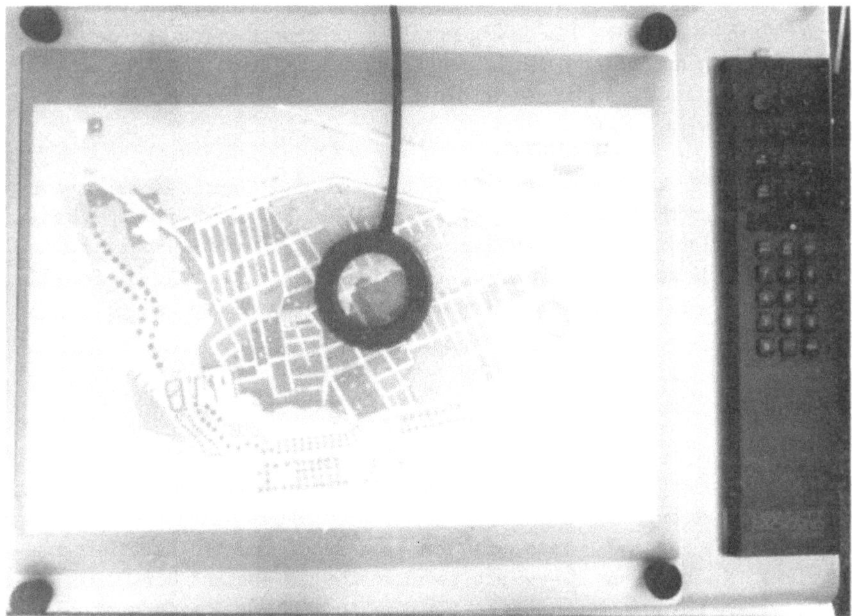

Abb. 5.9.: Digitalisiergerät mit Lupe (Hewlett Packard)

5.1.2. Grafische Eingabegeräte

Im Abschnitt 4.3.2. wurden die abstrakten Eingabefunktionen PICK (Identifizieren), LOCATOR (Positionieren), CHOICE (Auswählen), VALUATOR (Werteingabe) und STRING (Zeichenketten-Eingabe) beschrieben. Die drei letztgenannten sind früh in der Entwicklung der Datenverarbeitung entstanden und entsprechen der üblichen Eingabe von analogen Werten be physikalischen Meßverfahren (VALUATOR) mit anschließender Analog-Digital-Wandlung bzw. der Auswahl eines Objektes (CHOICE) aus einer begrenzten Objektmenge (Menü) und der Aneinanderreihung so ausgewählter Objekte (STRING). Um die beiden anderen, speziell grafischen Grundfunktionen, der Eingabe (der Koordinatenwerte) eines Punktes und der Auswahl eines grafischen Objektes aus einem Bild, zu realisieren wurden die unterschiedlichsten konstruktiven Wege beschritten.

Um auf einer Darstellungsfläche Punkte (und Strecken) eingeben zu können, müssen die Punkte gekennzeichnet werden. Das naheliegenste ist es, auf den gewünschten Punkt mit dem Stift zu zeigen und dann die Koordinaten der Stiftspitze bezogen auf ein Koordinatsystem der Zeichenplatte zu messen und digital an den Computer zu übermitteln.

Zur Realisierung dieser Funktion wurden **Digitalisiergeräte** (Digitizer) (vgl. Abb. 5.9.) gebaut, die anfangs die Positionierung einer Lupe oder eines Stiftes über einer Fläche mit einer einem Tischplotter ähnlichen Konstruktion erlaubten. Die Bewegungen der Brückentraverse und des Laufwagens werden dabei durch Winkelschrittgeber gemessen. Der hohe Aufwand für die Präzisionsmechanik sowie die schlechte Handhabbarkeit begrenzten jedoch die Einsatzmöglichkeiten.

Erst die Konstruktion von Digitalisiergeräten, bei denen das Zeigegerät, eine Lupe oder ein Stift, frei in der Hand des Bedieners liegt, führten zur Entwicklung von interaktiven Grafiksystemen, die auf der LOCATOR-Funktion aufbauen. In Tabelle 5.2. wird gezeigt, daß dazu die Schall-Technik oder die Schwachstrom-Technik herangezogen werden können.

Für Digitalisiergeräte mit hoher Auflösung und Wiederholgenauigkeit werden dazu zwei Scharen von parallelen Leiterbahnen verwendet, die, gegeneinander isoliert, auf einem ebenen Träger aufgedampft werden. Durch ein elektromagnetisches Feld, das sich um die Spitze des Digitalisierstifts (oder das Zentrum einer Lupe) aufbaut, kann bestimmt werden, welche Leiterbahnen dem angezeigten Punkt am nächsten liegen. Durch eine nachträgliche (analoge) Interpolation kann dabei die Digitalisiergenauigkeit erheblich höher liegen als es sich aur dem Abstand der Leiterbahnen ergeben würde. Die Leiterbahnen können auch auf Kunststofffolien aufgebracht werden, die auf Dia- oder Filmprojektionsflächen oder passi-

GERÄTEMÄSSIG REA-LISIERTE FUNKTION	DIGITALISIERGERÄTE				INTERAKTIVE SICHTGERÄTE	
	LOCATOR				PICK	
	MECHANIK	AKUSTIK	SCHWACHSTROM-TECHNIK	ELEKTRONIK	ELEKTRONIK	
				SPEICHERSICHTGERÄT	BILDWIEDERHOL-SICHTGERÄTE	
					RASTER-SCAN-SICHTGERÄT	RANDOM-SCAN-SICHTGERÄT
TECHNIK	TRAVERSE UND LAUFWAGEN ("INVERSER TISCHPLOTTER")	ZWEI PUNKT- ODER LINEARMIKROFONE AM RANDE DER ZEICHNUNGSFLÄCHE	LEITERBAHNENRASTER UNTER ZEICHNUNGSFLÄCHE	SPEICHERSICHTGERÄT MIT "DURCHSCHREIBEVERFAHREN FÜR FADENKREUZ" (BILDWIEDERHOLUNG)		
ORTSMESSUNG	ZÄHLEN DER WEGINKREMENTE DURCH WINKELSCHRITTGEBER	LAUFZEITMESSUNG DES SCHALLS	KAPAZITIVE ODER INDUKTIVE ORTSBESTIMMUNG (LAUFZEITMESSUNG DER IMPULSE/NACHINTERPOLATION)	MESSEN DER ABLENKELEKTRONIK DES KATHODENSTRAHLS FÜR FADENKREUZ	MESSEN DER ZEIT VON BILDANFANG BIS ZUM SCHREIBEN DES BILDPUNKTES. BESTIMMEN DES BILPUNKTS DURCH ABZÄHLEN	MESSEN DER ZEIT VON BILDANFANG BIS ZUM SCHREIBEN DES VEKTORS. BESTIMMEN DES VEKTORS DURCH VERGLEICH MIT WIEDERHOLSPEICH.
ZEIGE-WERKZEUG	STIFT ODER LUPE AM LAUFWAGEN	STIFT MIT SCHALLSENDER (ULTRASCHALLKNALL)	STIFT ODER LUPE	FADENKREUZ BEWEGT DURCH ZWEI RÄNDELSCHRAUBEN, JOYSTICK, MAUS ODER ROLLKUGEL	LICHTGRIFFEL MIT FOTODIODE	
BEMERKUNGEN	HOHE GENAUIGKEIT; TEURE PRÄZISIONSMECHANIK; SCHWERFÄLLIGE, LANGSAME HANDHABUNG; ERGONOMISCH UNGÜNSTIG	SEHR BILLIG; FEHLER DURCH GERINGFÜGIGE VERÄNDERUNGEN VON LUFTDRUCK, TEMPERATUR, LUFTFEUCHTIGKEIT	FEHLER DURCH BLEISTIFTSTRICH (KAPAZ. MESSUNG) MAGN. GEGENSTÄNDE (INDUKT. MESSUNG) SCHRÄGHALTEN DES STIFTS	BILLIGER ZUSATZ ZU SPEICHERSICHTGERÄTEN)	PICK-FUNKTION FÜR GRAF. OBJEKTE (AUSSER PIXELS) GGFS. DURCH SOFTWARE IN BILDSCHIRMPROZESSOR REALISIERBAR	LOCATOR-FUNKTION REALISIERBAR DURCH EIN FADENKREUZ, DAS MIT LICHTGRIFFEL ÜBER DIE BILDFLÄCHE "GEZOGEN" WERDEN KANN

Tab. 5.2.: Grafische Eingabegeräte

ve Sichtgeräte aufgeklebt werden können. So läßt sich beispielsweise das IBM-Plasmadisplay zu einem interaktiven Gerät erweitern. Wenn es nicht auf hohe Genauigkeit der eingegebenen Koordinaten ankommt, kann auch ein berührungssensitives Digitalisiergerät verwendet werden. Durch Berührung mit dem Finger wird ein Punkt lokalisiert. Für derartige Geräte wird häufig ein Verfahren verwendet, bei dem die Widerstandsänderung unter Druck zur Ortsbestimmung dient. Diese Digitalisiergeräte eignen sich besonders zur Befestigung vor Sichtgeräten.

Für interaktive Speichersichtgeräte wird zum Positionieren (LOCATOR) ein Kathodenstrahl so gesteuert, daß er ein Fadenkreuz auf den Bildschirm zeichnet. (Damit das Fadenkreuz nicht gespeichert wird, ist die Schreibintensität so gesteuert, daß der Strahl gerade das Speichergitter durchdringen kann aber noch nicht so stark ist, um dort eine Ladungsänderung zu verursachen. Daher muß das Fadenkreuz - übrigens ebenso wie die Schreibmarke (Cursor) - im Bildwiederholverfahren gezeichnet werden.) Der Ort des Fadenkreuzes kann wie die Schreibmarke durch vier Richtungstasten oder durch ein VALUATOR-Paar, das heißt durch zwei Potentiometer oder durch zwei Winkelschrittgeber verändert werden. Diese sind gerätetechnisch als Rändelräder in der Tastatur des Sichtgerätes mit eingebaut oder werden realisiert als Joystick (Steuerknüppel), Maus (Rändelräder unter einem Kästchen, das vom Benutzer auf der Tischfläche hin- und hergeschoben wird) oder Rollkugel (Kästchen mit einer Kugel, die beim Abrollen über der Tischfläche ihre Bewegung auf zwei Räder überträgt).

Bei interaktiven Sichtgeräten mit der Bildwiederholtechnik kann man ein Bildelement mit dem Lichtgriffel auswählen. Wenn bei einem Wiederholzyklus ein Bildteil durch den Kathodenstrahl zum Fluoreszieren gebracht wird, so läßt sich dieser Zeitpunkt mit der Photodiode in einem Lichtgriffel messen. Durch Ermittlung der Zeitdifferenz zwischen Zyklusbeginn und Ansprechen der Photodiode kann festgestellt werden, welcher Bildteil aufgeleuchtet hat. Bei Raster-Scan-Sichtgeräten wird dabei immer der Ort eines Pixels ermittelt, bei Random-Scan-Geräten der Ort eines Vektors. Raster-Scan-Geräte mit Vektor- und Zeichengenerator (vgl. Abschn. 5.2.6.) können durch geeignete (firmenseitige) Programmierung des Bildschirmprozessors auch das Identifizieren von Zeichen und Vektoren simulieren.

5.2 Realisierung abstrakter Funktionen durch die Geräte

Bei der Beschreibung der grafischen Eingabe- und Ausgabegeräte wurde bereits bezuggenommen auf die entsprechenden abstrakten Funktionen. Eine Realisierung dieser Funktionen hängt aber nicht nur vom unmittelbaren

Gerät ab, sondern auch von seiner Einbindung in die Gesamtarchitektur des Grafiksystems.

Im folgenden werden die "normalen" Eingabegeräte beschrieben, danach wird dargestellt, wie sie - falls nicht vorhanden - durch andere ersetzt oder simuliert werden können. Weiter werden verschiedene Möglichkeiten zum Anbinden der Ausgabegeräte an das Grafiksystem geschildert.

5.2.1. Typische Geräte für abstrakte Eingabefunktionen

In letztem Kapitel wurden in der Tabelle 4.3 die abstrakten Eingabefunktionen beschrieben. Damit läßt sich mit dem in Abschnitt 5.1.1. Gesagtem folgende Verknüpfung aufbauen:

- Lichtgriffel an Bildwiederholsichtgerät   → PICK
- Digitalisierstift/Lupe am Digitalisiergerät oder
  Fadenkreuz am Speichersichtgerät   → LOCATOR
- Funktionstasten   → CHOICE
- Wertegeber (Potentiometer, Winkelschrittgeber)   → VALUATOR
- Alphanumerische Tastatur   → STRING

Da die Eingabefunktionen in drei verschiedenen Modi (Betriebsarten - vgl. Tab. 4.4) auftreten können, sei hier auch darauf hingewiesen, daß der gerätetypische Modus für den Lichtgriffel und die Funktionstaste der EVENT-Modus ist, der dazu verwendet werden kann laufende Vorgänge zu unterbrechen (Interupt). Dagegen ist der typische Einsatz des Wertegebers das SAMPLE (Probenentnahme) im laufenden Programm, ein Modus, der gelegentlich auch für das Digitalisiergerät und die Funktionstasten verwendet wird. Der Abfragemodus (REQUEST) kann für alle interaktiven Eingabegeräte verwendet werden, ist dem Programmierer aber besonders vertraut in der üblichen INPUT- oder READ-Anweisung, bei der das Programm solange wartet, bis der Benutzer die Eingabe an der Tastatur abgeschlossen hat.

5.2.2. Simulation abstrakter Eingabefunktionen

Da selten ein Grafiksystem mit allen Eingabe-Geräten ausgestattet ist, müssen benötigte abstrakte Eingabefunktionen auf untypischen Geräten simuliert werden, natürlich unter Verlust einiger Handhabungseigenschaften. Die Tabelle 5.3. gibt eine Gesamtübersicht über die Möglichkeiten,

eine abstrakte Funktion durch andere abstrakte Funktionen zu simulieren.
Sie zeigt, daß die Funktion eines fehlenden Gerätes gegebenenfalls durch
eine andere Funktion und damit ein anderes Gerät ersetzt werden kann.

ABSTRAKTE FUNKTION	ZU SIMULIEREN DURCH				
	PICK	LOCATOR	CHOICE	VALUATOR	STRING
PICK (IDENTIFIZIEREN)	++	+	-	-	(+)
LOCATOR (POSITIONIEREN)	+	++	-	-	(+)
CHOICE (AUSWÄHLEN)	+	+	++	+	+
VALUATOR (WERT EINGEBEN)	+	+	-	++	(+)
STRING (ZEICHENKETTE EINGEBEN)	+	+	-	-	++
	++ FUNKTION VORHANDEN + SIMULATION LEICHT MÖGLICH (+) SIMULATION TEILWEISE MÖGLICH - SIMULATION NICHT MÖGLICH				

Tab. 5.3.: Simulation von abstrakten Eingabefunktionen durch andere

Wenn beispielsweise ein Grafiksystem mit einem interaktiven Speicherbildschirm ausgestattet ist, so ist damit die Funktion PICK nicht gegeben - das Gerät hat keinen Lichtgriffel. Sie kann aber über das Fadenkreuz mit Steuerknüppel (Joystick) simuliert werden. (Statt des Joystick
ist auch Maus oder Rollkugel oder der Einsatz eines Digitalisiergeräts
mit Stift oder Lupe möglich, um das Fadenkreuz zu bewegen.)

Die Koordinaten des so "gepickten" Punktes müssen mit den Koordinaten
der Linearen Liste (vgl. Abschn. 3.1.1.) verglichen werden, um das
gewünschte grafische Primitiv zu identifizieren. Wegen der Trefferunge-
nauigkeit beim Lokalisieren des Fadenkreuzes muß eine geringe Abweichung
der Punkt-Koordinaten zugelassen werden.

Sogar nicht-interaktive Speichersichtgeräte (ohne Fadenkreuz) können mit
einer PICK-Funktion ausgestattet werden, wenn der Benutzer in Kauf
nimmt, daß die "Such-Bewegung" als Polygonzug aufgezeichnet wird und so

eine Spur im Bild hinterläßt, bis das Bild das nächste Mal neu generiert wird.

Umgekehrt kann auch ein Bildwiederholsichtgerät, das nicht mit der LOCATOR-Funktion, aber mit einem Lichtgriffel zum Picken versehen ist, zum Positionieren verwendet werden:

Bei Raster-Scan-Geräten wird bei einem PICK sowieso ein Pixel identifiziert, dessen Gerätekoordinaten dann für die LOCATOR-Funktion verwendet werden können. Bei Random-Scan-Geräten wird auf dem Bildschirm ein kleines Fadenkreuz mit Umrandung (siehe Abb. 5.10.), aus einigen Vektoren zusammengesetzt, abgebildet. Wenn mit dem Lichtgriffel ein Umrandungsvektor "berührt" und identifiziert wird, so wird das Fadenkreuz am Ort dieses Vektors neu abgebildet. Da das Fadenkreuz in der Mitte einen "blinden Fleck" von der Größe der Lichtgriffeloptik hat, kann es dann solange zur Feineinstellung verschoben werden, bis der Lichtgriffel "nichts mehr sieht". Auf diese Weise kann das Fadenkreuz über die gesamte Bildfläche "gezogen" werden.

Abb. 5.10.:

Fadenkreuz (Beispiel) für
LOCATOR-Funktion auf
Bildwiederhol-Sichtgeräten

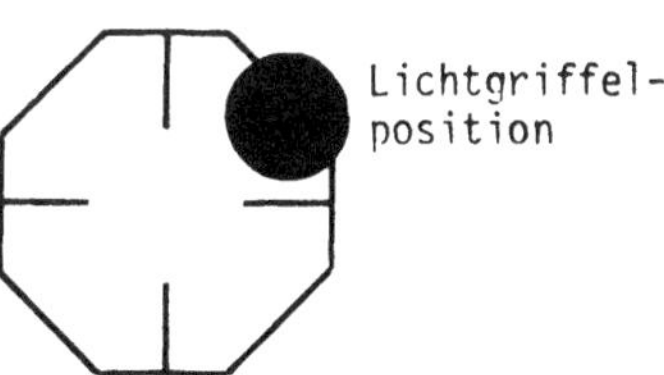

Die Tabelle 5.3 zeigt, daß die CHOICE-Funktion am leichtesten - zumindest im REQUEST-Modus (vgl. Abschn. 4.3.2.) - zu simulieren ist: auf dem Sichtgerät oder dem Digitalisierbrett kann ein Menü dargestellt werden, das einige Funktionstasten simuliert. Mit Lichtgriffel, Fadenkreuzsteuerung bzw. Digitalisierstift wird dann die gewünschte Funktion ausgewählt. Ebenso können Teile der alphanumerischen Tastatur zu Funktionstasten umdefiniert werden.
Bei Darstellung einer vollständigen alphanumerischen Tastatur auf dem Menü kann auch diese durch PICK oder LOCATOR ersetzt werden. Die VALUATOR-Funktion verwirklicht man leicht auch ohne Potentiometer, z.B. durch Abbilden des Wertebereichs als Skala auf der Bildfläche und der Verwendung von PICK oder LOCATOR.

Dagegen eignet sich die alphanumerische Tastatur nur sehr beschränkt zur Simulation der Funktionen PICK, LOCATOR und VALUATOR. Der einzugebende

Parameter, also die Kennung eines grafischen Objekts (für PICK), die Koordinaten (für LOCATOR) oder die REAL-Größe (Für VALUATOR) müssen __verbalisiert__ werden, d.h. sie müssen aus der bildlich-physischen Darstellung in eine sprachliche Darstellung gebracht und dann als Zeichenfolge (Buchstaben, Ziffern, ...) über die READ-Funktion eingegeben werden.

Die Simulation eines Eingabemodus (vgl. Tab. 4.5.) macht unter Umständen große Schwierigkeiten. Es ist zwar ohne weiteres möglich, den Lichtgriffel oder die Funktionstaste, die üblicherweise im Modus EVENT realisiert sind und eine Unterbrechung des Programmlaufs bewirken, für die Modi SAMPLE oder REQUEST zu verwenden, dann wird die Unterbrechung einfach ignoriert. Es kann aber z.B. mithilfe eines Digitalisiergeräts (Modus SAMPLE) weder der Modus EVENT noch der Modus REQUEST simuliert werden, da fortwährend Werte abgetastet werden und nicht feststeht, zu welchem Zeitpunkt der vom Benutzer gewünschte Wert ansteht. Erst mit einer zusätzlichen Funktionstaste (Auslöser, Trigger) kann dieser Zeitpunkt eingegeben werden - das ist dann aber eine hilfsweise Realisierung mit der zusätzlichen Funktion CHOICE unter dem Modus EVENT oder SAMPLE.

5.2.3. Das Display-File

Nach Anwendung von abstrakten Ausgabefunktionen befindet sich das auszugebende Bild auf einer abstrakten Ausgabefläche auf der Grundlage 2-dimensionaler normalisierter Gerätekoordinaten.

Um das Bild auf eine gewünschte physikalische Ausgabefläche (z.B. Plotter oder Bildschirm) zu übertragen muß nun je nach Gerät
- eine Umwandlung der normalisierten Gerätekoordinaten in entsprechende Gerätekoordinaten erfolgen,
- aus den abstrakten Funktionen eine Reihe von Steuerbefehlen generiert werden, durch die die Hardware des entsprechenden Gerätes zu den erforderlichen Aktionen veranlaßt wird.

Ein solcher Befehl stellt sich als eine Gruppe von Bits dar, in der Steuerzeichen, wie das Heben und Senken des Zeichenstiftes, x- bzw. y-Koordinaten oder auch Buchstaben zur alphanumerischen Ausgabe nach einem bestimmten Code verschlüsselt werden.
Eine Folge solcher Befehle einschließlich der Gerätekoordinaten wird Display-File genannt.

Für die Organisation und Kontrolle des Display-File und damit der Aufgabenverteilung zwischen grafischem Ausgabegerät und Rechner gibt es eine Reihe verschiedener Architekturmöglichkeiten. Wir werden im folgenden einige von ihnen mit ihren Vor- und Nachteilen aufführen, ohne allerdings näher auf unterschiedliche Realisierungen bei verschiedenen Herstellern einzugehen.

5.2.4. Einfaches E/A-Gerät

Die primitivste Aufgabenverteilung zwischen E/A-Geräten und Rechnern liegt bei den sogenannten einfachen E/A-Geräten vor. Hier wird das Display-File im Rechner gehalten und die Eingabe, bzw. Ausgabe erfolgt unter vollständiger Kontrolle des Rechners.

Zur Ausgabe einer grafischen Darstellung wird das darzustellende Bild im Rechner in Einzelpunkte (bei punkterzeugenden Geräten), bzw. Fahrweginkremente (bei Inkrementalvektor-Geräten) aufgelöst. Dazu können für Vektoren die entsprechenden Geradengleichungen und für gebogene Linien die Kurvengleichungen verwendet werden, Zeichen werden durch Punktmuster (bzw. Folgen von Vektorinkrementen repräsentiert (vgl. Abschnitt 5.3). Der x- und y-Wert eines jeden Punktes wird jeweils als Befehl in dem Display-File gehalten und an das Gerät zur Ausgabe übergeben. Dieses speichert beide Werte in zwei Registern auf die die Steuerelektronik zugreift, um den Punkt auf der Ausgabefläche darzustellen.

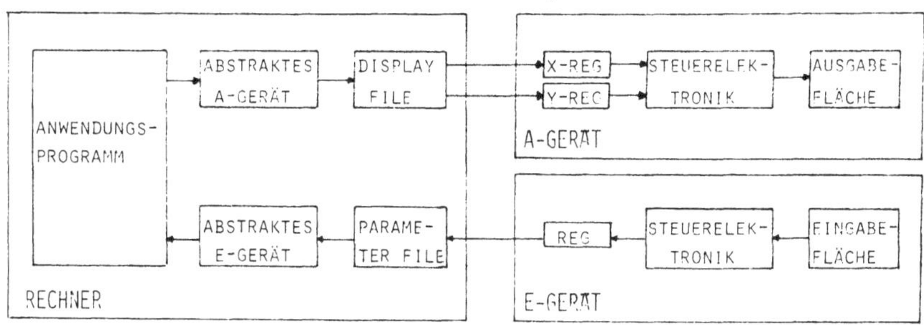

Abb. 5.11.: Architektur mit "einfachen E/A-Geräten"

Die Nachteile dieser Verfahrensweise sind offensichtlich:
- Das durch die Punkt- bzw. Vektorzerlegung riesige Display-File verbraucht Speicherkapazitäten im Rechner.
- Falls das E/A-Gerät nach dem Bildwiederholprinzip arbeitet, benötigt allein die Bildwiederholung beträchtliche Leistungen des Rechners.
- Die Refresh-Rate eines nach dem Bildwiederholprinzip arbeitenden E/A-Geräts läßt nur eine begrenzte Anzahl von Bildschirmpunkten bzw.

Vektorinkrementen zu, sodaß viele Darstellungen auf diese Weise nicht möglich sind.

Als Fazit läßt sich sagen, daß das "einfache E/A-Gerät" begrenzt einsatzfähig ist für Plotter und Speichersichtgeräte. Für Bildwiederholgeräte eignet es sich dagegen schlecht, wobei die hier einzuordnenden "Raster-Geräte" ohnehin andere Techniken voraussetzen, auf die in Abschnitt 5.2.9. gesondert eingegangen wird.

Es muß allerdings gesagt werden, daß sich mit der beschriebenen Architektur leicht abstrakte Eingabegeräte wie PICK und LOCATOR (vgl. Abschn. 4.3.2.) mit einem Ausgabegerät verknüpfen lassen. Im Anwendungsprogramm wird die Beziehung der geometrischen Daten aus der Eingabe mit den Ausgabedaten hergestellt, d.h. der Anwendungsprogrammierer ist z.B. für die richtige Anwendung der notwendigen Koordinatentransformationen verantwortlich.

5.2.5. E/A-Gerät mit Bildschirmprozessor und Vektorgenerator

Bei einem E/A-Gerät mit eigenem Prozessor (Bildschirmprozessor) und einem Vektorgenerator ist die Aufgabenverteilung derart geregelt, daß
- das Display-File im Rechner gelagert wird und
- das Zeichnen von Vektoren auf der Ausgabefläche unter Kontrolle des E/A-Geräts erfolgt, indem der Bildschirmprozessor Zugriff auf das Display-File hat.

Das Display-File enthält jetzt in seinen Befehlen Anfangs- und Endpunktkoordinatenwerte von Vektoren, wobei Endpunkte des einen Anfangspunkte des nächsten Vektors sein können.

Zur Bilddarstellung holt sich der Bildschirmprozessor die Befehle vom Display-File - er unterbricht dabei möglicherweise die Arbeit der Rechner-Zentraleinheit - und speichert die Anfangspunktkoordinaten in einem (x_1,y_1)-Register und die Endpunktkoordinaten in einem (x_2,y_2)-Register. Diese Register benutzt dann der Vektorgenerator, um einen Vektor vom Anfangs- zum Endpunkt auf der Ausgabefläche zu erzeugen.

Für seine Arbeit verfügt der Bildschirmprozessor über einen Befehlsvorrat
- zur Speicherung von Werten in Registern
- Bewegung des Stiftes, bzw. Schreibstrahls ohne zu zeichnen, also zur Steuerung des Vektorgenerators
- Zeichnung einer Linie von (x_1,y_1) nach (x_2,y_2), also ebenfalls zur

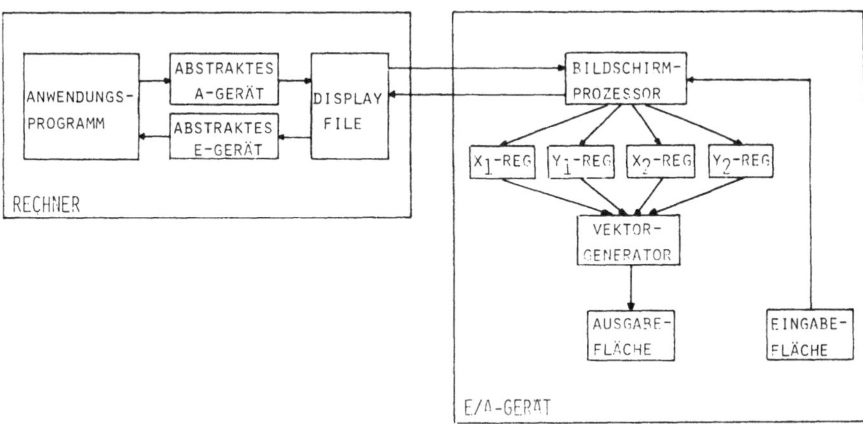

Abb. 5.12.: E/A-Gerät mit Bildschirmprozessor und Vektorgenerator
(Beispiel: Ausgabe)

Steuerung des Vektorgenerators
- Sprung innerhalb des Display-File an den Anfang, um Bildwiederholung
zu ermöglichen

Für die Funktionsweise des Vektorgenerators, d.h. wie tatsächlich
Vektoren gezeichnet werden, gibt es verschiedene Möglichkeiten. Wir
gehen darauf, wie auch auf die Darstellung von Zeichen durch Vektoren,
in Abschnitt 5.3. ein.

Gegenüber dem einfachen E/A-Gerät weist das E/A-Gerät mit Bildschirmpro-
zessor und Vektorgenerator einige wesentliche Vorteile auf:
- Der Umfang des Display-File ist kleiner.
- Die Bildwiederholung eines nach dem Bildwiederholprinzip arbeitenden
E/A-Geräts erledigt der Bildschirmprozessor.
- Während der Refresh-Phase beim Bildwiederholprinzip ist die Anzahl der
darstellbaren Vektoren relativ groß.

Diesen Vorzügen stehen gegenüber die Nachteile, die durch Speicherung
des Display-File im Rechner entstehen:
- Bedarf an Speicherplatz.
- Abhängigkeit des E/A-Geräts vom Rechner.
- Häufige Unterbrechungen der Arbeit der Rechner-Zentraleinheit.

Eine derartige Aufgabenverteilung zwischen E/A-Gerät und Rechner wird
beim Anschluß von Plottern und Sichtgeräten nach dem Speicher- wie auch
nach dem Bildwiederholprinzip vorgenommen.

Bei interaktiver Anwendung würde ein Eingabegerät zum Positionieren
(LOCATOR - siehe Abschn. 4.3.2.) den Bildschirmprozessor mit nutzen
können, sodaß der Anwendungsprogrammierer nicht die Transformation aus
den physikalischen in die normalisierten Gerätekoordinaten (sondern nur
die aus den normalisierten in die Benutzerkoordinaten) selbst vornehmen
muß. Die Eingabefunktion PICK könnte - bei einer Realisierung mit Lichtgriffel auf Raster-Scan-Sichtgeräten (vgl. Abschn. 5.1.2.) - über den
Bildschirmprozessor im Display-File direkt den vom Benutzer identifi-
zierten Vektor liefern.

5.2.6. E/A-Gerät mit Bildschirmprozessor, Vektor- und Zeichengenerator

Eine weitere Komfort-Steigerung wird erreicht durch ein E/A-Gerät mit
Bildschirmprozessor, Vektorgenerator und Zeichengenerator. Hier ist die
Aufgabenverteilung zwischen Rechner und E/A-Gerät ähnlich organisiert
wie im zuletzt beschriebenen Fall.
- Das Display-File lagert im Rechner.
- Der Bildschirmprozessor hat Zugriff auf das Display-File.
- Das Zeichnen von Vektoren und Zeichen geschieht auf der Ausgabefläche
  unter Kontrolle des E/A-Geräts.

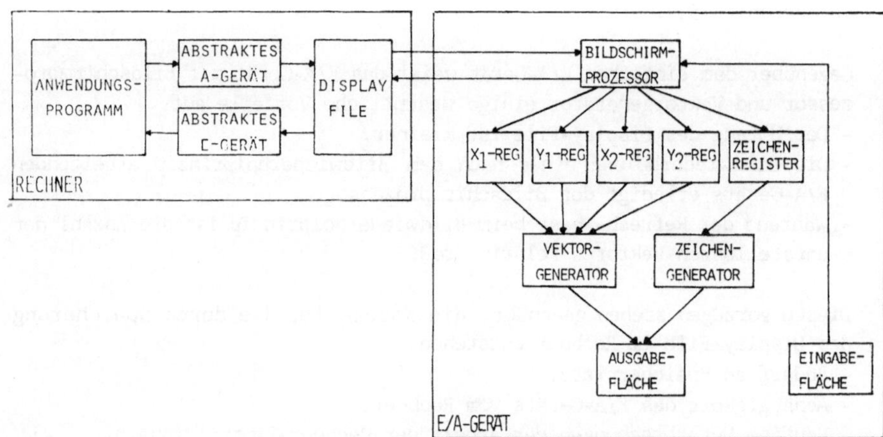

Abb. 5.13.: E/A-Gerät mit Bildschirmprozessor, Vektorgenerator und
Zeichengenerator (Beispiel: Ausgabe)

Die Funktionsweise zur Darstellung von Bildern entspricht bis auf zwei
Erweiterungen der eines E/A-Geräts mit Bildschirmprozessor und Vektorgenerator. Der Bildschirmprozessor liest und interpretiert die Befehle
des Display-File und lädt die Werte in die entsprechenden Register. Eine
Erweiterung besteht in der Möglichkeit relativer Koordinaten. das Display-File enthält Befehle nicht mehr nur in absoluten Koordinatenwerten,
sondern auch Befehle bezogen auf die letzte erreichte Position. Dies
führt wegen der kürzeren Darstellung relativer Koordinaten (weniger Bit
nötig) zu Platzeinsparungen bei dem Display-File.

Ermittelt der Bildschirmprozessor solche relativen Koordinatenwerte,
werden diese zu den alten Registerwerten addiert, um als Ausgangspunkt
für den Vektorgenerator wieder absolute Koordinaten zu erhalten.

Als zweite Erweiterung enthalten hier Befehle der Display-File Codes für
den Zeichengenerator, der die einzelnen Zeichen direkt darstellen kann
(vgl. Abschnitt 5.3.4.). Eine vorherige Auflösung von Zeichen in Vektoren ist somit nicht mehr erforderlich. Die beschriebenen Erweiterungen
führen zu Veränderungen bei den Befehlen des Bildschirmprozessors zur
Steuerung des Zeichengenerators und zum Laden der Register im Falle von
Zeichen und relativen Koordinaten.

Für den Aufbau eines interaktiven Grafiksystems gilt das unter 5.2.5.
Gesagte: der Bildschirmprozessor wird auch für die Eingabefunktionen
LOCATOR und PICK genutzt. Allerdings wird mit PICK nicht nur die Identi-
fikation von Vektoren, sondern auch die von Zeichen möglich.

5.2.7. E/A-Gerät als Kleinrechner

Eine vierte und hier als letzte beschriebene Möglichkeit zur Aufgabenverteilung zwischen Rechner und E/A-Gerät ist die Organisation des E/A-
Geräts als Kleinrechner.

Hierbei wird das Display-File im E/A-Gerät untergebracht, das dann
entsprechend einer der drei vorhergehenden Funktionsweisen (Punktezeich-
ner in Abschnitt 5.2.4., Vektorgenerator in Abschnitt 5.2.5. und Vektor-
sowie Zeichengenerator in Abschnitt 5.2.6.) grafische Darstellungen auf
der Ausgabefläche erzeugt. Wegen des großen Speicheraufwandes bei
Punktezeichnern ist diese Möglichkeit in der Praxis nicht sinnvoll einsetzbar.

Außer den höheren Kosten solch eines E/A-Geräts hat diese Aufgabenverteilung folgende wesentliche Vorteile:

- Unabhängigkeit zwischen Rechner und E/A-Gerät
- Übernahme eines Teils der grafischen Funktionen durch das E/A-Gerät
  (je nach Kapazität des Speichers und Leistungsfähigkeit des Prozes-
  sors), was zu einer weiteren Entlastung des Rechners und gutem Reak-
  tionsverhalten des Grafik-Systems beiträgt.

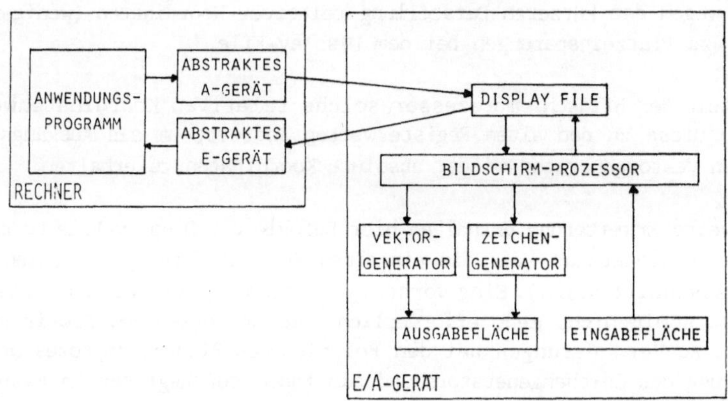

Abb. 5.14.: E/A-Gerät als Kleinrechner (hier mit Vektor- und
            Zeichengenerator)

Auch bei interaktivem Einsatz lassen sich die Eingabefunktionen LOCATOR
und PICK im Kleinrechner realisieren. Das jeweilige abstrakte Eingabegerät erhält dann von diesem die normalisierten Gerätekoordinaten (oder
sogar direkt die Benutzerkoordinaten) bzw. den Verweis auf das identifi-
zierende Bildobjekt.

5.2.8. Mischformen bei der Architektur von Grafik-Systemen

Die vier unterschiedlichen Architekturmöglichkeiten sind in diesem prinzipiellen Aufbau in der Praxis zwar möglich, doch oft werden Zwischen-
formen realisiert, die Teile der einen mit Teilen von anderen mischen.

Plotter sind meist mit Vektorgeneratoren ausgerüstet, wobei die Kontrolle der Steuerung vom Rechner ausgeübt wird (Möglichkeit aus 5.2.4. gemischt mit der Möglichkeit aus Abschnitt 5.2.5.). Es gibt aber auch
Plotter die nach dem Architekturmodell aus 5.2.7. arbeiten, ohne allerdings über einen Zeichengenerator zu verfügen.

Bildspeichersichtgeräte verfügen meist über einen Zeichen- und Vektorgenerator, ihre Steuerung funktioniert aber gewöhnlich unter Kontrolle
des Rechners (Möglichkeit aus 5.2.4. gemischt mit der Möglichkeit aus
5.2.6.).

Bei Sichtgeräten, die nach dem Bildwiederholprinzip arbeiten, liegt die
Kontrolle der Steuerung bei dem Gerät. Es verfügt somit immer über einen
eigenen Prozessor. In der Praxis gibt es Realisierungen mit eigenem
Speicher, Vektorgenerator und Zeichengenerator, aber es gibt auch Geräte
denen die eine oder andere Komponente fehlt.

Weiter gibt es Geräte, bei denen der Prozessor "zweigeteilt" ist, d.h.
ein kleiner Prozessor dient lediglich der Bildwiederholung, während ein
anderer die gesamte Koordination und Steuerung übernimmt. Ein derartiges
Architekturmodell ist z.B. in Schrack /Schrack78/ beschrieben.

5.2.9. E/A-Gerät nach dem Rasterprinzip

Bildschirmgeräte nach dem Rasterprinzip (aber auch nach diesem Prinzip
arbeitende Plotter) haben eine grundsätzlich andere Architektur. Hier
gilt:
- Die Ausgabeobjekte werden in Punkte aufgelöst.
- Die Bildfläche ist von einem (unsichtbaren) Raster überzogen.
- Jedem Rasterpunkt entspricht ein Element der Bildwiederholungsdatei.

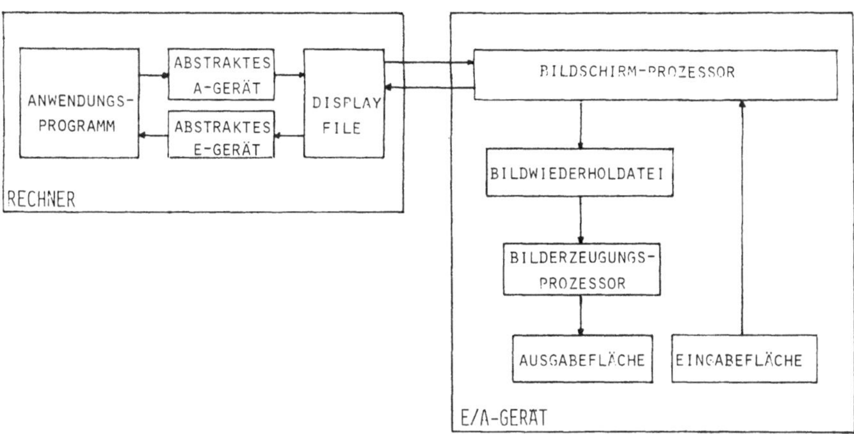

Abb. 5.15.: E/A-Gerät nach dem Rasterprinzip

- Eine Bildwiederholungsdatei ist ein Speicher im E/A-Gerät, der als 2-
  dimensionales Array organisiert ist.
- Jedes Element des Array kann z.B. zwei Zustände (hell oder dunkel =
  binäre Strichgrafik) oder aber auch mehrere für Grautöne oder Farben
  annehmen.
- Die Bildwiederholdatei wird von einem Prozessor abgearbeitet und das
  Bild entsprechend aufgebaut.
- Ein weiterer Prozessor stellt aus dem im Rechner gespeicherten
  Display-File die Bildwiederholdatei auf.

Trotzdem kann der Anwendungsprogrammierer diese Geräte so programmieren
wie andere Systeme mit Bildschirmprozessor (vgl. die Abschnitte 5.2.5.
und 5.2.6.)

5.3 Realisierung der grafischen Primitive in Ausgabegeräten

Im vorangegangenem Abschnitt haben wir beschrieben, wie die einzelnen
Geräte zusammenarbeiten, damit Bilder auf Ausgabeflächen dargestellt
werden können. Wie aber tatsächlich Objekte wie Punkte Vektoren, Flächen
oder Symbole auf dem Ausgabemedium technisch realisiert werden, ist nur
ansatzweise behandelt worden.

Dieser Thematik nehmen wir uns in diesem Abschnitt in detaillierter Form
an, wobei sich wie auch schon im letzten Abschnitt grundsätzliche Unterschiede bei der Realisierung ergeben, je nachdem ob Raster- oder Random-
prinzip dem Ausgabegerät zugrundeliegt.

5.3.1. Punktdarstellung

Punkte haben - mathematisch gesehen - keine Ausdehnung in irgendeiner
Richtung. Sie können also von ihrer Bedeutung her eigentlich nicht dar-
gestellt werden. Zur Hilfsdarstellung, wo auf einer Zeichenfläche ein
Punkt markiert werden soll, gibt es verschiedene Möglichkeiten.

Die erste und einfachste ist das Senken des Zeichenstifts und anschlie-
sende Wiederheben an einer durch Koordinaten bestimmten Stelle der Auß-
gabefläche. Je nach Zustand des Zeichenstiftes wird ein mehr oder weniger umfangreicher Klecks gezeichnet. Diese Vorgehensweise gilt für Vektorgeräte mit Bildschirm entsprechend. Für Rastergeräte könnte derjenige
Rasterpunkt zum Leuchten gebracht werden, der die Koordinaten des Punk-

tes überdeckt oder ihnen am nächsten kommt. Eine solche Vorgehensweise ist sinnvoll, um z.B. ein größeres Bild als Punktmuster darzustellen.

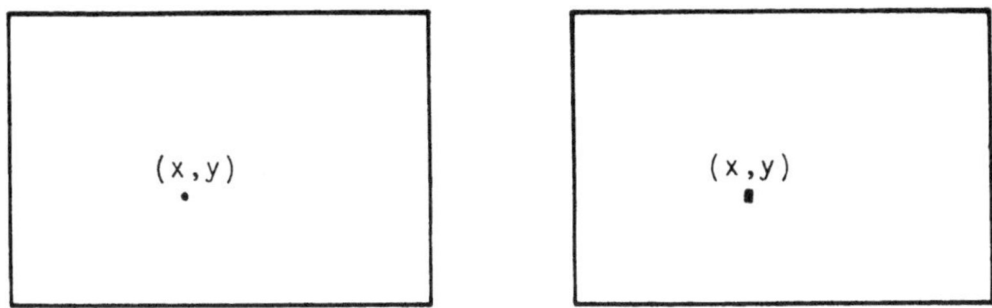

Abb. 5.16.: Punktdarstellung bei Vektor- (links) und Rastergeräten

Will man aber bestimmte Stellen, die irgendeine Bedeutung haben, als Punkt markieren, z.B. Schwerpunkt, Mittelpunkt usw., so ist diese Darstellung zu unauffällig. Man wählt deshalb entsprechend definierte Symbole zur Punktdarstellung.

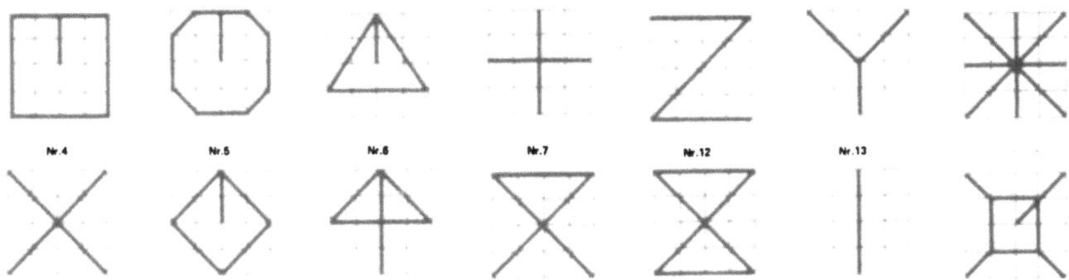

Abb. 5.17.: Beispiele für Symbole zur Punktdarstellung

Für die technische Realisierung der Darstellung von Symbolen gilt dasselbe wie für Zeichen, weil Symbole Sonderzeichen sind. Deshalb erfolgt die Erklärung in Abschnitt 5.3.4.

5.3.2. Vektordarstellung

Random-Prinzip

Zur Darstellung von Vektoren haben wir für Vektorgeräte (random-scan-Prinzip) bereits das Verfahren kennengelernt, aus zwei Endpunkten eine Geradengleichung aufzustellen und mit deren Hilfe innerhalb des Koordi-

natensystems der Ausgabefläche den Vektor in Punkte zu zerlegen. Die
einzelnen Punkte werden dann in Form von Klecksen auf der Ausgabefläche
dargestellt.

Bei diesem Verfahren kommt der Auflösung des Gerätes Bedeutung zu. Je
größer die Menge der adressierbaren Punkte auf der Ausgabefläche, desto
höher ist die Genauigkeit der Darstellung eines Vektors.

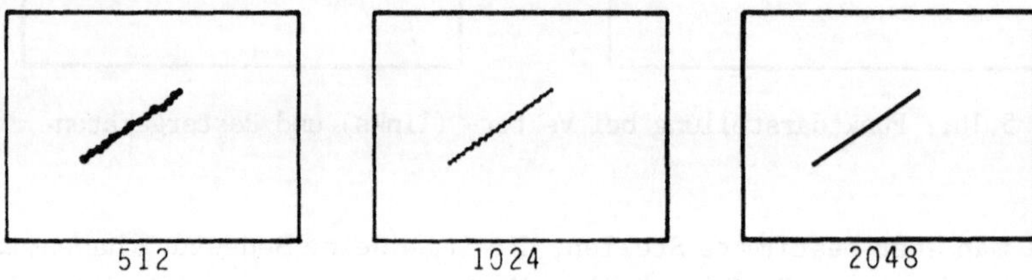

Abb. 5.18.: Vektordarstellung durch Einzelpunkte in Abhängigkeit von
der Auflösung des Ausgabegeräts

Außer diesem Verfahren hatten wir für Vektorgeräte den Vektorgenerator
angeführt, der digital (mit den gleichen Problemen mit der Genauigkeit)
oder analog (mit geraden Vektoren zwischen zwei Punkten) arbeiten kann.

Der Vektorgenerator von Random-Scan-Plottern funktioniert etwas anders.
Hier sind nicht beliebige Bewegungsrichtungen für den Zeichenstift zugelassen, sondern die Steuerung erfolgt digital-inkrementell:
- Der Zeichenstift wird z.B. nur in 8 mögliche Grundrichtungen bewegt
  und legt während der Bewegung einen Weg von einem Koordinatenwert zum
  nächsten zurück (Inkrement, Schritt).
- Der Zeichenstift wird z.B. in 16 mögliche Grundrichtungen bewegt und
  legt während der Bewegung einen Weg von zwei Koordinatenwerten zurück.

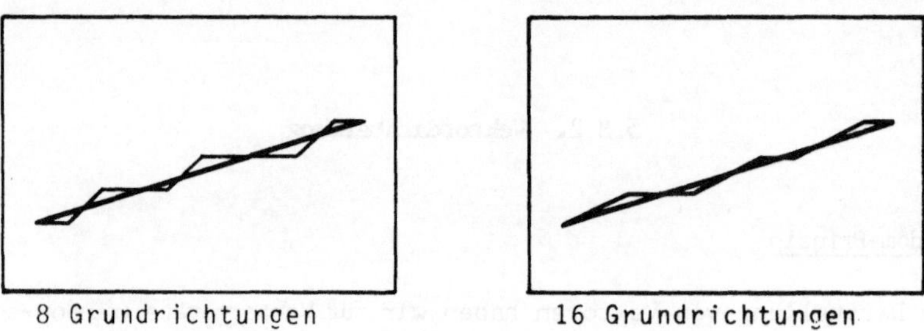

Abb. 5.19.: Digital-inkrementelle Vektordarstellung

Schräg zu den möglichen Grundrichtungen verlaufende Vektoren werden
durch Treppenstufen dargestellt.

Raster-Prinzip

Bei Plottern und Bildschirmgeräten, die nach dem Rasterprinzip arbeiten
kann ebenfalls das Verfahren verwendet werden, anhand einer Geradengleichung einen Vektor aus Punkten zusammenzusetzen. Diese berechneten Punkte werden dann in der Bildwiederholdatei als "zu zeichnen" markiert und
danach das Bild aufgebaut.

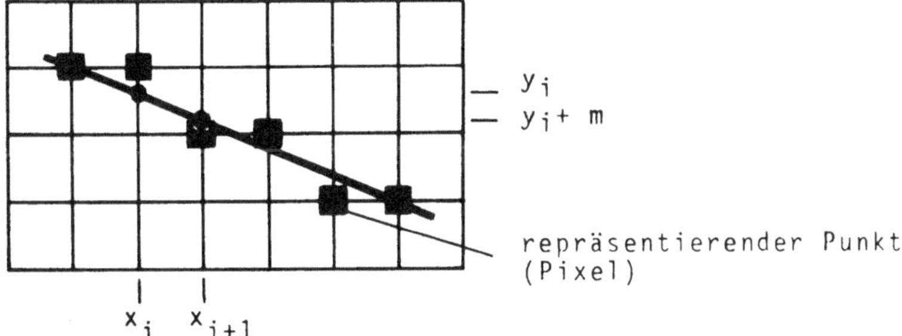

Abb. 5.20.: Ermittlung der einen Vektor repräsentierenden Punkte

Wegen des relativ hohen Aufwandes, innerhalb der Geradengleichung
jedesmal zu multiplizieren, bietet es sich an, die x-Werte in der Glei-
chung jedesmal um eine Einheit zu erhöhen und dadurch den zugehörigen y-
Wert als Addition von y_{alt} und m zu berechnen (vgl. Abb. 5.20.). Da aber
m eine Realzahl ist und im Koordinatensystem des Gerätes nur Integerzah-
len auftreten, muß bei jeder Berechnung gerundet werden. Diese immer
noch recht zeitraubende Operation kann vermieden werden durch einen
Algorithmus, den Bresenham 1965 entwickelt hat. Hier wird zur Bestimmung
der Koordinatenwerte der einzelnen Punkte nur addiert. Eine Beschreibung
findet sich bei Foley /Foley82/.

Ein Problem dieser Technik ist, daß Vektoren je nach Richtung einem
Betrachter unterschiedlich hell erscheinen. Dies liegt daran, daß bei
waagerecht oder senkrecht verlaufenden Pixel-Vektoren die Pixel näher
zusammenliegen als bei 45o geneigten Vektoren.

Man kann diesen Effekt dadurch vermeiden, daß man je nach dem Winkel, um
den der Vektor von der Waagerechten abweicht, die Intensität der Darstellung verändert, die Pixel also mit zunehmendem Winkel entsprechend
heller leuchten läßt; das ist natürlich nur möglich, wenn den Speicher

Abb. 5.21.:

Unterschiedliche Intensität
und "Aliasing" (Treppenform)
bei der Vektordarstellung

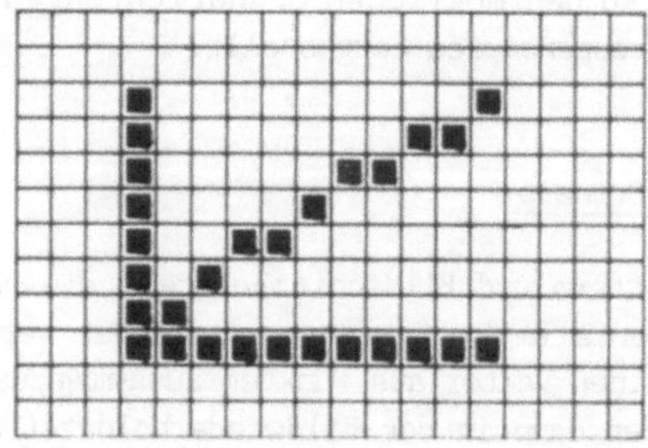

plätzen der Bildwiederholdatei mehr als zwei Helligkeits-Zustände zugeordnet werden können.

Ganz vermeiden kann man diesen Effekt durch einen neuen Ansatz für die
Darstellung von Vektoren auf Rastergeräten. Bisher wurden Vektoren als
Objekte ohne "Dicke" angesehen, wie auch in der Mathematik üblich. Tatsächlich haben sie aber ja durch die Darstellung eine gewisse "Dicke",
die vom Zeichenstift oder der Pixelgröße abhängt. Berücksichtigt man
solch eine Ausdehnung in der Breite beim Entwurf einer Darstellungstech-
nik, so werden durch einen Vektor bestimmte Pixel ganz oder teilweise
überdeckt.

Abb. 5.22.:

Vektor mit Ausdehnung in
der Breite (aus: /Fuji-
moto83/, © 1983 IEEE)

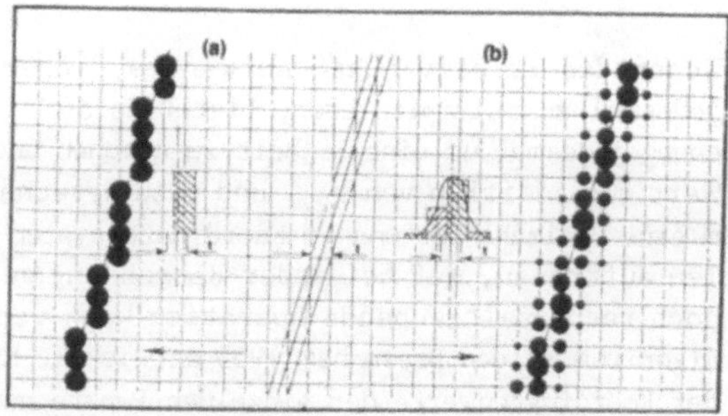

Man kann nun je nach Überdeckungsgrad eines Pixels dem Speicherplatz
innerhalb der Bildwiederholdatei, der es repräsentiert, eine bestimmte
Darstellungsintensität zuordnen und erhält dadurch eine erheblich ver-
besserte Darstellung von Vektoren durch Rasterbildschirme. Neben der
unterschiedlichen Intensität bei verschiedenen Neigungen verschwindet
auch der "Aliasing-Effekt", die Treppenstufen.

Nachteil dieses Verfahrens ist der erhebliche Aufwand zur Feststellung
des Überdeckungsgrades, sodaß zur Darstellungsverbesserung oft eine

Vergrößerung der Pixelzahl einer Ausgabefläche und Verfahren nach der obigen Technik effizientere Ergebnisse liefert.

5.3.3. Flächendarstellung

<u>Random-Prinzip</u>

Flächen können in Ausgabegeräten, die nach dem Vektorprinzip arbeiten, nicht direkt dargestellt werden; dazu sind vielmehr Hilfskonstruktionen nötig.

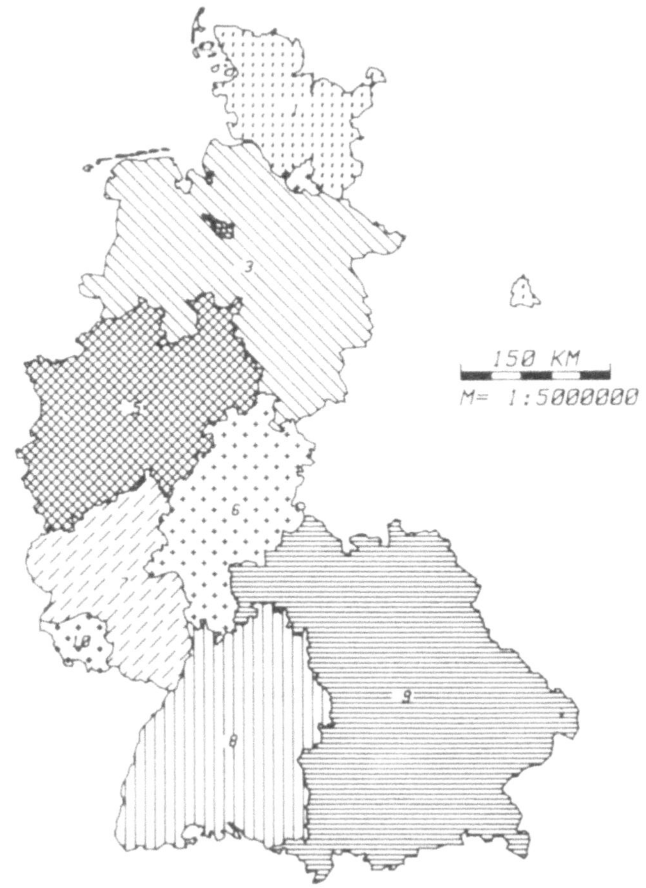

Abb. 5.23.: Unterschiedliche Schraffuren

Üblich ist die hilfsweise Darstellung von Flächen durch Schraffuren, wobei unterschiedliche Linienarten, Schraffurdichten aber auch "Schraffuren" mithilfe von Symbolen möglich sind.

Flächen sind keine Elemente des Display-File, sondern nur in Form von Polygonzügen durch das Anwenderprogramm definiert. Um sie auf Ausgabegeräten schraffiert darzustellen, sind eine Reihe von Berechnungen durchzuführen. Im allgemeinen werden dazu aus den Eckpunkten Geradengleichungen aufgestellt und mit ihnen und den "Schraffurgeraden" Schnittpunkte berechnet. Daraus werden dann Vektoren ermittelt, die mit den übrigen Bildvektoren in den Display-File eingetragen werden.

Ein Algorithmus zum Schraffieren von Flächen muß einige Sonderfälle hinsichtlich der Zahl möglicher Schnittpunkte berücksichtigen (vgl. Abb. 5.24.). Sind Flächen nicht konvex oder haben sie "Inseln", so können statt wie im Regelfall zwei auch ein, vier bzw. noch mehr Schnittpunkte auftreten.

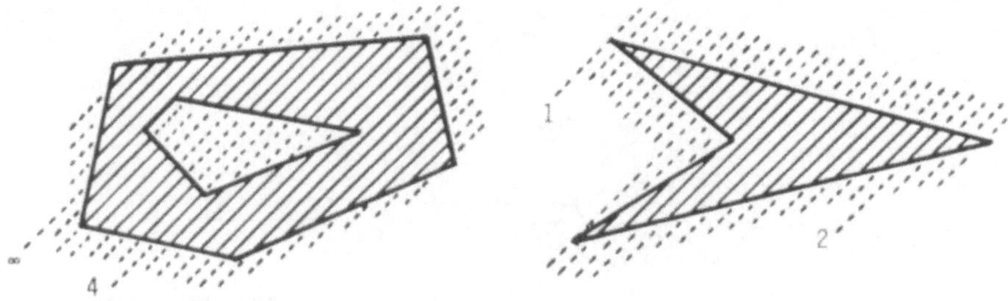

Abb. 5.24.: Unterschiedliche Schnittpunktzahlen für Schraffuren

Eine Vorgehensweise für das Schraffieren von Flächen ist dann:
- Drehen der Fläche, sodaß die "Schraffurgeraden" senkrecht oder waagerecht verlaufen. Dadurch wird die Schnittpunktsbestimmung besonders einfach.
- Berechnen der Schnittpunkte für eine "Schraffurgerade".
- Sortieren der Schnittpunkte entsprechend der Größe ihrer y- bzw. x-Koordinatenwerte.
- Definition von Vektoren zwischen je zwei verschiedenen Schnittpunkten.

Rasterprinzip

In Rastergeräten können Flächen direkt durch "Ausmalen" dargestellt werden. Dazu werden alle Pixel, die zu einer Fläche gehören durch gemein-

same von der Umgebung sich unterscheidende Pixel-Werte belegt. Je nach
Fähigkeit des Geräts sind verschiedene Grautöne oder Farben für Flächen
möglich.

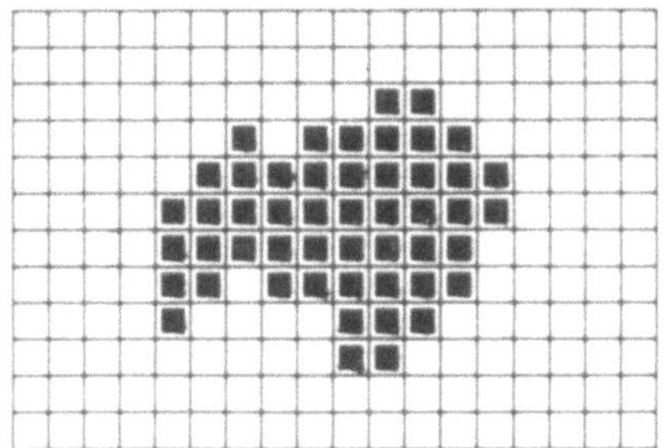

Abb. 5.25.: Flächen auf
            Rastergeräten

Generell sind bei der Flächendarstellung auf Rastergeräten zwei Vorgehensweisen zu unterscheiden. Zum einen ist es das "Füllen von Regionen",
bei der die Flächen innerhalb der Bildwiederholdatei (vgl. Abschnitt
5.2) erzeugt werden und zum zweiten ist es das Darstellen von Flächen,
die durch Anwenderprogramme als Polygonzüge definiert sind.

Zum "Füllen von Regionen" wird unter einer Region eine Gruppe zusammen-
hängender Pixel der Bildwiederholdatei verstanden. Sie wird durch Zuordnung eines speziellen Pixel-Wertes für alle Pixel, die innerhalb der
Region liegen oder für alle Pixel, die die Region umranden definiert.

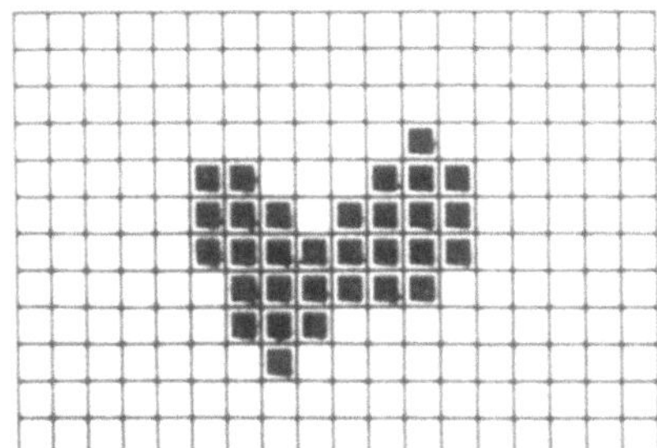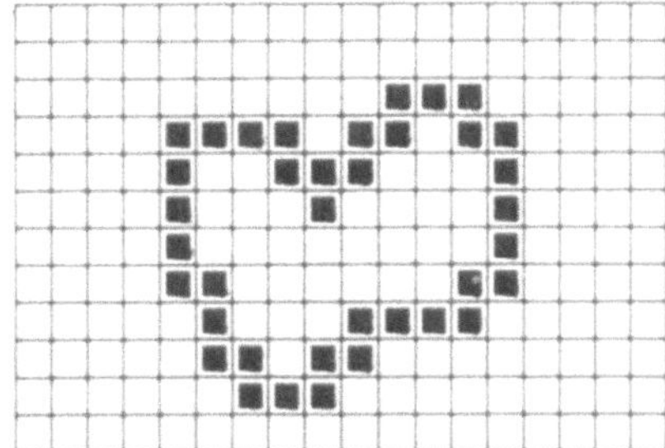

Abb. 5.26.: Definition von Regionen

Man muß sich diese Vorgehensweise so vorstellen, daß ein Benutzer interaktiv alle Pixel angibt, die zu der Region gehören, bzw. ihren Rand
ergeben und dann für ein inneres, bzw. alle Randpixel, den speziellen
Pixelwert angibt. Die Region wird dann durch das Gerät in der
gewünschten Form dargestellt.

Voraussetzung dafür ist im Falle von Regionen, die durch innere Pixel
definiert sind, daß alle inneren Pixel zu Beginn des Verfahrens einen
gemeinsamen alten Pixel-Wert haben. Ein Algorithmus zum Darstellen der
Region mit dem angegebenen neuen Wert ist:

```
PROCEDURE REGION1 (X,Y,ALT,NEU);

    /* (X,Y) : Startpunkt, ALT, NEU : alter, bzw. neuer Region-Pixel-
        Wert */


BEGIN  IF PIXEL(X,Y) = ALT
       THEN BEGIN  PIXEL(X,Y) = NEU;
                   REGION1(X,Y-1,ALT,NEU);
                   REGION1(X,Y+1,ALT,NEU);
                   REGION1(X-1,Y,ALT,NEU);
                   REGION1(X+1,Y,ALT,NEU);
                   REGION1(X-1,Y-1,ALT,NEU);
                   REGION1(X+1,Y+1,ALT,NEU);
                   REGION1(X-1,Y-1,ALT,NEU);
                   REGION1(X+1,Y-1,ALT,NEU)
             END
END
```

Im Falle von Regionen, die durch ihren Rand definiert sind, müssen alle
Pixel des Randes mit einem speziellen Rand-Wert belegt sein und alle
inneren Pixel mit irgendwelchen Werten. Ein Algorithmus zum Darstellen
der Region mit einem neuen Wert und einem inneren Pixel als
Ausgangspunkt ist:

```
PROCEDURE REGION 2 (X,Y,RAND,NEU);

    /* (X,Y) : Startpunkt, RAND : Pixel-Wert des Region-Randes,
       NEU : Pixel-Wert für die Region */


BEGIN  IF (PIXEL(X,Y) ≠ RAND) AND (PIXEL(X,Y) ≠ NEU)
       THEN BEGIN  PIXEL(X,Y) = NEU;
                   REGION2(X,Y-1,RAND,NEU);
                   REGION2(X,Y+1,RAND,NEU);
                   REGION2(X-1,Y,RAND,NEU);
                   REGION2(X+1,Y,RAND,NEU);
                   REGION2(X-1,Y-1,RAND,NEU);
                   REGION2(X+1,Y+1,RAND,NEU);
                   REGION2(X-1,Y+1,RAND,NEU);
                   REGION2(X+1,Y-1,RAND,NEU)
             END
END
```

Bei den beiden Algorithmen werden ausgehend von einem erreichten inneren Pixel jedesmal seine Umgebung in acht Richtungen überprüft und gegebenenfalls verändert. Es sind dadurch Regionen der Form aus Abb. 5.27. darstellbar.

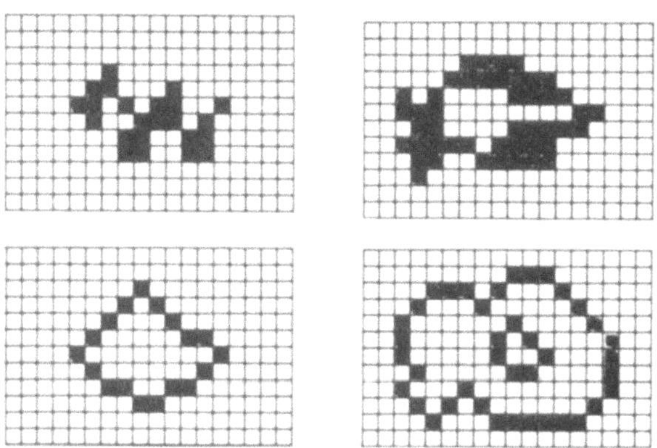

Abb. 5.27.: Formen möglicher Regionen

Läßt man die Überprüfung der vier Diagonalrichtungen weg und berücksichtigt nur noch die senkrechte und waagerechte Umgebung eines Pixels, so halbiert sich der Aufwand; die darzustellenden Flächen müssen dann aber von einfacherer Form sein (vgl. Abb. 5.26).

Die Vorgehensweise für die Flächendarstellung von <u>im</u> <u>Anwenderprogramm</u> <u>durch</u> <u>Polygone</u> <u>definierte</u> <u>Flächen</u> ähnelt der für Vektorgeräte. Auch hier werden aus den Eckpunkten Geradengleichungen aufgestellt und dann mit den "Geraden für Pixelzeilen" (Scan Lines) Schnittpunkte berechnet. Bezüglich der Anzahl von Schnittpunkten treten dann die gleichen Probleme auf, wie im Falle von Vektorgeräten, sodaß ein Algorithmus hier ent-

Abb. 5.28.:

Schnittpunkte
mit Scan-Lines

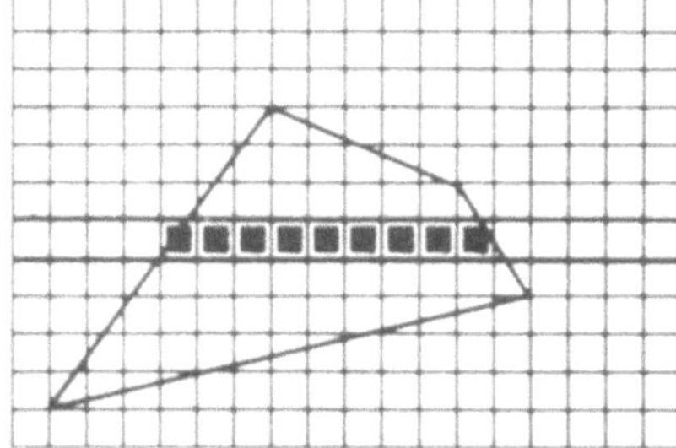

sprechend vorzugehen hat. Wegen des waagerechten Verlaufs der "Pixelzeilen" entfällt natürlich das Drehen der darzustellenden Fläche. Anstelle der Definition von Vektoren werden hier die zwischen zwei Schnittpunkten befindlichen Pixel als zur Fläche gehörig durch entsprechende Pixel-Werte markiert.

5.3.4.   Zeichendarstellung

Vektor-Prinzip

Zur Darstellung von Zeichen auf Vektorgeräten wurden bereits in Abschnitt 5.2. einige Bemerkungen gemacht. Wir wollen hier die verschiedenen Darstellungstechniken noch einmal anführen.

Abb. 5.29.:

5 × 7 - Gitter
zur Zeichendarstellung

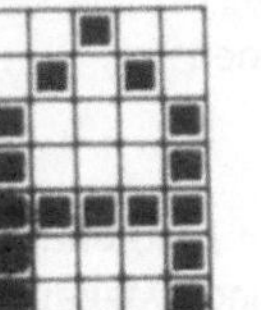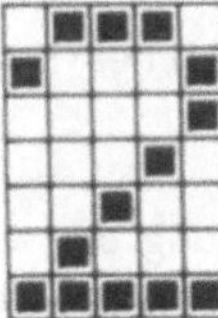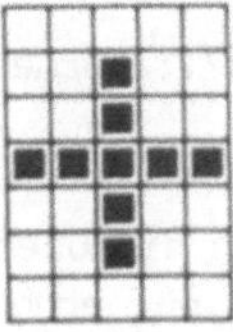

Bei der Verwendung von Punktezeichnern (vgl. Abschn. 5.2.4.) wird für die Darstellung von Zeichen ein Gitter zugrundegelegt, auf dem jedes Zeichen als Punktmuster definiert ist. Üblicherweise besteht ein Gitter aus 5 × 7, 7 × 9 oder 7 × 13 Punkten. Letzteres wird benötigt, wenn man z.B. kleingeschriebene Buchstaben mit Unterlängen darstellen will. Durch die Begrenzung auf z.B. 35 Punkte für ein Zeichen kann es rechnerintern durch 35 Bit repräsentiert werden.

Abb.5.30.:

7 × 13 - Gitter
zur Zeichendarstellung

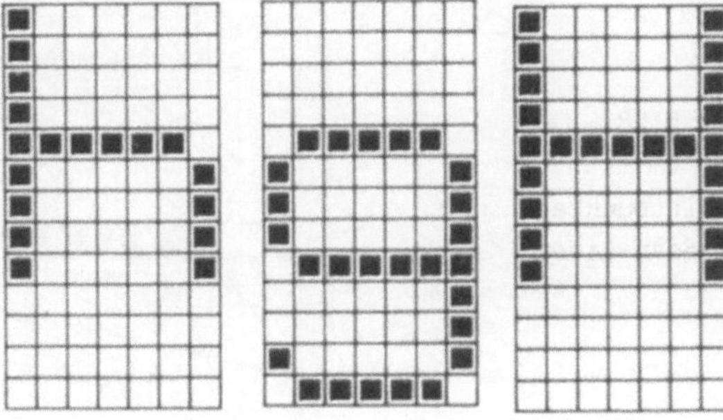

Hat man ein Gerät mit Vektorgenerator und relativen Koordinaten zur Verfügung (vgl. Abschn. 5.2.5. und 5.2.6.), so kann man Zeichen aus "Kurzvektoren" zusammensetzen, wobei wiederum jedem Zeichen ein Gitter zugrundeliegt.

Abb. 5.31.:

Kurzvektoren zur
Darstellung von Zeichen

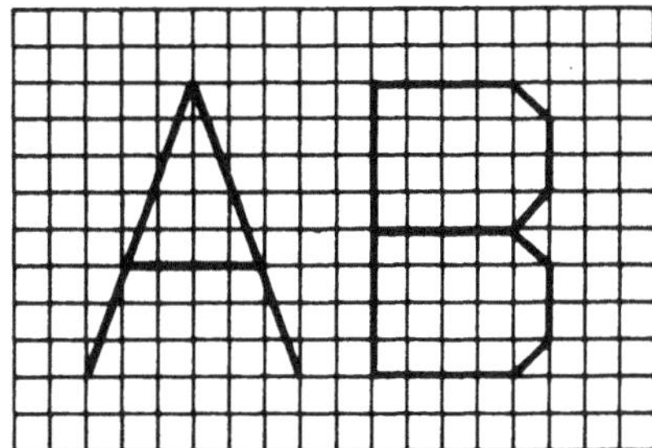

Die Aufnahme von Zeichen zusammengesetzt aus Punkten oder Vektoren in
den Display-File, und damit die Erzeugung von Zeichen durch Software,
ist sehr aufwendig, weil jedes Zeichen aus einer Vielzahl von Punkten
zusammengesetzt wird. Algorithmen für das Erzeugen von Punktmustern sind
z.B. in /Foley82/ zu finden, einen Algorithmus zur Darstellung eines
Zeichens durch Kurzvektoren gibt /Schrack78/. Um derartige Schwierigkeiten zu vermeiden, haben sehr viele Geräte sogenannte Zeichengeneratoren. Man unterscheidet Zeichengeneratoren, die nach der Profilstrahl-
technik arbeiten und solche, die mittels Signalgeneratoren Zeichen erzeugen. Eine detaillierte Beschreibung der einzelnen Techniken findet
sich z.B. in /Giloi78/.

Raster-Prinzip

Üblicherweise werden zur Zeichendarstellung auf Rastergeräten Punkt-
rasterverfahren, wie oben beschrieben, benutzt. Jedem Punkt des Gitters
entspricht dann ein Pixel der Ausgabefläche. Die bei Vektoren und am
Rand von Flächen auftretenden unterschiedlichen Intensitäten sind auch
hier vorzufinden. Abhilfe schaffen wiederum Algorithmen, die unterschiedliche Schattierungen einzelner Pixel erlauben, was natürlich den
Aufwand zur Zeichendarstellung erheblich erhöht.

5.4 Ergonomische Aspekte grafischer E/A-Geräte

Zur Ergonomie von Bildschirmgeräten allgemein gibt es bereits ausführliche Literatur (z.B. /Benz81/), die allerdings fast immer nur Aussagen
über die Gestaltung alphanumerischer Sichtgeräte und deren Arbeitsumge-

bung macht. Die spezifischen Probleme von interaktiven grafischen Sichtgeräten wurden noch nicht so gründlich bearbeitet. Es gibt jedoch eine
Übersicht über bisher erzielte amerikanische Ergebnisse /Swezey83/. In
dieser Studie wurden folgende Komponenten als ergonomisch kritisch festgestellt:
- grafisches Sichtgerät - Farbmonitor
- Digitalisiergerät ("graphics tablet")
- alphanumerisches Hilfs-Sichtgerät (Schwarzweiß-Monitor) mit Tastatur
- Mensch-Maschine Dialog mit Menühilfe
- Anordnung der Geräte am Arbeitsplatz.

Die Autoren betrachten für die einzelnen Komponenten von Grafiksystemen
alle meßbaren Faktoren, von denen wir nur die schwerwiegendsten herausgegriffen haben. Außerdem beschränken wir uns auf das grafische Sichtgerät, das Digitalisiergerät und die menüorientierte Dialoggestaltung. Die
ergonomischen Fragen der alphanumerischen Sichtgeräte und ihrer Tastatu-
ren, sowie die Arbeitsumgebung sind nicht spezielle Probleme der grafischen Datenverarbeitung und werden deshalb hier nicht behandelt.

5.4.1. Grafische Sichtgeräte

Bei einer optimalen Sichtentfernung von 46 cm (jedoch nicht weniger als
41 cm und nicht mehr als 71 cm) darf bei Raster-Scan Geräten die Auflösung in Pixels nicht mehr erkennbar sein, d.h. mindestens 30 Pixels/cm
(bei einem 15''-Monitor mindestens 900 × 675 Bildpunkte, bei größeren
Bildschirmen entsprechend mehr). Auf jeden Fall muß die "Illusion eines
kontinuierlichen Bildes" /Swezey83/ gewahrt werden.

Die Bildwiederholrate muß so hoch liegen, daß ein Flimmern nicht auf-
tritt. Flimmern wird als Hauptursache von Augenbelastung und Kopfschmer-
zen bezeichnet.

Zur Gestaltung des Bildes auf dem Sichtgerät werden von /Swezey83/
besonders die verschiedenen Methoden der grafischen Codierung von Informationen beschrieben. Die Tabelle 5.4. stützt sich auch auf /Mallory80/.
Hier treffen sich Untersuchungen der Geräteergonomie mit denen der
Software-Ergonomie und der Kognitionsergonomie (vgl. Abschn. 6.3.).

Besonders gewarnt wird vor dem Blinken von Symbolen, das ablenkend und
ermüdend wirkt. Die Hervorhebung von wichtigen Bildbestandteilen sollte
deshalb auf andere Weise erfolgen, z.B. durch andere Helligkeit von
Hintergrund oder Darstellung, durch Farbe oder durch Einrahmung, jedoch
höchstens zwei Bildelemente gleichzeitig.

CODE	ANZAHL DER WAHRNEHM- BAREN CODE-AB- STUFUNGEN	BEWERTUNG	ZWECKMÄSSI- GER ANWEN- DUNGSBE- REICH	BEMERKUNGEN
ALPHANUME- RISCH	unbegrenzt	sehr gut	eindeutiges Identifi- zieren	große (menschliche) Verarbeitungsgeschwin- digkeit, unbegrenzte Zahl von Code-Abstu- fungen
GEOMETRIE (GESTALT VON SYMBOLEN)	20+	sehr gut	suchen, identifi- zieren	bestimmte symmetrische Formen werden leicht erkannt, Symbole soll- ten mit den codierten Objekten assoziiert werden können ("Picto- gramme")
FARBE	11	sehr gut	suchen, zielen, lo- kalisieren	Zurückhaltung bei der Anwendung erforderlich, Objekte werden schnell erkannt, Erkennungsge- schwindigkeit beim Su- chen, geordnet von gut nach schlecht: rot, blau, gelb, grün, schwarz, weiß (vor allen Hintergrundfarben) Farbblindheit beachten
BLINKEN	2	schlecht	Erregen von Aufmerksam- keit	ablenkend, ermüdend; schlecht kombinierbar mit anderen Codes; am ehesten zum Erregen von Aufmerksamkeit; 2-3Hz Leuchtdauer mindestens 50ms
HELLIGKEIT	2	schlecht	hervorheben	wenige Code-Abstufungen möglich; stört erkennen (Decodierung) anderer Codes
LINIENLÄNGE	4	mäßig	Größenbe- wertung	verwirrt auf der Dar- stellungsfläche
DREHRICHTUNG	12	mäßig	Größenbe- wertung	95% der erkannten Rich- tungen lagen innerhalb 15^0 richtig
NEIGUNG	24+	mäßig		
ANZAHL SICHT- BARER OBJEKTE (PUNKTE)	6	mäßig	suchen, identifi- zieren	

Tab. 5.4.: Ergonomischer Vergleich von Codearten zur visuellen
Darstellung von Information im Dialog

5.4.2. Digitalisiergeräte

Hauptnachteil von Digitalisierflächen sind ihr Abstand vom Sichtgerät,
der einen ständigen Blickrichtungswechsel mit ständig erneuter Objektsu-
che erzwingt, sowie die Koordinierungsprobleme zwischen Handbewegung in
der Horizontalen und der Bildpunktbewegung auf der vertikalen Sichtgerätefläche. Trotzdem ist es für die Eingabe von Koordinaten (Positionieren
- LOCATE) und in geringerem Maße zum Identifizieren (PICK) geeignet.

Die Oberfläche muß matt sein, der Stift (bzw. der Auslöseknopf der Lupe)
darf nicht zu leicht ansprechen und die Reaktionszeit des Stifts
("Klick") darf 0.1 s, die der sichtbaren Rückmeldung auf dem Sichtgerät
0.2 s nicht übersteigen. Die Größe des Digitalisierfeldes soll mindestens so groß sein wie die Sichtgerätefläche.

5.4.3. Geräte für menüorientierten Dialog

Bei einem menüorientierten Dialog erhält der Benutzer die Möglichkeit,
aus einer Menge von Objekten - die auch die Bezeichner für Systemfunk-
tionen oder Kommandos sein können - ein Objekt auszuwählen. Das Menü der
möglichen Objekte wird auf dem Bildschirm dargestellt oder als Blatt auf
ein Digitalisierfeld aufgelegt und entspricht der abstrakten Eingabefunktion CHOICE, die ebenso mit Funktionstasten realisiert werden kann.
Man spricht bei dem Menü deshablb auch von "Software-buttons".

Die ergonomischen Untersuchungen haben nach /Swezey83/ ergeben, daß ein
menüorientierter Dialog nur dann als sehr natürliche Dialogform empfun-
den wird, wenn die Antwortzeiten (vgl. Abschn. 5.4.2.) kurz zind und
wenn ein Gerät mit Zeigenfunktion ("point-in") zur Verfügung steht (also
ein Lichtgriffel oder ein Digitalisierstift, bzw. der Finger bei berüh-
rungssensitiven Digitalisierflächen).

Auf dem Menü sollten die Funktionen/Objekte so angeordnet sein, daß die
Zeigebewegung minimiert wird, andererseits sollten sie in logischen
Gruppen zusammengefaßt sein (vgl. Abb. 5.32). Als günstig für die Bild-
schirmdarstellung haben sich Menüs mit fünf bis zehn Alternativen her-
ausgestellt. Ein Feld ("button") sollte dabei nicht kleiner als 6 × 6 mm
sein.

Über die Auslöse-Eigenschaft und die geräteseitige Reaktionszeit des
Zeigegeräts wurde in Abschnitt 5.4.2. einiges gesagt, das auch hier
gilt. Die Antwortzeit des Grafiksystems bei Ausführung eines Kommandos

darf jedoch länger sein: zwischen zwei und fünf Sekunden. Wenn der Benutzer eine gewünschte Aktion als sehr komplex empfindet, so ist er auch bereit länger zu warten, allerdings sollten bei Wartezeiten über 2-5 s periodische Meldungen ausgegeben werden, die dem Benutzer anzeigen, daß das Grafiksystem noch arbeitet (und nicht in einem Fehlerzustand "hängengeblieben" ist).

Operation	Objekt	Darstellungsart			
KREIEREN	BILD		STOP		
EINFÜGEN	(Elementdatei)	B K S	WIEDERHOLE LETZTES SIG-BILD *		
EINFÜGEN MIT VERSCHIEBEN	G R U P P E	P K S	PLOTTER		
LÖSCHEN	G R U P P E	S K S	SICHTGERÄT		
LÖSCHEN MIT VERSCHIEBEN	M A K R O - E L E M E N T	S K S AUSSCHNITT	DRUCKER		
VERSETZEN	M A K R O - E L E M E N T	S K S VOLLE GRÖSSE	GERÄTEKANAL-NUMMER		
VERZERREN	E L E M E N T	GEHOBENER STIFT	E I N G A B E E N D E		
SPIEGELN	E L E M E N T	FLACKERN **	E I N G A B E E N D E		
IDENTIFIZIEREN	E L E M E N T	FLACKERN AUFHEBEN **	DATEI BEREINIGEN		
KENNZEICHNEN	B A S I S - P U N K T	STRICHSTÄRKE 1	CURSOR FIXIEREN		
WANDELN	B A S I S - P U N K T	STRICHSTÄRKE 2	–	E 10	Zahl löschen
AUSGEBEN	M U S T E R		7	8	9
DARSTELLUNGSART ÄNDERN	M U S T E R		4	5	6
SIG-AUSGABE UNTERDRÜCKEN	M U S T E R - D A T E I	MUSTER ÜBER NUMMER	1	2	3
UNTERDRÜCKUNG AUFHEBEN	M U S T E R - D A T E I	KOORD.-EINGABE ÜBER MENÜFELD	0	.	Zahl-ende

* Nur für Sichtgeräte mit Storage-CRT oder Refreshing-CRT
**Nur für Sichtgeräte mit Bildwiederholspeicher

Abb. 5.32.: Menü für das Generieren schematischer Zeichnungen mit Symbolen (z.B. elektr. Schaltelemente) /Gorny75/

Sehr häufig werden Fehlersituationen akustisch angezeigt und Dialogaktionen des Benutzers akustisch quittiert (z.B. durch elektronisches Piepen). Die bezüglich der Blinkfunktion gemachten Erfahrungen können wir auf einfache akustische Signale übertragen: Um eine Belastung und Belästigung des Benutzers zu vermeiden, sollten akustische Signale ausschließlich zur Erregung der Aufmerksamkeit nicht jedoch für Normalantworten verwendet werden. Sie dürfen nicht unangenehm klingen. Der Benutzer muß die Lautstärke regulieren sowie den Ton ganz abschalten und durch ein Leuchtsignal ersetzen können.

6 Die Benutzerschnittstelle grafischer Anwendungssysteme

Nachdem wir zuletzt die mehr technische Seite der grafischen Datenverarbeitung und ihre Konsequenzen für den Benutzer von Grafik-Systemen beschrieben haben, wollen wir in diesem Kapitel wieder auf den Menschen als Anwender grafischer Datenverarbeitung zugehen und betrachten, wie die Ein- und Ausgabe grafischer Daten von einem problemorientierten Standpunkt her vorgenommen wird.

Die unterste Ebene bilden hierfür die einfachen Unterprogrammsysteme, wie wir sie an Beispielen in Abschnitt 4.1. beschrieben haben. Auf der Grundlage solcher einfacher Unterprogrammsysteme bieten Rechenzentren, Softwarehäuser und Hersteller grafischer E/A-Geräte jedoch auch problemorientierte Systeme an, die durch ihre vielseitigen Fähigkeiten eine nahezu optimale Unterstützung bei der Manipulation grafischer Daten bieten.

Aufgrund der wachsenden Popularität computererzeugter grafischer Darstellungen, der Vielzahl möglicher Anwendungsgebiete, sowie der verschiedenen Ansätze der zahlreichen Anbieter grafischer Soft- und Hardware gibt es heute eine Fülle solcher anwendungsorientierter Grafiksysteme. Eine Klassifizierung entsprechend ihrer Benutzerschnittstelle trennt sie in passive und interaktive Anwendungssysteme.

<u>Passive Systeme</u> stellen eine Reihe von Unterprogrammen zur Verfügung, die ein programmierender Anwender entsprechend seines Problems in ein Anwendungsprogramm integriert. (Dem Benutzer dieses Programms ist dann nur erlaubt, es mit Daten zu versorgen.) Einen typischen Vertreter dieser Klasse, die CalComp-Funktionssoftware, besprechen wir stellvertretend für alle anderen im ersten Teil dieses Kapitels.

Im zweiten Teil beschäftigen wir uns dann mit <u>interaktiven Anwendungssystemen</u>, und stellen - wiederum willkürlich aus der Menge möglicher Systeme ausgewählt - das CAD-System CADIS der Siemens AG und das System GIAM von IBM vor. Bei Systemen dieser Art sind die Funktionen zur Bearbeitung grafischer Daten in einer eigenen Manipulationssprache zusammengefaßt; der Benutzer verwendet zur schrittweisen (interaktiven) Erzeugung, Speicherung und Darstellung von Bildern in der Regel also kein selbst verfaßtes Programm einer höheren Programmiersprache, sondern gebraucht die vom jeweiligen System vorgesehenen Hilfsmittel.

Interaktive grafische Anwendungssysteme wenden sich somit nicht an programmierende Anwender. Vielmehr erfolgt die Herstellung von grafischen Darstellungen und auch die Durchführung von Auswertungen als ein Wechselspiel zwischen Benutzereingabe und Systemausgabe, z.B. im Bereich CAD durch Ingenieure, Konstrukteure oder technische Zeichner, im Bereich Präsentationsgrafik z.B. durch Kaufleute oder Betriebswirte. Dieses Wechselspiel, der **Mensch-Maschine-Dialog**, sollte so gestaltet sein, daß der Benutzer eines Programmsystems nicht zum Benutztem wird, d.h. es sollte sich durch eine hohe **Benutzerfreundlichkeit** auszeichnen. Auf Probleme der Dialoggestaltung bei interaktiven grafischen Anwendungssystemen gehen wir kurz zum Abschluß dieses Kapitels ein.

6.1 Passive Systeme – Beispiel: CalComp-Funktionssoftware

Die Funktionssoftware von CalComp umfaßt eine Reihe grafischer Unterprogramme, die - in FORTRAN programmiert - ursprünglich ausgerichtet auf Ausgabegeräte der Firma heute größtenteils in dieser oder ganz ähnlicher Form von vielen Rechenzentren dem programmierenden Anwender zur Verfügung gestellt werden.

Neben Programmen für einfache allgemeine Anwendungen, wie das Zeichnen von gestrichelten Linien, Gittern, Kreisen, Spiralen, Ellipsen, Rechtecken und gleichseitigen Polygonen, sowie Unterprogrammen zur Darstellung verschiedener Schriften, sind Gruppen von Unterprogrammen zur Unterstützung wissenschaftlicher, technischer und kaufmännischer Anwendungen zu unterscheiden.

Zu der Kategorie kaufmännische Anwendungen zählen Unterprogramme, mit denen Diagramme und Balkendiagrammen, wenn gewünscht auch mit Schraffuren, auf der Grundlage kaufmännisch beschrifteter Koordinatensysteme erstellt werden können. Eine Unterstützung technischer Anwendungen ist möglich durch eine Gruppe von Unterprogrammen, die Pfeile, Mittellinien, Maßlinien und Beschriftungen auf technischen Zeichnungen anbringen. In den Bereich wissenschaftliche Anwendungen gehören Unterprogramme zur Darstellung von Polynomen, Interpolations- und Approximationsfunktionen, sowie zum Zeichnen von Daten in logarithmischer Form oder in Polarkoordinaten.

Wir wollen im folgenden einige Unterprogramme der CalComp-Funktionssoftware näher beschreiben, weisen aber darauf hin, daß je nach Version der Software für einzelne Rechenzentren erhebliche Unterschiede bei der Wirkung von Unterprogrammen zu erwarten sind. Die hier gegebenen Formen der Programme basieren auf Beschreibungen der Firma CalComp /CalComp81/ und auf den Implementierungen der Rechenzentren der Universität Kiel /Kalhoff81a/ und der Universität Oldenburg /Grafik-Handbuch83/.

Für viele Darstellungen besteht, um die Anschaulichkeit zu erhöhen oder um bestimmte Teile hervorzuheben, der Wunsch, Linien gestrichelt zeichnen zu können. Manche Grafik-Systeme bieten diese Möglichkeit bereits in der Grundsoftware an (vgl. Abschn. 4.1.2.: Das HP-Grafik-System), Cal-Comp sieht dazu zwei Unterprogramme innerhalb ihrer Funktionssoftware vor: DASHP und DASHL.

Durch den Aufruf

CALL DASHP (X,Y,DASH)

wird eine gestrichelte Gerade (Strichlänge ist gleich DASH) von der gegenwärtigen Stellung des Zeichenstiftes zu einen Zielpunkt (X,Y) gezeichnet. Mehrere Punkte können durch gestrichelte Linien verbunden werden durch den Aufruf

CALL DASHL (XF,YF,NPTS,INC)

Dabei sind XF und YF Felder mit den Abzissen und Ordinaten einer Menge von Datenpunkten. NPTS gibt an, wieviele der Punkte zur Darstellung zu berücksichtigen sind und INC regelt deren Auswahl aus der Punktmenge. Z.B. wird bei INC = 2 nur jeder zweite und bei INC = 3 nur jeder dritte Punkt aus XF und YF zur Darstellung verwendet. Die Länge der Strichlierung ist nicht veränderbar und beträgt etwa 2.5 mm.

```
      DIMENSION X(11),Y(11)
      DATA X /5.,5.,0.,0.,4.,4.,1.,1.,3.,3.,2./
      DATA Y /0.,5.,5.,1.,1.,4.,4.,2.,2.,3.,3./
      CALL PLOTS (NULL,1024,87)
      CALL PLOT (10.,10.,87)
      DO 10 I = 1,11
         CALL DASHP (X(I),Y(I),2.4-I*0.2)
10    CONTINUE
      STOP
      END
```

Abb. 6.1.: Ein Beispiel für die Strichlierung mit DASHP

Oft ist es nützlich, z.B. Funktionen nicht in einem Koordinatensystem, sondern auf einem Gitter darzustellen, um bestimmte Charakteristika besonders betonen zu können. Aber auch für andersartige Darstellungen (vgl. die Abbildungen im letzten Kapitel) eignen sich Gitter gut und es

wäre sehr umständlich, solche Gitter für jede Darstellung durch einfache
PLOT-Aufrufe erzeugen zu müssen. Deshalb sehen viele Grafik-Systeme
hierfür eine eigene Funktion vor. Für die CalComp-Funktionssoftware
erfolgt das Zeichnen eines Gitters durch den Aufruf

CALL GRID (X,Y,DELTAV,DELTAY,NX,NY)

Hierbei ist (X,Y) die linke untere Gitterecke und DELTAX bzw. DELTAY
sind die Gitterlinien-Abstände (in cm) in x- bzw. y-Richtung. NX und NY
geben die Anzahl der Gitterfelder in x- und y-Richtung an.

Besonders häufig finden sich z.B. in schematischen Darstellungen Rechtecke. Diese Figur läßt sich mit der CalComp-Funktionssoftware auf einfache Weise durch das Unterprogramm RECT erzeugen. Der dafür notwendige
Aufruf ist

CALL RECT (X,Y,H,B,W,IPEN)

mit (X,Y) als linker unterer Ecke (vor einer möglichen Drehung), H und B
als Höhe und Breite, sowie W als Drehwinkel (in Grad) um den Punkt
(X,Y). IPEN gibt an, ob der Zeichenstift bei der Bewegung zum Anfangs-
punkt gehoben oder gesenkt werden soll. Der Fächer aus Abbildung 1.2.
läßt sich durch dieses Unterprogramm wie folgt erzeugen:

```
        CALL PLOTS (NULL,1024,87)
        CALL PLOT (10.,10.,-3)
        W = 0.0
        DO 10 I = 1,19
           CALL RECT (0.,0.,5.0,1.0,W,3)
           W = W-5
 10     CONTINUE
        STOP
        END
```

Wir wollen unsere kleine Einführung in die CalComp-Funktionssoftware
beschließen mit der Beschreibung von drei Unterprogrammen aus dem Bereich wissenschaftliche Anwendungen. Zur grafischen Darstellung von
Funktionen gab es bereits in der CalComp-Grundsoftware die Unterprogramme AXIS und LINE (vgl. Abschn. 4.1.1.), mit denen Koordinatenachsen und
die geradlinige Verbindung zwischen den in einer Tabelle gegebenen
Funktionswerten gezeichnet werden konnten. Die CalComp-Funktionssoftware
bietet für das Zeichnen von Kurven einige weitergehende Möglichkeiten.

Hier soll zunächst das Unterprogramm CURVX genannt werden, das mittels
Aufruf

CALL CURVX (X0,XN,C1,E1,C2,E2,C3,E3,C4,E4)

das Polynom

$$y = C1\ x^{E1} + C2\ x^{E2} + C3\ x^{E3} + C4\ x^{E4}$$

über dem Intervall $[\ X0,\ XN\ ]$ aufträgt. Die Berechnung von Funktionswerten erfolgt dabei in einem Abstand von 0.3 mm.

Zur Darstellung eines Polynoms f höchstens 4. Grades
$$x = f(y)$$
sieht die Funktionssoftware ein entsprechend aufzurufendes Unterprogramm
CURVY vor.

Ist die darzustellende Funktion nicht in Form einer Funktionsgleichung,
sondern durch eine Punktmenge gegeben, so sind für das Zeichnen Interpo-
lations- oder Approximationsverfahren anzuwenden (vgl. Kapitel 7).

Interpolationsfunktionen werden dargestellt durch die Unterprogramme
LINE aus der CalComp-Grundsoftware, sowie FLINE, LGLIN und POLAR aus der
CalComp-Funktionssoftware. FLINE, LGLIN und POLAR bewirken dabei eine
lineare Interpolation, also eine geradlinige Verbindung benachbarter
Punkte, auf der Grundlage kartesischer, logarithmischer und polarer
Koordinaten.

FLINE bietet darüberhinaus noch für kartesische Koordinaten die Möglichkeit einer Interpolation durch ein stückweise zweifach stetig differenzierbares Polynom dritter Ordnung, legt also eine glatte Kurve durch die
angegebenen Punkte. Der entsprechende Aufruf ist:
```
CALL FLINE (XF,YF,NPTS,INC,LINTYP,INTEQ)
```
XF und YF beinhalten wieder die Abzissen- und Ordinaten einer Punktmenge, NPTS legt die zu berücksichtigende Anzahl der Punkte und INC ihren
Auswahlmodus fest (vgl. die Beschreibung zu DASHL). Zusätzlich wird über
NPTS die Interpolationsart bestimmt. Wird hier die Anzahl als negative
Zahl eingegeben, so wird eine Interpolation der gegebenen Punkte durch
ein stetig differenzierbares Polynom dritter Ordnung durchgeführt. Ist
NPTS positiv, ist die Interpolation linear, FLINE und LINE stimmen dann
überein.

LINTYP und INTEQ regeln schließlich die Art der Darstellung für die
Funktion. Es ist möglich nur den Kurvenverlauf (LINTYP = 0), den Kurvenverlauf und zusätzlich die Datenpunkte (LINTYP > 0) oder nur die Datenpunkte (LINTYP < 0) darzustellen. Sollen nur die vorgegebenen Punkte
gezeichnet werden, so gibt INTEQ das dafür zu verwendende Symbol an
(vgl. das UP SYMBOL in Abschn. 4.1.1.).

Die Darstellung einer Approximationsfunktion wird möglich durch das
Unterprogramm CRVPT. Es berechnet für gegebene Datenpunkte ein Approxi-
mationspolynom maximal 9. Grades nach der Methode der kleinsten Fehler-
quadrate (vgl. Kapitel 7) und zeichnet dann Koordinatenachsen, die
vorgegebenen Punkte und die Näherungskurve.

Der dafür notwendige Aufruf ist
```
CALL CRVPT (XF,YF,INTEQ,INC,SH,SW,ITEXTT,NT,
            ITEXTX,NX,ITEXTY,NY,IGRAD)
```

XF und YF sind wieder die Felder mit den Abzissen und Ordinaten der
Punktmenge, NPTS und INC haben die gleiche Bedeutung wie oben, ebenfalls
INTEQ, der jetzt aber als Feld veränderte Darstellungen für einzelne
Punkte ermöglicht.

Durch den Parameter IGRAD wird zum einen der Grad des zur Approximation
verwendeten Polynoms festgelegt, zum anderen regelt er die möglicherweise gewünschte Wiederholung von Approximationen (mit verändertem Poly-
nomgrad), worauf wir hier aber nicht näher eingehen wollen. Die übrigen
Parameter bestimmen die Darstellung: und zwar bedeuten SH und SW Zeich-
nungshöhe und Zeichnungsbreite (in cm); ITEXTT ist die Bildüberschrift,
bestehend aus NT Zeichen und ITEXTX bzw. ITEXTY sind Beschriftungen für
die x- bzw. y-Achse der Länge NX bzw. NY.

Ein Beispiel für die Approximation einer Punktmenge durch ein Polynom
dritten Grades ist in Abb. 6.2. angegeben.

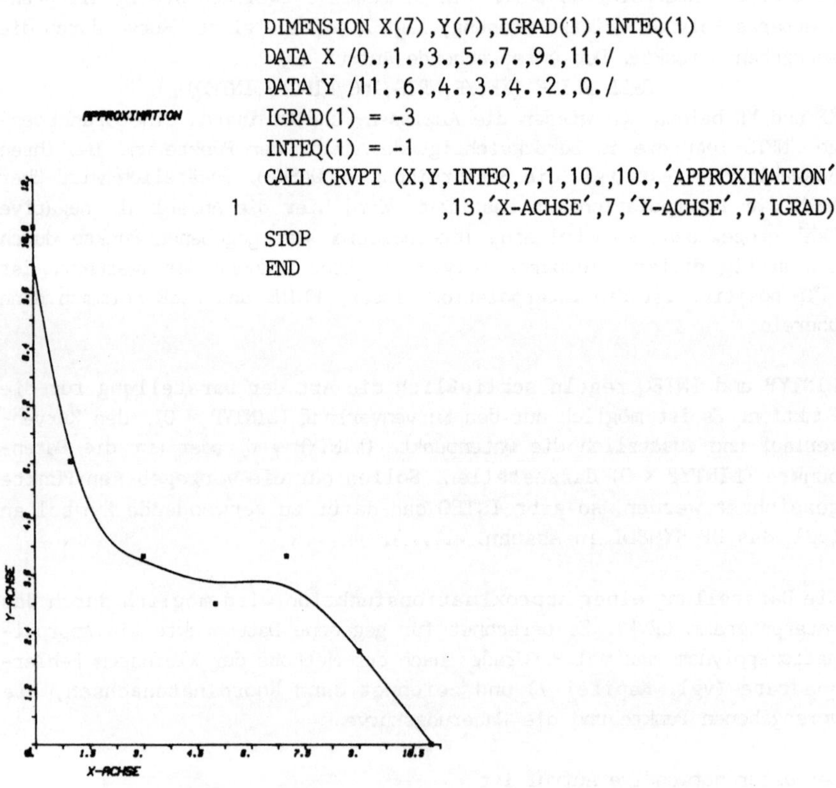


```
            DIMENSION X(7),Y(7),IGRAD(1),INTEQ(1)
            DATA X /0.,1.,3.,5.,7.,9.,11./
            DATA Y /11.,6.,4.,3.,4.,2.,0./
            IGRAD(1) = -3
            INTEQ(1) = -1
            CALL CRVPT (X,Y,INTEQ,7,1,10.,10.,'APPROXIMATION'
      1                  ,13,'X-ACHSE',7,'Y-ACHSE',7,IGRAD)
            STOP
            END
```

Abb. 6.2.: Ein Beispiel für die Approximation durch CRVPT

6.2 Interaktive Systeme

6.2.1. Das interaktive Anwendungssystem CADIS

Interaktive grafische Anwendungssysteme sind im Gegensatz zu passiven
Systemen oft nicht universell einsetzbar, sondern als schlüsselfertige
Systeme auf bestimmte Gerätekonfigurationen ausgerichtet. Dies trifft
insbesondere auf Anwendungssysteme im Bereich CAD zu, wo nahezu aus-
schließlich schlüsselfertige Systeme angeboten werden. Eine umfassende
Beschreibung zahlreicher CAD-Systeme findet sich z.B. in /Eigner82/.

Das System CADIS (Computer Aided Design - Interactive System) der
Siemens AG arbeitet auf dem Grafik-Arbeitsplatz TRANSDATA 9731 mit
Hintergrundrechnern der Serien S 7500 und S 7700.

Kern des Grafik-Arbeitsplatzes ist ein 16-Bit-Terminal-Rechner mit einer
Kapazität von 128 kByte. Er erledigt grafische Grundfunktionen, wie
Koordinatentransformationen, Ausschnittsberechnungen usw. zur Darstellung technischer Objekte, regelt den Dialogverkehr mit dem Hintergrundrechner und versorgt die angeschlossenen E/A-Geräte. Dazu gehören ein
grafischer und ein alphanumerischer Bildschirm, ein Digitalisier-Ta-
blett, bis zu zwei Disketten-Laufwerke, ein Hardcopy-Gerät und ein
Plotter für den On-Line-Betrieb.

Der Hintergrundrechner verwaltet die Programme und die Datenbasis des
Systems, bietet durch entsprechende Peripherie große Verarbeitungs- und
Speicherkapazitäten und betreibt einen Plotter im Off-Line-Betrieb.
Mehrere Grafik-Arbeitsplätze können auf einen Hintergrundspeicher zu-
rückgreifen. Schwerpunktmäßig unterstützt CADIS Anwendungen aus dem
Bereich mechanische Konstruktion, es können aber auch Probleme aus
Elektrotechnik und Anlagenbau bearbeitet werden. (vgl. /Siemens83/)

Das System ermöglicht in seiner Grundstufe CADIS-2D zweidimensionale
technische Zeichnungen mit DIN-gerechten Bemaßungen, Schraffuren, Texten
und Symbolen. Zur Generierung von Darstellungen stehen dem Benutzer die
geometrischen Elemente Punkt, Strecke, Kreis, Kreisbogen und Spline
(vgl. Abschn. 7.2.1.) zur Verfügung. Diese kombiniert er mithilfe einer
eigenen Kommandosprache, einem Auswahlmenü und einem Bildschirm-Fadenkreuz (vgl. Abschn. 5.1) zur gewünschten Darstellung. Eine Speicherung
der Zeichnung erfolgt als dreistufige hierarchische Struktur
        Punkt - Konturelement (Strecke, Kreis,...) - Kontur
(vgl. Abschn. 3.1.2.) durch gekettete Listen.

Abb. 6.3.: Grafischer Arbeitsplatz 9731

Während der Anwender mit CADIS-2D nur Ansichten und Schnitte eines technischen Objekts bearbeitet, manipuliert er in der zur Grundstufe kompatiblen Ausbaustufe CADIS-3D dagegen das dreidimensionale Objekt. Dessen Gestalt kann in Form einzelner Ansichten und Schnitte, aber auch durch orthogonale Parallelprojektionen (vgl. Abschn. 4.2.2.) auf beliebigen Projektionsebenen grafisch dargestellt werden. Das Problem der verdeckten Kanten (vgl. Abschn. 4.2.3.) wird dabei automatisch gelöst. Eine Weiterbearbeitung solcher Darstellungen durch Funktionen von CADIS-2D ist möglich, um z.B. Einzelteil- oder Werkstattzeichnungen zu generieren. Eine Veränderung des gespeicherten Objekts erfolgt durch Anwendung dieser Funktionen nicht.

Die Definition technischer Objekte mit CADIS-3D ist körperorientiert und basiert auf den Elementarobjekten Quader, Zylinder, Kegelstumpf, Rotations- und Profilkörper (vgl. Abschn. 3.2.2.). Für die Beschreibung und Manipulation eines dreidimensionalen technischen Objekts unterteilt der Benutzer die Zeichenfläche in rechteckige Arbeitsflächen, die die einzelnen Ansichten (Hauptansichten oder Schrägansichten) aufnehmen. Mithilfe einer Kommandosprache, einem Menü und dem Bildschirm-Fadenkreuz werden dann getrennt für jede Ansicht Elementarobjekte ausgewählt und plaziert und dann durch Anwendung von Operatoren wie Vereinigung, Differenz oder Durchschnitt miteinander zum gewünschten Objekt verknüpft.

Als rechnerinternes Modell wird aus den Elementarobjekten und den Operatoren - im Unterschied zu der in Abschnitt 3.2.2. vorgestellten Vorgehensweise - ein hierarchisches Netz, bestehend aus Punkt-, Kontur-,
Flächen- und Körperelementen generiert und in Form geketteter Listen
gespeichert. Hierdurch stellt sich das rechnerinterne Modell technischer
Objekte als Erweiterung des rechnerinternen Modells grafischer Darstellungen dar und erlaubt die Kombination von CADIS-2D und CADIS-3D zu
einem Gesamtsystem.

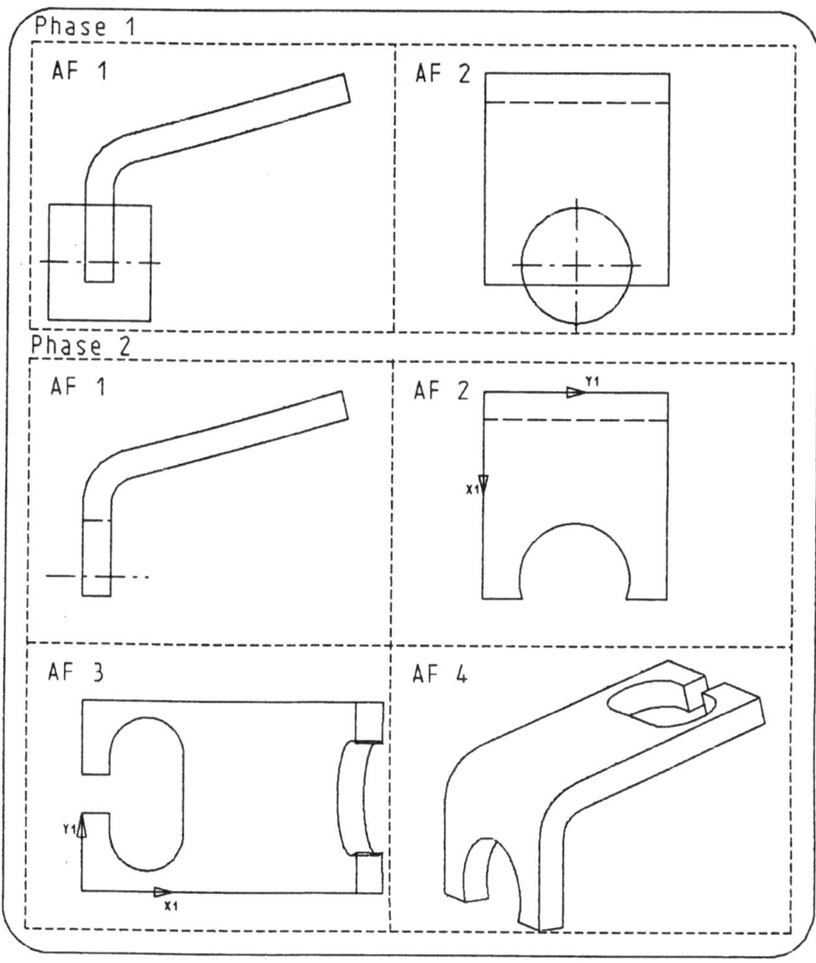

Abb. 6.4.: Verschiedene Ansichten eines Objekts in CADIS-3D

CADIS ist in FORTRAN IV programmiert und als Standardprodukt nicht auf
einen bestimmten Anwendungsfall zugeschnitten. Um den Anforderungen

einzelner Anwender optimal Rechnung zu tragen, ist es nötig, daß dieser
entsprechende Erweiterungen am System vornehmen kann. Möglich ist dies
durch sogenannte Macros, das sind anwenderspezifische Kommandos, die als
FORTRAN-Programme beliebige Funktionen aus CADIS zusammenfassen und so
z.B. von einem Anwender häufig benutzte Bauteile beschreiben. Weiter
können Macros spezielle Berechnungsprogramme, z.B. für Festigkeitsbe-
rechnungen enthalten.

6.2.2. Das System GIAM

Eine besondere Form von Benutzerschnittstellen bilden die sogenannten
grafischen Sprachen. Gemeinsame Grundlage ist das Bemühen, mit sprachlichen Mitteln - also in sequentieller Form - eine Beschreibung der zweidimensionalen Darstellung vorzunehmen. Als Bestandteile (Unterprogramme)
der üblichen Programmiersprachen haben wir die sprachlichen Mittel in
den Abschnitten 3.1. und 3.2. besprochen.

Für einige Programmiersprachen gibt es jedoch Spracherweiterungen, die
dem programmierenden Anwender zur Verfügung stehen. Solche Sprachen sind
LEAP /Feldmann68/, die auf ALGOL60 aufbaut, und EX.GRAF /Williams72/ als
Erweiterung von FORTRAN. Wegen der Entwicklung von Programmiersprachen,
die höhere Datenstrukturen zuließen (ALGOL68, PASCAL, ADA, usw.) und
wegen der Verbreitung von Unterprogrammsystemen zusammen mit Grafik-
Geräten (z.B. von CalComp und Tektronix) erreichten die Grafik-Sprachen
für die Anwendungsprogrammierung keine besondere Bedeutung.

Benutzerorientierte Grafiksprachen haben sich einerseits auf der Basis
von menüorientierten Eingabesprachen, andererseits durch "Verbalisie-
rung" der gewünschten Tätigkeiten als eine Art Kommandosprache entwickelt. Zu der ersten Gruppe gehört das oben beschriebene CADIS
(Abschn. 6.2.1.), zu der zweiten Gruppe gehört GIAM (Graphic Interactive
Application Monitor) von IBM (/IBM83/). Dieses System dient der Erzeugung, Darstellung und Verwaltung zweidimensionaler grafischer Daten und
arbeitet auf der Grundlage der IBM-Betriebssysteme VM/CMS oder MVS/TSO.
GIAM basiert auf der problemorientierten Programmiersprache APL und ist
als "grafische Sprache" für viele Anwendungsgebiete einsetzbar. Der
Arbeitsplatz für das System besteht aus einem Sichtgerät für die alphanumerische Ein- und Ausgabe und aus einem Gerät mit Speicherbildschirm
und Joy-Stick zur Fadenkreuzsteuerung für die grafische Kommunikation.

Die grafischen Funktionen werden durch eine spezielle dialogorientierte
Kommandosprache ausgelöst. Sie enthält u.a. Kommandos zum Erstellen und
Manipulieren grafischer Objekte, wie Punkte, Vektoren, Kreise und Ellip-

Abb. 6.5.:

Ein Beispiel für
GIAM-Funktionen
(aus: /IBM83/)

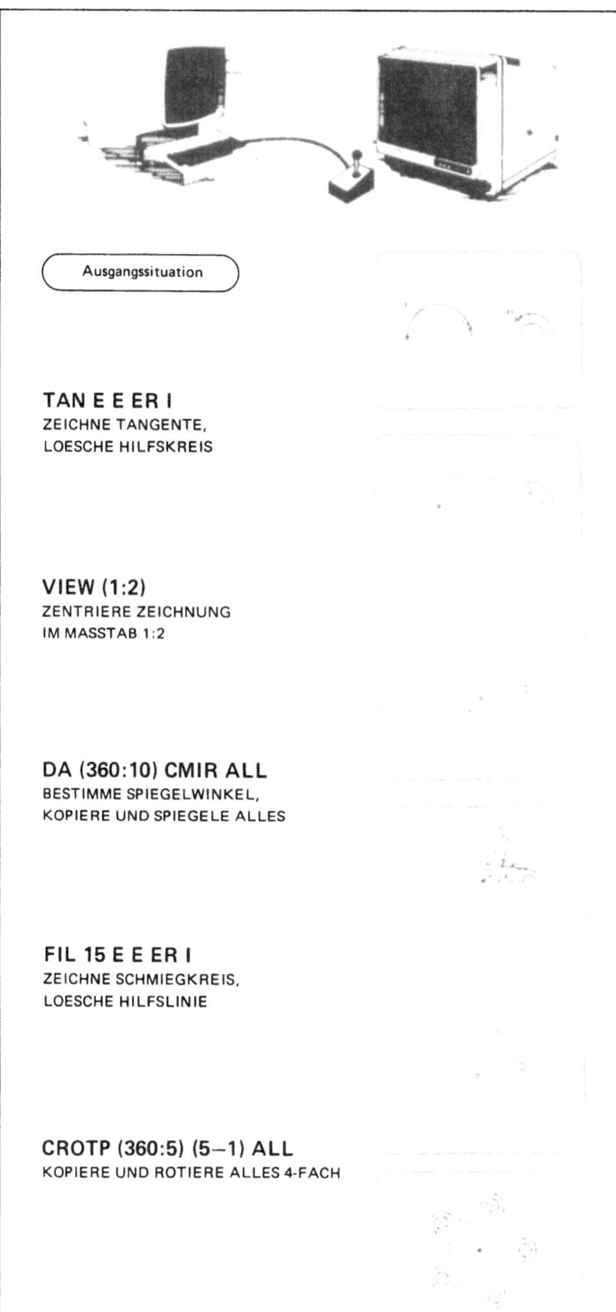

sen, zum Erstellen und Manipulieren von Mengen solcher grafischer
Objekte, sowie zum Zusammenfassen und Manipulieren von Mengen grafischer
und nicht-grafischer Objekte (Texte, Funktionen). Ein Beispiel für die
Arbeitsweise mit GIAM ist in Abb. 6.5. dargestellt.

Daneben exisiteren in GIAM Kommandos zur Unterstützung einer bildschirm-
orientierten Menütechnik - z.B. zur Anpassung an bestimmte Anwendungsum-
gebungen - und zur Definition und Handhabung von Macros. GIAM-Macros
können beliebige andere GIAM-Kommandos enthalten und durch Funktionstasten, Menüfelder oder spezielle Kommandos aufgerufen werden. Ein Beispiel für die Definition eines Macros, der hier zusätzlich eine APL-
Funktion aktiviert, ist in Abb. 6.6.a dargestellt, Abb. 6.6.b zeigt den
Aufruf des Macros mit unterschiedlichen Parametern.

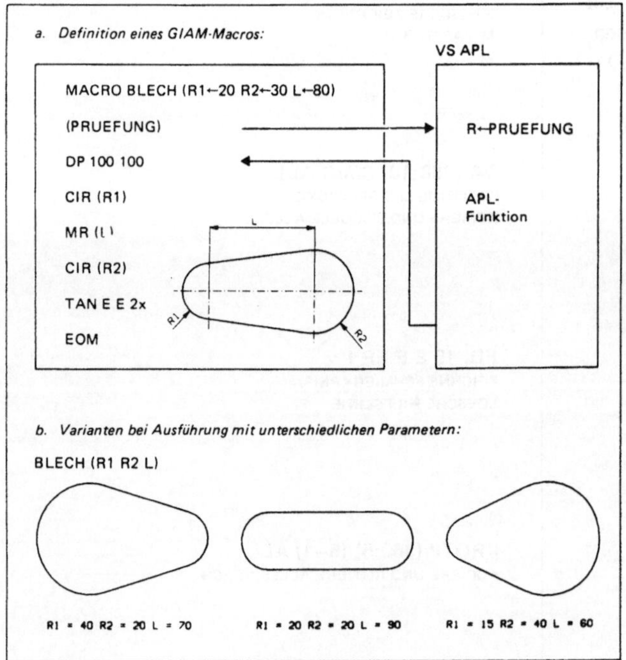

Abb. 6.6.: Macros in GIAM (aus: /IBM83/)

6.3 Probleme der Dialoggestaltung

Für den Einsatz von Computern zur Unterstützung des Menschen bei der Bewältigung von Problemen und Lösung gestellter Aufgaben ist eine Schnittstelle nötig, über die der Mensch und der Rechner kommunizieren können, d.h. Aufgaben an den Rechner übermittelt und Bearbeitungsergebnisse empfangen werden. Solch eine Mensch-Maschine-Schnittstelle besteht einerseits aus Geräten für die Ein- und die Ausgabe von Daten, andererseits gehören dazu Programme, die die Sprache des Menschen in die des Computers umsetzen (und umgekehrt) und dadurch einen Dialog zwischen Mensch und Rechner ermöglichen.

Lange Zeit konzentrierten sich die Bemühungen von Ergonomie-Forschern und Computer-Herstellern in Bezug auf die Mensch-Maschine-Interaktion auf eine menschengerechte Gestaltung und Anordnung der verwendeten Geräte. Ziel war die Verminderung physischer Belastungen am Arbeitsplatz Computer, die Psyche des Menschen wurde kaum beachtet.

Während auf dem Gebiet der "Hardware-Ergonomie" Fortschritte erzielt wurden - Ergebnisse zu diesem Aspekt für die grafische Datenverarbeitung sind Abschnitt 5.4. erläutert - blieb die Interaktion zwischen Mensch und Maschine auf relativ niedrigem Niveau. Mit eine Ursache hierfür war, daß in erster Linie EDV-Spezialisten Zugang zu Rechnern hatten und bei ihnen die Dialoggestaltung eine untergeordnete Rolle hatte. Der gelegentliche Benutzer, der "Non expert", war auch nicht erwünscht.

Mit der zunehmenden Verbreitung von EDV-Systemen und Terminals in allen Bereichen und der damit verbundenen Anwendung durch EDV-Laien rückte jedoch die menschengerechte Gestaltung des Dialogverhaltens solcher Systeme ins allgemeine Bewußtsein. Unter den Begriffen <u>Software-Ergonomie</u> und <u>Kognitive Ergonomie</u> werden seit einiger Zeit Bemühungen zusammengefaßt, neben den physischen auch psychische Aspekte bei der Mensch-Maschine-Interaktion einzubeziehen. So sind zur Verbesserung der Arbeitszufriedenheit des Menschen am Rechner-System inzwischen Forderungen aufgestellt worden wie (vgl. /Kühn80/):

- Das EDV-System sollte dem Benutzer die Möglichkeit zur sozialen Interaktion am Arbeitsplatz ermöglichen, d.h. es sind arbeits- und außerarbeitsbezogene Kontakte gegenüber Kollegen, Vorgesetzten oder Kunden zu berücksichtigen.

- Das EDV-System sollte die Autonomie des einzelnen Benutzers sicherstellen. Hierzu gehört,
  • daß dem Benutzer Dispositionsspielräume bleiben und er nicht durch

   das System auf bestimmte Verhaltensweisen festgelegt werden darf,
- daß er durch Systemtransparenz auch in der Lage ist, seine
  Dispositionsspielräume zu erkennen und auszunutzen und
- daß das System ihm eine Weiterqualifizierung in fachlicher und DV-
  technischer Hinsicht ermöglicht.

- Das EDV-System sollte die psychischen Belastungen eindämmen. Dies sind
- Belastungen durch hohen Informationsdurchsatz, d.h. die Übertra-
  gungsrate zwischen dem Menschen und dem Computer bei gleichzeitig
  zwischendurch zu fällenden Entscheidungen,
- Belastungen durch nicht aufgabengerechte Arbeitsmittel, d.h. als
  unpraktisch, umständlich oder sinnlos angesehene Arbeitsschritte zur
  Bedienung des Rechners,
- Belastungen durch die Kommunikationssituation: Gemessen an der
  Mensch-Mensch-Kommunikation gibt es nur einen eingeschränkten
  Sprachumfang; Dialogsprache ist oft Englisch,
- Belastungen in Lernsituationen, etwa bei der Bedienung des Systems
  und
- Belastungen durch Verantwortung, wenn beispielsweise weitreichende
  Folgen bei Eingabefehlern zu befürchten sind.

Heute gibt es kaum ein EDV-System, das nicht mit dem Etikett "benutzerfreundliche Schnittstelle" für sich wirbt, wenngleich diese Ankündigung
oft übertrieben ist, weil nur wenige Gesichtspunkte - oft nach wenig
konkreten Forderungen - ansatzweise berücksichtigt sind. Dies gilt insbesondere auch für die grafische Datenverarbeitung, bei der in zunehmendem Maße passive durch interaktive Systeme abgelöst werden. Deren
Schnittstelle ist gekennzeichnet einerseits durch eine - gegenüber der
Textverarbeitung - relativ große Zahl unterschiedlicher Ein- und Ausgabe-
begeräte (vgl. Abschn. 5.1.) und andererseits durch einen Interpreter
oder Compiler für eine problemorientierte Kommandosprache.

Die Art und der Umfang dieser Kommandosprache hängt ab von dem jeweiligen Anwendungsbereich (Business Graphics, CAD, ...). Überlegungen hinsichtlich ihrer Benutzerfreundlichkeit, seien es Erkenntnisse aus der
Psychologie oder der Linguistik, müssen spezielle Bedingungen aus dem
Anwendungszusammenhang der Systeme aufgreifen. Für CAD-Systeme liegt ein
umfangreicher Forderungskatalog für eine benutzerfreundliche CAD-Eingabesprache vor (vgl. /Kühn80/ und /Kaiser79/); die Forschungen in dieser
Richtung dürfen aber noch nicht als abgeschlossen betrachtet werden.
Demzufolge sind neben solchen allgemeinen Grundsätzen, wie sie oben
genannt wurden, Punkte zu berücksichtigen wie:
- Ausdrucksreichtum der Sprache: Eine CAD-Eingabesprache sollte über
  geometrische Elemente (Punkt, Kante, ...), konstruktive Elemente
  (Baugruppe, Einzelteil, ...), benmaßungstechnische Elemente (Maßlinien, Pfeile, ...), funktionale Elemente (Funktionskomplex, ...),

technologische Elemente (Oberflächengüte, Toleranzen, ...), ferti-
gungstechnische Elemente (Werkzeugangaben, Montagehinweise, ...),
darstellungstechnische Elemente (Ansichten, Projektionen, ...) und
organisatorische Elemente zur betriebsinternen Klassifizierung verfügen.
- Förderung von Dispositionsspielräumen: Dem Benutzer sollte ermöglicht
  werden, Abkürzungen selbst zu definieren, eigene Befehle zu generieren
  und unterschiedliche Möglichkeiten zur Parameterangabe zu benutzen,
  insbesondere das Verfahren der "Voreinstellung" statt der expliziten
  Parameterübergabe. Weiter sollte neben dem üblicherweise existenten
  rechnergeführten auch ein benutzergeführter Dialog möglich sein.
- Förderung von Qualifikation: Die Sprache sollte selbsterklärend sein,
  über Hilfefunktionen verfügen und Erfolgsmitteilungen beinhalten. Dem
  Benutzer sollten verschiedene Sprachebenen zur Verfügung stehen, sodaß
  er entsprechend seinen Fähigkeiten den Dialog gestalten kann. EDV-
  Erfahrung sollte nicht vorausgesesetzt werden, stattdessen ist die
  Arbeit mit dem System an den üblichen Konstruktionsvorgang anzulehnen.
  Dazu sollte die Eingabesprache der jeweiligen Fachsprache (Elektrotechnik, Maschinenbau, ...) ähneln. Auf keinen Fall darf eine Notation
  in der Fachsprache einer in der Eingabesprache ähneln aber eine andersartige Bedeutung oder Wirkung haben.
- Fehlerbehandlungen: Das System sollte die Anzahl möglicher Fehler gering halten, bei Auftreten von Fehlern diese erkennen und soweit wie
  möglich selbständig korrigieren oder Korrekturvorschläge machen. Zu
  jedem Kommando sollte es ein inverses "Undo" geben; "Löschende Kommandos" sollten durch besondere Vorkehrungen Sicherungen gegen unbeabsichtigte weitreichende Folgen vorsehen.

Neben diesen rein auf die Sprache und den Interpreter bzw. Compiler
bezogenen Aspekten bieten sich durch die Vielfalt an E/A-Geräten für die
Dialoggestaltung grafischer Anwendungssysteme besondere Möglichkeiten.
So können Textausgaben sowohl auf alphanumerischen wie auf Grafikbild-
schirmen dargestellt werden, grafische Ausgaben können mithilfe der
Fenstertechnik (vgl. Abschn. 4.4.5.) beliebig auf grafischen Bildschirmen plaziert werden. Kommando- und Dateneingabe kann über Tastatur,
Funktionstastatur, Menü oder (noch besser aber zur Zeit noch nicht
verfügbar) durch Sprache erfolgen. Positionieren oder Identifizieren ist
möglich durch Lichtgriffel, Digitalisierbrett, Steuerknüppel, Rändel-
schraube oder Maus. Bei sinnvoller Aufteilung des Mensch-Maschine-Dia-
logs auf die Geräte können psychische Arbeitsbelastungen abgebaut und
die Arbeitszufriedenheit erhöht werden.

Zum Schluß wollen wir noch den wichtigen Aspekt der Reaktionszeit eines
grafischen Anwendungssystems auf Benutzereingaben nennen, der einen
wesentlichen Einfluß auf die psychische Belastung des Benutzers hat.
(vgl. Abschn. 5.4.).

7 Mathematische Elemente der grafischen Datenverarbeitung

Zum Abschluß unserer Betrachtungen über die interaktive grafische Datenverarbeitung wollen wir mit diesem Kapitel eine kurze Übersicht über einige wesentliche für dieses Gebiet benötigte mathematische Methoden geben.

Einen ersten Einstieg in die Mathematik hatten wir bereits in dem Kapitel "Von der rechnerinternen Darstellung zum Bild", als wir Aspekte der Geometrie wie Translationen, Rotationen, Skalierungen, Projektionen und Hidden-Line-Verfahren besprochen haben. Gerade Hidden-Line-Verfahren aber auch Probleme wie Clipping (vgl. Abschn. 4.2.4.) und Schraffuren (vgl. Abschn. 5.3.3.) machen deutlich, daß auch grundlegende Begriffe und Verfahren, wie z.B. Gerade, Ebene, Abstands- und Schnittpunktsberechnungen, für die grafische Datenverarbeitung von Bedeutung sind. Wir wollen deshalb diese Grundlagen der analytischen Geometrie im ersten Teil dieses Kapitels etwas näher betrachten und die wesentlichen Ergebnisse anführen. Auf eine Herleitung mit Beweisen wird dabei verzichtet und stattdessen auf entsprechende Literatur (z.B. /Grotemeyer69/, /Barth76/ oder /Sperner63/) verwiesen.

In ähnlich komprimierter Form wird dann anschließend auf die mathematischen Möglichkeiten zur Beschreibung von Kurven und Flächen eingegangen. Dieser weite Bereich, der durch Begriffe wie Interpolation, Approximation und Finite Elemente gekennzeichnet ist, hat für die grafische Datenverarbeitung eine große Bedeutung, indem er Voraussetzungen für körperhafte Darstellungen schafft und Auswertungen für viele Anwendungsgebiete ermöglicht.

7.1 Grundlagen aus der analytischen Geometrie

Jeder Punkt im Raum läßt sich durch Zuordnung von Koordinatenwerten eindeutig beschreiben. Die Art der Zuordnung hängt von dem zugrundeliegenden Koordinatensystem ab. Für seine Definition gibt es mehrere Möglichkeiten. Wir setzen im folgenden - wie auch schon in den vorangegangenen Kapiteln - stets ein <u>rechtshändiges kartesisches Koordinatensystem</u> voraus und definieren es durch seine Einheitsvektoren

$$i = (1,0,0), \quad j = (0,1,0), \quad k = (0,0,1)$$

und seinen Ursprung 0 als $(0,i,j,k)$. Für die Achsen wählen wir die Bezeichnung x-, y- und z-Achse. Ein <u>Punkt</u> p im Raum wird dann bezüglich dieses Systems durch das Koordinatentripel (p_x, p_y, p_z) bestimmt.

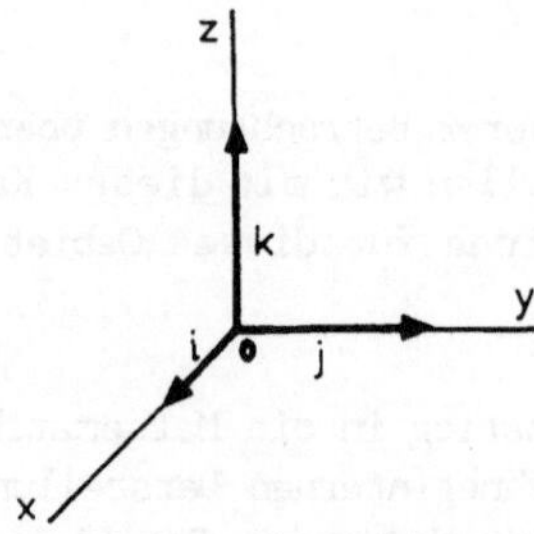

Abb. 7.1.:

Rechtshändiges karte-
sisches Koordinatensystem

Ein __Vektor__ von einem Punkt p zu einem Punkt q wird mit $\overrightarrow{pq}$ bezeichnet,
für eine __Strecke__ zwischen zwei Punkten p und q schreiben wir $\overline{pq}$.

Setzen wir zwei Vektoren $\overrightarrow{Op} = \vec{p}$, $\overrightarrow{Oq} = \vec{q}$ und Skalare α - mit α als
reeller Zahl - voraus, so gelten die folgenden Verknüpfungen:

Vektoraddition:
$$\vec{p} + \vec{q} = (p_x,p_y,p_z) + (q_x,q_y,q_z)$$
$$= (p_x+q_x,p_y+q_y,p_z+q_z)$$

Skalarmultiplikation:
$$\alpha\vec{p} = \alpha\,(p_x,p_y,p_z)$$
$$= (\alpha p_x,\alpha p_y,\alpha p_z)$$

Skalarprodukt:
$$\vec{p} \cdot \vec{q} = p_x q_x + p_y q_y + p_z q_z$$
(also ein Skalar als Ergebnis)

Vektorprodukt:
$$\vec{p} \times \vec{q} = (p_y q_z - p_z q_y, p_z q_x - p_x q_z, p_x q_y - p_y q_x)$$

Länge eines Vektors, Abstand zweier Punkte

Die Länge $|\vec{p}|$ eines Vektors $\vec{p} = (p_x,p_y,p_z)$ ist gegeben durch

$$|\vec{p}| = \sqrt{p_x^2 + p_y^2 + p_z^2}$$

Daraus ergibt sich für den Abstand zwischen den Punkten p und q als
Länge des Vektors pq

$$|\overrightarrow{pq}| = |\vec{p}-\vec{q}| = \sqrt{(p_x-q_x)^2 + (p_y-q_y)^2 + (p_z-q_z)^2}$$

Die Gerade durch zwei Punkte

Die Menge $g = \{\ \vec{u} + \lambda\vec{v}\ /\ \vec{u},\ \vec{v}\ \text{Vektoren},\ \vec{v}\neq 0,\ \lambda\ \text{Skalar}\ \}$ ist eine __Gerade__
mit $\vec{u}$ als Ortsvektor und $\vec{v}$ als Richtungsvektor. Die Gerade durch zwei
Punkte p und q ist definiert als die Menge
$$g = \{\ \vec{p} + \lambda(\vec{q}-\vec{p})\ /\ \vec{p},\ \vec{q}\ \text{Vektoren},\ \vec{p}-\vec{q}\neq 0,\ \lambda\ \text{Skalar}\ \}.$$

Der Abstand eines Punktes zu einer Geraden

Ist $g = \{\ \vec{u} + \lambda\vec{v}\ \}$ eine Gerade und $p = (p_x, p_y, p_z)$, so ist mit den Vektoren $\vec{u} = (u_x, u_y, u_z)$ und $\vec{v} = (v_x, v_y, v_z)$ der Abstand d von p zur Geraden g, also die Länge des Lots vom Punkt auf die Gerade, gegeben durch

$$d = \left|\ ((p_x, p_y, p_z) - (u_x, u_y, u_z)) \times \frac{1}{\sqrt{v_x^2 + v_y^2 + v_z^2}} \cdot (v_x, v_y, v_z)\ \right|$$

Der Abstand zweier Parallelen

Zur Berechnung des Abstands zweier paralleler Geraden wird ein beliebiger Punkt auf einer der beiden Geraden genommen und dessen Abstand zu der anderen Geraden ermittelt (siehe oben).

Der Abstand zweier Geraden

Für zwei nicht parallele Geraden ohne einen gemeinsamen Punkt $g_1 = \{\ \vec{u} + \lambda\vec{v}\ \}$ und $g_2 = \{\ \vec{p} + \psi\vec{q}\ \}$ gibt es stets genau einen Punkt x auf g_1 und einen Punkt y auf g_2, sodaß gilt: die Gerade durch x und y steht auf g_1 und g_2 senkrecht. Die Länge des Vektors $\overrightarrow{xy}$ ist der Abstand d der beiden Geraden g_1 und g_2 und berechnet sich aus

$$d = \ ((u_x, u_y, u_z) - (p_x, p_y, p_z)) \cdot ((q_x, q_y, q_z) \times (v_x, v_y, v_z))$$

Der Schnittpunkt zweier Geraden

Ein Schnittpunkt der beiden Geraden $g_1 = \{\ \vec{u} + \lambda\vec{v}\ \}$ und $g_2 = \{\ \vec{p} + \psi\vec{q}\ \}$ existiert nur, falls die beiden Geraden nicht parallel sind, d.h. falls $\vec{v} \times \vec{q} \neq 0$ ist und wenn der Abstand zwischen ihnen gleich Null ist. Für seine Berechnung müssen dann die Skalare λ und ψ aus dem Gleichungssystem

$$u_x + \lambda v_x = p_x + \psi q_x$$
$$u_y + \lambda v_y = p_y + \psi q_y$$
$$u_z + \lambda v_z = p_z + \psi q_z$$

berechnet werden und in eine der beiden Geradengleichungen eingesetzt werden:

$$\lambda = \frac{(p_y - u_y)q_x - (p_x - u_x)q_y}{q_x v_y - v_x q_y} \qquad \psi = \frac{(p_y - u_y)v_x - (p_x - u_x)v_y}{q_x v_y - v_x q_y}$$

Die Ebene durch drei Punkte

Die Menge $e = \{\ \vec{u} + \lambda\vec{v} + \eta\vec{w}\ /\ \vec{u},\vec{v},\vec{w}$ Vektoren, $\vec{v},\vec{w}\neq 0$, $\vec{v}\times\vec{w}\neq 0, \lambda,\eta$ Skalare $\}$
ist eine Ebene mit den beiden Richtungsvektoren $\vec{v}$ und $\vec{w}$ und dem Ortsvektor $\vec{u}$ in Parameterform-Darstellung.

Die Ebene durch die drei verschiedenen Punkte p,q,r erhalten wir als
Menge

$$e = \{\ \vec{p} + \lambda(\vec{q}-\vec{p}) + \eta(\vec{r}-\vec{p})\ /\ \vec{p},\vec{q},\vec{r}\text{ Vektoren},\ (\vec{q}-\vec{p})\times(\vec{r}-\vec{p})\neq 0,\ \lambda,\eta\text{ Skalare }\}$$

Eine andere übliche Darstellungsform von Ebenen ist die **Hessesche
Normalform**

$$e = \{\ \vec{x}\ /\ \vec{n}.\vec{x} - a = 0\ \}$$

mit $\vec{n}$ als Normalenvektor der Ebene, d.h. $\vec{n}$ steht auf der Ebene senkrecht
und hat die Länge 1, und a als Abstand der Ebene zum Nullpunkt.

Man gelangt von der Darstellung der Ebene in Parameterform zu der in
Hessescher Normalform durch folgende Rechnung: Es sei $\vec{n}$ der Normalenvektor der Ebene $e = \{\ \vec{u} + \lambda\vec{v} + \eta\vec{w}\ \}$. Dann ist für jeden Punkt x der Ebene

$$\vec{x} = \vec{u} + \lambda\vec{v} + \eta\vec{w} \qquad \text{mit speziellen Skalaren } \lambda \text{ und } \eta \text{ und auch}$$
$$\vec{n}.\vec{x} = \vec{n}.\vec{u} + \vec{n}.\lambda\vec{v} + \vec{n}.\eta\vec{w}. \text{ Also ist}$$
$$\vec{n}.\vec{x} - \vec{n}.\vec{u} = \lambda\vec{n}.\vec{v} + \eta\vec{n}.\vec{w}.$$

Da das Skalarprodukt zweier senkrecht
aufeinanderstehender Vektoren gleich
Null ist, folgt

$$\vec{n}.\vec{x} - \vec{n}.\vec{u} = 0,$$

wobei durch $\vec{n}.\vec{u}$ der Abstand a der Ebene
zum Nullpunkt gegeben ist.

Der Abstand eines Punktes zu einer Ebene

Mithilfe der Hesseschen Normalform einer Ebene läßt sich der Abstand
eines Punktes $p = (P_x,p_y,p_z)$ zu der Ebene einfach berechnen, indem man
den Vektor $\vec{p}$ zum Punkt p in die Ebenengleichung einsetzt. Wir erhalten

$$d = \vec{n}.\vec{p} - a$$

Der Schnittpunkt einer Geraden mit einer Ebene

Sofern eine Gerade $g = \{\ \vec{p} + \psi\vec{q}\ \}$ nicht innerhalb oder parallel zu einer
Ebene $e = \{\ \vec{u} + \lambda\vec{v} + \eta\vec{w}\ \}$ verläuft, gibt es immer genau einen Schnittpunkt zwischen g und e. Für seine Berechnung werden die Skalare ψ, λ und

η aus dem Gleichungssystem

$$p_x + \psi q_x = u_x + \lambda v_x + \eta w_x$$
$$p_y + \psi q_y = u_y + \lambda v_y + \eta w_y$$
$$p_z + \psi q_z = u_z + \lambda v_z + \eta w_z$$

berechnet und anschließend ψ in die Geradengleichung oder λ und η in die Ebenengleichung eingesetzt.

Ist die Ebene e in Hessescher Normalform $\{ \vec{x} \ / \ \vec{n}.\vec{x}-a=0 \}$ gegeben, so genügt der Schnittpunkt $\vec{s}$ sowohl der Ebenen- wie der Geradengleichung und aus $\vec{s} = \vec{p} + \psi\vec{q}$ für ein bestimmtes Skalar ψ kann durch Einsetzen von $\vec{p} + \psi\vec{q}$ in die Ebenengleichung für $\vec{x}$ der Wert für ψ berechnet werden. Den Schnittpunkt $\vec{s}$ ermittelt man dann durch Einsetzen in die Geradengleichung.

Die Schnittgerade zweier Ebenen

Sofern zwei Ebenen nicht parallel verlaufen haben sie stets eine Gerade gemeinsam. Diese berechnet sich bei in Parameterform gegebenen Ebenen
$$e_1 = \{ \vec{u} + \lambda\vec{v} + \eta\vec{w} \} \text{ und } e_2 = \{ \vec{r} + \psi\vec{s} + \phi\vec{t} \},$$
indem aus dem Gleichungssystem

$$u_x + \lambda v_x + \eta w_x = r_x + \psi s_x + \phi t_x$$
$$u_y + \lambda v_y + \eta w_y = r_y + \psi s_y + \phi t_y$$
$$u_z + \lambda v_z + \eta w_z = r_z + \psi s_z + \phi t_z$$

entweder η in Abhängigkeit von λ oder ϕ in Abhängigkeit von ψ berechnet wird und dann durch Einsetzen in die entsprechende Ebenengleichung die Geradengleichung aufgestellt wird.

Sind die Ebenen in Hessescher Normalform gegeben - $e_1 = \{ \vec{x} \ / \ \vec{n}.\vec{x}-a=0 \}$ und $e_2 = \{ \vec{x} \ / \ \vec{m}.\vec{x}-b=0 \}$ -, so nutzt man aus, daß der Richtungsvektor $\vec{v}$ der Schnittgeraden senkrecht zu beiden Normalenvektoren steht, also durch $\vec{v} = \vec{n} \times \vec{m}$ berechnet werden kann. Den Ortsvektor $\vec{u}$ der Schnittgeraden erhält man aus dem Gleichungssystem

$$n_x u_x + n_y u_y + n_z u_z - a = 0$$
$$m_x u_x + m_y u_y + m_z u_z - b = 0$$

durch Festlegen einer Komponente und Berechnung der übrigen in Abhängigkeit dieser Komponente.

Durch den Ortsvektor $\vec{u}$ und den Richtungsvektor $\vec{v}$ stellt man dann mit $g = \{ \vec{u} + \lambda\vec{v} \}$ die gesuchte Geradengleichung auf.

7.2 Darstellung ebener Kurven

Ein wichtiges Element grafischer Darstellungen ist das grafische Primitiv Kurve (vgl. Abschn. 3.1.3.). Für viele Anwendungsgebiete der grafischen Datenverarbeitung von Business Graphics zu CAD-Systemen sind Objekte zu bearbeiten, die krummlinig begrenzte Flächen oder Oberflächen aufweisen. Wir wollen uns nun zunächst mit dem Spezialfall beschäftigen, daß Kurven in einer Ebene liegen, und die hierfür gebräuchlichen mathematischen Darstellungen skizzieren.

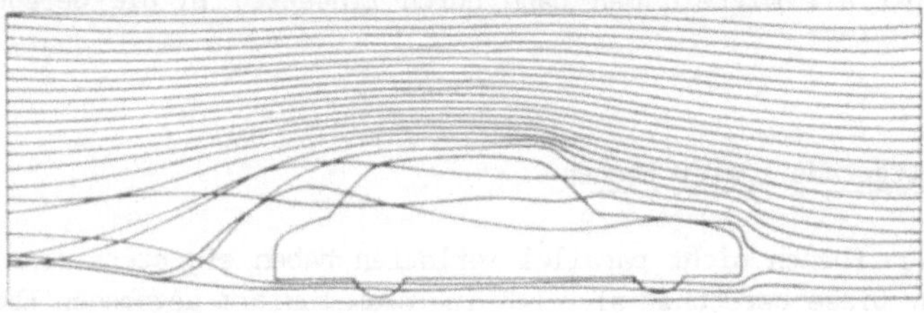

Abb. 7.2.: Ebene Kurven (aus: /IKOSS83/)

Grundsätzlich gibt es in der Mathematik zwei unterschiedliche Ansätze, Kurven darzustellen.

Der erste ist die Definition einer Kurve durch eine Funktionsgleichung der Form y = f(x), aus der durch Einsetzen von Abzissenwerten x die zugehörigen Ordinatenwerte y berechnet und dadurch die Kurvenpunkte ermittelt werden können. Beispiele hierfür sind
- Polynome: $y = a_n x^n + a_{n-1} x^{n-1} + \ldots + a_1 x + a_0$,
- trigonometrische Funktionen: $y = \sin x$ oder $y = \cos x$,
- Kreis- und Ellipsengleichungen: $r^2 = x^2 + y^2$, $1 = x^2/a^2 + y^2/b^2$.

Im Anwendungsfall ist es nur selten möglich, Kurven durch Funktionsgleichungen zu beschreiben. Viel öfter kommt es vor, daß eine Reihe von Punkten (Stützstellen) vorliegt, anhand derer der Kurvenverlauf ermittelt werden muß. Dabei kann zum einen verlangt werden, daß sämtliche Stützstellen Punkte der Kurve sind und mit diesen Stützstellen eine zugehörige Funktionsgleichung aufgestellt werden soll. Die andere Vorgehensweise betrachtet die Stützstellen lediglich als Anhaltspunkte für eine Kurve und fordert das Aufstellen einer Funktionsgleichung für eine Kurve, deren Verlauf die Lage der Punkte möglichst gut wiedergibt, ohne daß aber die Stützstellen zugleich auch Kurvenpunkte sein müssen.

Mathematische Methoden zur Unterstützung der ersten Vorgehensweise heißen <u>Interpolationsverfahren</u>, zur Ermittlung von Funktionsgleichungen für den zweiten Ansatz werden <u>Approximationsverfahren</u> verwendet.

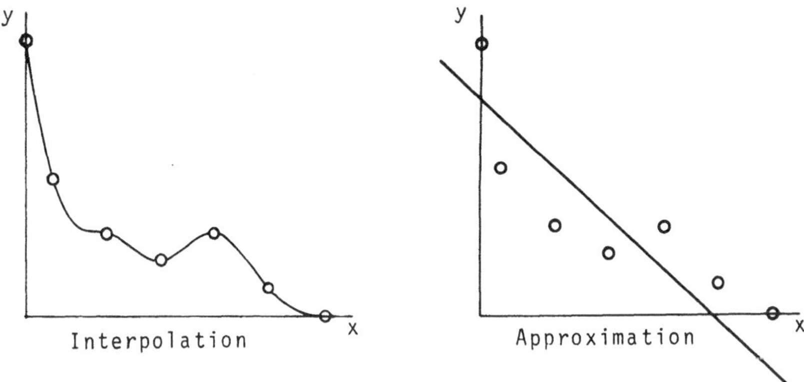

Abb. 7.3.: Interpolation und Approximation von Stützstellen

7.2.1. Interpolationsverfahren

Aufgabe von Interpolationsverfahren ist es, zu einer Menge vorgegebener Punkte (Stützstellen)
$$(x_1,y_1), (x_2,y_2), \ldots , (x_k,y_k)$$
eine Funktion
$$y = f(x,a_0, a_1, \ldots , a_n)$$
zu bestimmen, die an den Stellen
$$x_1, \ldots , x_k$$
die Funktionswerte
$$y_1, \ldots , y_k$$
besitzt und für die Intervalle
$$(x_1,x_2), (x_2,x_3), \ldots , (x_{k-1},x_k)$$
beliebigen Abzissen Ordinatenwerte zuordnet.

Wir setzen im folgenden voraus, daß $x_1 < x_2 < \ldots < x_k$ für die Stützstellen gilt, d.h. die Stützstellen werden von der Kurve entsprechend ihrer Ordnung entlang der x-Achse des kartesischen Koordinatensystems durchlaufen. Dadurch sind "Mehrdeutigkeiten" wie bei Schlingen vorläufig ausgeschlossen.

In der Regel verwendet man zur Ermittlung solcher Interpolationsfunktionen Polynome. Als einfachste Möglichkeit erweist sich hier das Aufstellen von Geradengleichungen (<u>Lineare Interpolation</u>). Jeweils zwei benachbarte Stützstellen werden zur Berechnung einer Geradengleichung herangezogen (vgl. Abschn. 7.1.), sodaß die Interpolationsfunktion aus n Geradengleichungen besteht (abschnittsweise definiert) und eine geradlinige Verbindung der gegebenen Stützstellen entsteht.

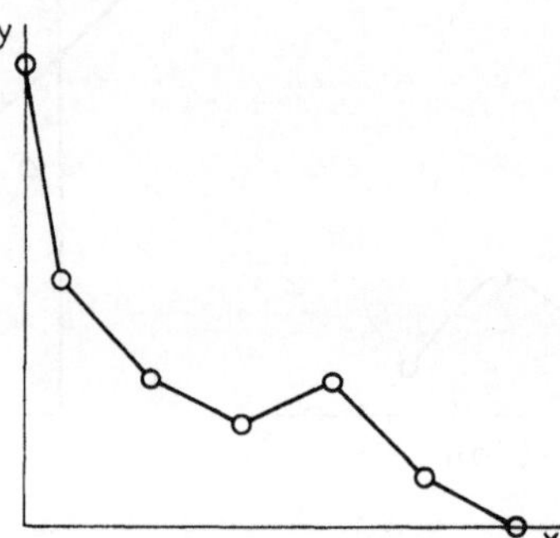

Abb. 7.4.:

Lineare Interpolation

Eine zweite Möglichkeit ist die <u>quadratische Interpolation</u>, bei der jeweils drei benachbarte Stützstellen verwendet werden und durch diese ein quadratisches Polynom

$$y = a_2 x^2 + a_1 x + a_0$$

gelegt wird, indem mithilfe der Stützstellen-Koordinatenwerte die Parameter a_0, a_1, a_2 berechnet werden. Die Interpolationsfunktion setzt sich in diesem Fall aus abschnittsweise definierten quadratischen Polynomen zusammen.

Beide Verfahren haben den Nachteil, daß an den Stellen, wo zwei lineare oder quadratische Polynome aufeinandertreffen, die Interpolationsfunktion Knicke aufweisen kann. In der Regel ist man aber an einem möglichst "glatten Verlauf" der Interpolationsfunktion interessiert. Dieser für das menschliche Auge glatte Verlauf einer Kurve drückt sich mathematisch in der Stetigkeit der Ableitungen von Funktionen aus: Eine Kurve erscheint als "glatt", wenn die zugehörige Funktion zweimal stetig differenzierbar ist.

Eine Vorgehensweise zur Berechnung von Interpolationsfunktionen, die möglichst oft differenzierbar sind, ist das stets existierende <u>Lagrange'sche Interpolationspolynom</u>:

$$y = \sum_{i=1}^{n} \frac{L(x)}{x-x_i} \; \frac{y_i}{L'(x_i)} \qquad \text{mit } L(x) = \prod_{i=1}^{n} (x - x_i)$$

Hierdurch wird für jede beliebige Menge von Stützstellen ein mehrmals
stetig differenzierbares Polynom, das die geforderten Interpolationsbe-
dingungen erfüllt, gebildet. Es hat jedoch den Nachteil, daß in Abhängigkeit der Anzahl der Stützstellen und ihrer Lage der Funktionsverlauf
zwischen den Stützstellen sehr stark "ausschwingt". Für praktische
Zwecke ist dieses Polynom deswegen oft nicht geeignet.

Als für die Praxis zweckmäßiges Verfahren hat sich deshalb erwiesen,
Polynome niedrigen Grades, die nur schwach ausschwingen, zu einer im
ganzen vorgegebenen Bereich ausreichend oft differenzierbaren Funktion
zusammenzusetzen, also einen Kompromiß zwischen der linearen und der
Lagrange-Interpolation zu wählen. Bei der Ermittlung von abschnittsweise
geltenden Interpolationsfunktionen müssen also die Werte der ersten und
der zweiten Ableitungen an dem Grenzpunkt zweier benachbarter Abschnitte
jeweils gleich sein. Man nennt die so entstehenden Interpolationsfunktionen __interpolierende Spline-Funktionen__, wobei den __kubischen Splines__
die größte Bedeutung zukommt.

Ein kubischer Spline für die Stützstellen
$$(x_1,y_1), \ (x_2,y_2), \ \dots \ , \ (x_k,y_k)$$
ist eine Funktion
$$F(x) = P_i(x) \ \text{für} \ x_i \leqslant x_{i+1}$$
mit $i = 1,2,\dots,k-1$ und $P_i(x) = a_i(x-x_i)^3 + b_i(x-x_i)^2 + c_i(x-x_i) + d_i.$

Für die Berechnung der Parameter a_i, b_i, c_i, d_i, wobei $i=1,\dots,k-1$ ist,
wollen wir hier nur kurz den Weg angeben. Eine detaillierte Beschreibung
findet sich z.B. in /Späth73/.

Setzt man das Intervall (x_i,x_{i+1}) voraus, so gelten für die Funktionswerte, die erste und die zweite Ableitung des Splines in den Punkten x_i
und x_{i+1} die Beziehungen:

$$
\begin{aligned}
y_i &= P_i(x_i) &&= d_i \\
y_{i+1} &= P_i(x_{i+1}) &&= a_i(x_{i+1}-x_i)^3 + b_i(x_{i+1}-x_i)^2 + c_i(x_{i+1}-x_i) + d_i \\
y_i' &= P_i'(x_i) &&= c_i \\
y_{i+1}' &= P_i'(x_{i+1}) &&= 3a_i(x_{i+1}-x_i)^2 + 2b_i(x_{i+1}-x_i) + c_i \\
y_i'' &= P_i''(x_i) &&= 2b_i \\
y_{i+1}'' &= P_i''(x_{i+1}) &&= 6a_i(x_{i+1}-x_i) + 2b_i
\end{aligned}
$$

Hieraus kann man durch Umformen die gesuchten Parameter in Abhängigkeit
der Funktionswerte und der zweiten Ableitungen darstellen.

Die Funktionswerte an den Stützstellen sind für jedes solche Intervall
bekannt, die k Werte der zweiten Ableitungen kann man durch ein lineares
Gleichungssystem bestimmen. Dieses Gleichungssystem erhält man aus Kopp-
lung der obigen Beziehungen mit der Voraussetzung, daß der Spline stetig

differenzierbar ist, also
$$P'_{i-1}(x_i) = P'_i(x_i)$$
gilt.

Ein Beispiel eines kubischen Splines ist in Abb. 7.3. (links) gegeben. Je nach der vorgegebenen Menge der Stützstellen ist bei kubischen Splines der Kurvenverlauf mal mehr mal weniger befriedigend hinsichtlich eines möglichst glatten (d.h. auch ohne Ausschwingungen) Verlaufs. Durch Setzen von Randbedingungen kann man jedoch "unschöne Wellen" abglätten, sodaß bis heute Splines als die optimale Methode zur Interpolation angesehen werden.

Dies gilt insbesondere auch wohl deshalb, weil Splines auch zur Interpolation geeignet sind, wenn man die einschränkende Voraussetzung
$$x_1 < x_2 < \ldots < x_k$$
bei den Stützstellen wegläßt, d.h. Schlingen und Mehrdeutigkeiten erlaubt. Abänderungen und Erweiterungen des obigen Verfahrens für solche Fälle sind z.B. in /Späth73/ dargestellt. Weitere Interpolationsverfahren, wie die von Newton oder von Hermite, sind z.B. in /Giloi78/ oder /Becker77/ zu finden.

7.2.2. Approximationsverfahren

Approximationsverfahren eignen sich
- zur Bestimmung einer Näherungsfunktion, mit der eine vorgegebene Funktion möglichst gut nachgebildet und die Berechnungen im Verhältnis zur Ausgangsfunktion vereinfacht werden und
- zur Bestimmung einer Funktion
$$y = f(x, a_0, a_1, \ldots, a_n)$$
zu einer Menge vorgegebener Stützstellen
$$(x_1, y_1), (x_2, y_2), \ldots, (x_k, y_k),$$
die die Anordnung dieser Punkte durch eine Kurve möglichst gut beschreibt, ohne daß die Stützstellen zugleich auch Kurvenpunkte sein müssen.

Wir gehen im folgenden nur auf den zweiten Anwendungsbereich ein. Das Ersetzen einer fehlenden Zuordnungsvorschrift durch eine Approximationsfunktion wird auch **Ausgleichen** genannt und stellt keine Bedingungen an die Anzahl der Funktionsparameter in Abhängigkeit von der Zahl der Stützstellen. So kann eine Reihe von Stützstellen z.B. durch eine Gerade approximiert werden, sofern der Geradenverlauf die Anordnung der Punkte möglichst gut wiedergibt (vgl. Abb. 7.3. (rechts)). Für ein Maß, wann eine Punktmenge gut wiedergegeben ist, sind zwei Ansätze weit verbreitet. Der erste geht auf Gauß zurück und minimiert das Quadrat der Abweichungen (<u>Fehlerquadrat</u>).

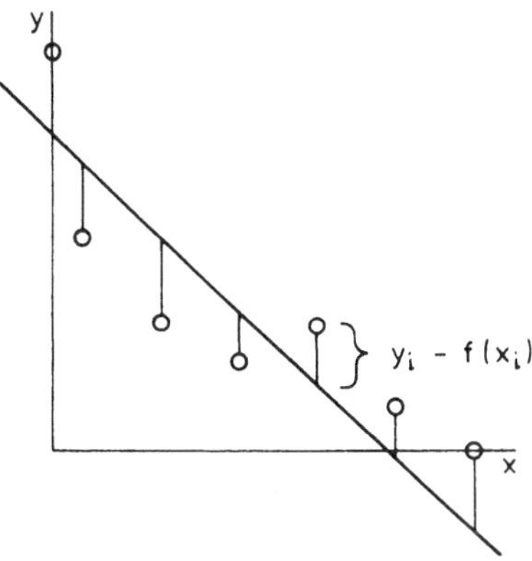

Abb. 7.5.:

Approximation mithilfe
des Fehlerquadrats

Es seien

$$(x_i, y_i) \text{ für } i = 1, \ldots, k$$

die Stützstellen und

$$f(x, a_0, a_1, \ldots, a_n)$$

die Approximationsfunktion. Dann soll die gewichtete Summe

$$S = \sum_{i=1}^{k} w_i (y_i - f(x_i))^2$$

möglichst klein werden. Die Gewichte w_i dienen dabei der Bewertung einzelner Kurvenbereiche. Sollen Abweichungen von Stützstellen möglichst gering gehalten werden ist w_i groß vorzugeben, ist die Größe der Abweichung für bestimmte Stützstellen nicht von Bedeutung, können die betreffenden Gewichte sehr klein sein. Bei Wahl von sehr großen Gewichten für alle Stützstellen erzwingt man einen Kurvenverlauf nahe der und im Grenzfall durch die Stützstellen und nähert sich dadurch den Interpolationsverfahren.

Der zweite Ansatz ist nach dem Mathematiker Tschebyscheff benannt. Hier ist die Approximationsfunktion $f(x, a_0, a_1, \ldots, a_n)$ derart zu bestimmen, daß für eine Teilmenge der Stützstellen

$$(x_{i_1}, y_{i_1}), (x_{i_2}, y_{i_2}), \ldots, (x_{i_m}, y_{i_m})$$

die betragsmäßige Abweichung gleich ist, d.h.

$$|f(x_{i_j}) - y_{i_j}| = d \qquad \text{für } j = 1, \ldots, m$$

und für alle übrigen Stützstellen die betragsmäßige Abweichung kleiner ist als d.

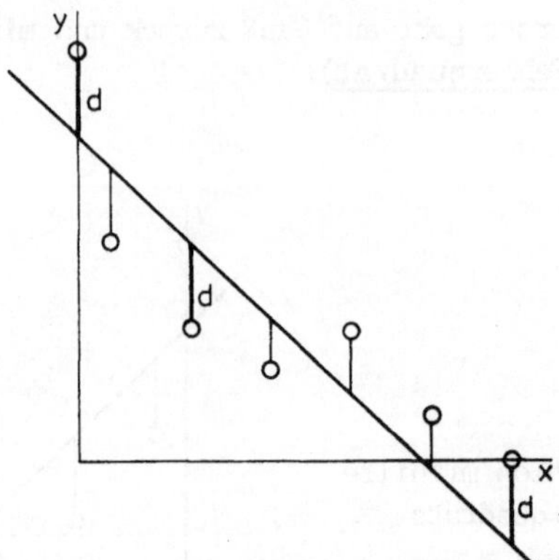

Abb. 7.6.:

Approximation mithilfe des
Tschebyscheff-Kriteriums

Für beide Arten der Approximation werden als Approximationsfunktionen
meist Polynome zugrundegelegt, deren Parameter aus den Zielbedingungen
berechnet werden. Sehr gute Ergebnisse kann man allerdings auch bei
Verwendung kubischer Splines zur Minimierung der Abweichungsquadrate
erzielen (vgl. /Späth73/), wenn es zulässig und möglich ist, den zu
approximierenden Gesamtbereich in Abschnitte zu zerlegen.

Setzen wir zur Minimierung der Summe der Abweichungsquadrate das Polynom

$$f(x) = a_n x^n + a_{n-1} x^{n-1} + \ldots + a_1 x + a_0$$

als Approximationsfunktion, so können die Parameter a_0, a_1, ... , a_n wie
folgt berechnet werden. Die Summe

$$S = \sum_{i=1}^{k} w_i (y_i - f(x_i))^2$$

wird als Funktion der Polynomparameter a_0, a_1, ... , a_n angesehen, die
ihr Minimum erreicht, wenn alle ihre partiellen Ableitungen nach a_m mit
m = 0, 1, ... , n Null werden. Wir setzen zur Vereinfachung der Rechnungen $w_i = 1$ für i = 1, ... , k und erhalten die partiellen Ableitungen

$$d/da_m \sum_{i=1}^{k} (y_i - f(x_i))^2 = -2 \sum_{i=1}^{k} (y_i - f(x_i)) x_i^m \quad \text{mit } m = 0, 1, \ldots , n$$

Wenn zur Ermittlung des Minimums die Ableitungen gleich Null gesetzt
werden, ergibt sich das Gleichungssystem

$$\sum_{i=1}^{k} f(x_i) x_i^m = \sum_{i=1}^{k} y_i x_i^m \quad \text{mit } m = 0, 1, \ldots , n$$

bestehend aus n+1 Gleichungen für die n+1 Unbekannten a_0, a_1, ... , a_n.
Die gesuchten Polynomparameter können also durch Lösen des Gleichungs-
systems ermittelt und so die Approximationsfunktion bestimmt werden.

Soll für die Stützstellen (x_1,y_1), (x_2,y_2), ... , (x_k,y_k) mithilfe des Polynoms

$$f(x) = a_n x^n + a_{n-1} x^{n-1} + ... + a_1 x + a_0 \quad \text{(wobei n < k-1 gilt)}$$

eine Approximation im Sinne von Tschebyscheff durchgeführt werden, so sind n+2 der k Stützstellen auszuwählen. Für diese Auswahl

$$(x_{i_j}, y_{i_j}) \quad \text{mit } j = 1, ... , n+2 \text{ und } i \in \{1,...,k\}$$

wird dann das Gleichungssystem

$$a_n x_{i_j}^n + a_{n-1} x_{i_j}^{n-1} + ... + a_1 x_{i_j} + a_0 - y_{i_j} = d \quad \text{für } j = 1, ... n+2$$

aufgestellt und die Parameter a_0, a_1, ... , a_n, sowie die Abweichung d berechnet. War die Auswahl gut, so gilt

(1) d ist minimal und
(2) für die übrigen Stützstellen (x_{i_m}, y_{i_m}) mit $m = 1$, ... , $k-(n+2)$

ergibt Einsetzen in das berechnete Polynom:

$$a_n x_{i_m}^n + a_{n-1} x_{i_m}^{n-1} + ... + a_1 x_{i_m} + a_0 - y_{i_m} < d$$

für alle $m = 1$, ... , $k-(n+2)$.

Zum Finden der "richtigen Auswahl", die also die Bedingungen (1) und (2) erfüllt, kann man alle Möglichkeiten durchprobieren, die es gibt, um n+2 Stützstellen aus den k Stützstellen auszuwählen. Dieses Verfahren ist für größere Anzahlen der Stützstellen und für höhere Grade des Polynoms wegen der großen Zahl an Auswahlmöglichkeiten jedoch nicht praktikabel. Ein besseres Lösungsverfahren ergibt sich, wenn aus dem Gleichungssystem und den Bedingungen (1) und (2) ein lineares Optimierungsproblem aufgestellt wird. Dies ist mit entsprechenden Verfahren (vgl. z.B. /Weber73 /) mit vernünftigem Aufwand lösbar. Wir erhalten das Problem

Minimiere $\qquad z = d$,

sodaß die Nebenbedingungen

$$d - (a_n x_i^n + a_{n-1} x_i^{n-1} + ... + a_1 x_i + a_0 - y_i) \geqslant 0 \quad \text{für } i = 1,...,k$$

$$d + (a_n x_i^n + a_{n-1} x_i^{n-1} + ... + a_1 x_i + a_0 - y_i) \geqslant 0 \quad \text{für } i = 1,...,k$$

erfüllt sind.

Abschließend ist zu sagen, daß beide Approximationsmethoden gute Ergebnisse liefern. Wie der Grad des Approximationspolynoms und wie im Falle des Gauß-Ansatzes die Gewichte zu wählen sind, kann allgemein nicht vorgegeben werden.

Hier erweist sich ein heuristisches Lösungsverfahren, d.h. ein "Probieren" in interaktiver Arbeitsweise, als zweckmäßig: Voraussetzungen werden eingegeben, die berechnete Kurve mit den Stützstellen dargestellt; Veränderungen der Voraussetzungen werden vorgenommen, das Ergebnis grafisch dargestellt, bis die Approximationskurve den Anforderungen genügt. (Häufig zeigt sich bei dieser Vorgehensweise, daß die ursprünglich formulierten Anforderungen gar nicht erfüllt zu werden brauchen und deshalb abgeschwächt werden können.)

7.3 Darstellung räumlicher Kurven

Im Bereich der dreidimensionalen grafischen Datenverarbeitung verlaufen Kurven in der Regel nicht in einer Ebene, sondern im Raum. Als Beispiele seien Begrenzungen von Autos, Schiffen oder Flugzeugen genannt.

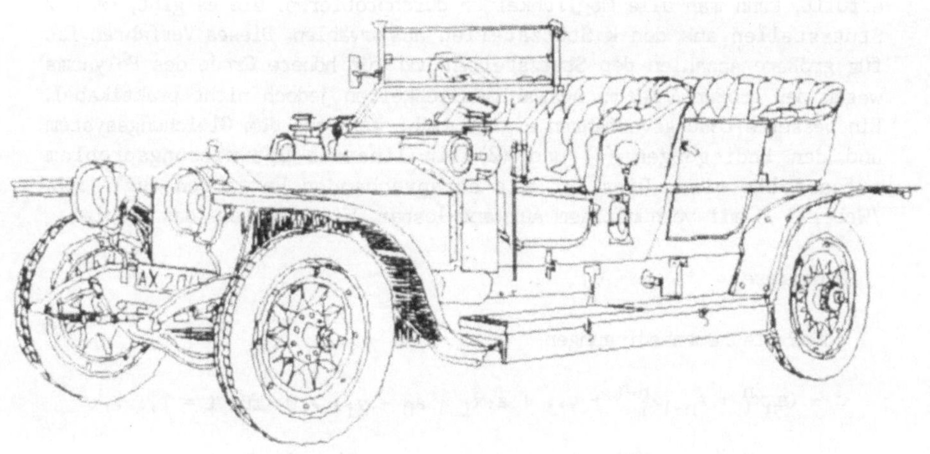

Abb. 7.7.: Räumliche Kurven am Auto (hier durch Digitalisierung ermittelt und ohne Approximation gerastert dargestellt)

Solche räumliche Kurven können mathematisch als Funktion zweier Veränderlicher dargestellt werden: $z = f(x,y)$. Bekannte Funktionsgleichungen sind die
- der Kugel: $x^2 + y^2 + z^2 = r^2$ und
- des Ellipsoiden: $x^2/a^2 + y^2/b^2 + z^2/c^2 = 1$.

Sind in Anwendungen also entsprechende Funktionen bekannt, kann der Kurvenverlauf leicht berechnet werden.

Ist keine Funktionsgleichung vorgegeben, sondern die Kurve durch eine Menge von Stützpunkten

$$(x_1,y_1,z_1), \ (x_2,y_2,z_2), \ \ldots \ , \ (x_k,y_k,z_k)$$

beschrieben muß durch Interpolations- oder Approximationsverfahren der Kurvenverlauf in dem zugrundeliegenden Bereich berechnet werden. Die Vorgehensweise zur Bestimmung einer Interpolations- oder Approximationsfunktion entspricht dabei der im zweidimensionalen Fall. Sämtliche im letzten Abschnitt beschriebenen Verfahren können auf räumliche Kurven erweitert werden (vgl. z.B. /Becker77/ oder /Rogers76/).

7.4 Darstellung von Flächen

Wir hatten in den letzten Abschnitten mathematische Methoden vorgestellt, wie ebene oder räumliche Kurven beschrieben werden können. Solch einer mathematischen Beschreibung folgt dann die grafische Darstellung auf einem geeigneten Ausgabegerät in einfacher Weise, indem aus den Funktionsgleichungen Kurvenpunkte berechnet und - bei Vektorgeräten durch Vektoren verbunden, bei Rastergeräten durch Pixels repräsentiert - als Kurve ausgegeben werden. Die Genauigkeit des Kurvenverlaufs hängt dann von dem zugrundeliegenden Raster bzw. von der Länge der Vektoren ab.

Für dreidimensionale Anwendungen reicht die Darstellung von Objektbegrenzungen wie Kanten und Kurven nicht unbedingt aus, um einen räumlichen Eindruck vom abgebildeten Objekt zu erzeugen. Derartige Effekte erfordern gerade im Falle gekrümmter Begrenzungen auch eine Darstellung von Oberflächen.

Abgesehen von der Darstellung der Transparenz oder Transluszenz von Körpern, sowie der Reflexionseigenschaft, Farbgebung und Schattierung ihrer Oberflächen, auf die wir hier nicht eingehen wollen, sind dazu heute drei Techniken üblich. Die erste und einfachste basiert auf linearen Funktionsgleichungen für Begrenzungslinien und bildet die Oberfläche eines Objekts als <u>Polygonnetz</u> (polygon mesh) ab (vgl. Abschn. 7.4.1.).

Durch die zweite Technik werden (gekrümmte) Oberflächen maschenförmig wiedergegeben, indem eine Oberfläche aus einer Reihe kleiner Flächenstücke (Maschenflächen, patches) zusammengesetzt wird. Die Konstruktion solcher Maschenflächen wird in Abschnitt 7.4.2. kurz erläutert. Eine dritte Methode, auf die wir zum Abschluß noch kurz eingehen wollen, ist die der Finiten Elemente. Sie unterstützt in erster Linie Berechnungen zum abgebildeten Objekt und gibt dazu Oberflächen in grafischen Darstellungen in charakteristischer Weise wieder.

7.4.1. Polygonnetze

Zur Darstellung eines Objekts durch ein Polygonnetz wird die Objektoberfläche aus einer Menge ebener Vielecke zusammengesetzt, d.h. zuerst in ein Polyeder abgebildet. Bei ebenflächig begrenzten Objekten ist dieser Aufbau der Oberfläche bereits gegeben, es handelt sich hier also bereits um ein Polygonnetz, sodaß eine kantenorientierte Darstellung des Objekts - möglicherweise unter Berücksichtigung des Hidden-Line-Problems (vgl. Abschn. 4.2.3.) - den gewünschten räumlichen Eindruck vermittelt (vgl. die Bilder des Hauses in den Abbildungen aus Kapitel 4).

Wird das Objekt dagegen von gekrümmten Oberflächen begrenzt, so kann es durch Polygonnetze nur näherungsweise dargestellt werden. Dazu fügt man ebene Vielecke entsprechend der Flächenkrümmung aneinander (vgl. Abb. 7.8).

Die Anzahl der verwendeten Vielecke entscheidet dabei über die Güte der Nachbildung. Benutzt man sehr viele kleine Polygone, so kann die Krümmung der Fläche recht gut nachgebildet werden, andernfalls entstehen sichtbare Ungenauigkeiten. Man muß hierbei allerdings berücksichtigen, daß die Anzahl der Vielecke nicht beliebig gesteigert werden darf, da durch die große Zahl anfallender Objektpunkte und -kanten sowohl der

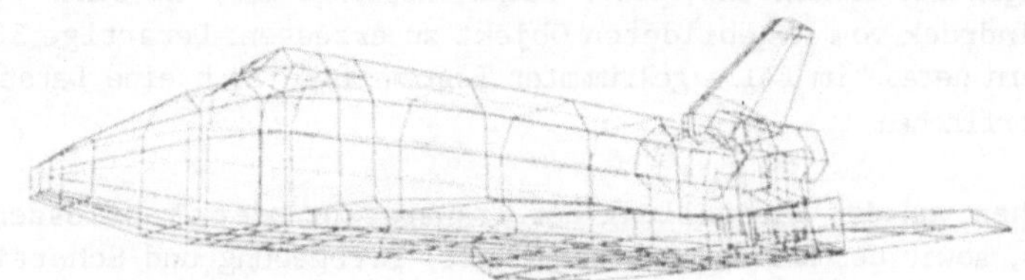

Abb. 7.8.: Polygonnetze für die Oberfläche eines Flugzeugs
(aus: /Chiyokura83/, © 1983 by ACM-Siggraph)

Speicheraufwand als auch der Berechnungsaufwand zu groß würde. Es ist also bei der Bildung eines Polygonnetzes für jedes Objekt ein Kompromiß zwischen Darstellungsgenauigkeit und -aufwand erforderlich.

Die Konstruktion eines Polygonnetzes kann einerseits durch die Hierarchie Punkte - Kanten - Flächen erfolgen (vgl. Abschn. 3.1.2.), man kann aber auch Punktmengen durch lineare Interpolation (vgl. Abschn. 7.2.1.) zu Polygonzügen zusammenfassen und eine Hierarchie Punkte - Kurven oder Punkte - Kanten - Kurven für die Datenstruktur definieren (vgl. Abschn. 3.1.3.). Selbst wenn in der rechnerinternen Repräsentation die Hierarchie Punkte - Kanten - Flächen verwendet wird, so kann bei der Darstellung im Bild durch eine nachträgliche Interpolation zwischen den Polygonpunkten der Eindruck gekrümmter Flächen erreicht werden (Pseudorundungen).

Der Art der Datenstruktur kommt bei der Verwendung von Polygonnetzen große Bedeutung zu, da die Anzahl der Punkte und Kanten in der Regel sehr groß ist und Mehrfachspeicherungen deswegen unbedingt vermieden werden sollten. Andererseits müssen aber auch Kriterien wie einfache Ableitung der Darstellung aus der Datenstruktur und - für Konsistenzüberprüfungen - einfache Bestimmung der Menge der Punkte eines Polygons oder einer Kante bei der Definition der Datenstruktur berücksichtigt werden. Eine ausführliche Diskussion dieser Aspekte ist z.B. in /Foley82/ zu finden.

7.4.2. Maschenflächen

Ausgangspunkt für die Konstruktion von Maschenflächen ist im Falle einfacher Objekte eine Menge von Stützpunkten, durch die über einem Rechteckgitter in der x-y-Ebene $(x_1, \ldots , x_n) \times (y_1, \ldots , y_m)$

Abb. 7.9.: Maschenflächen für die Oberfläche eines Flugzeugs
(aus: /Chiyokura83/, © 1983 by ACM-Siggraph)

Höhenwerte z_{ij} (i = 1,...,n; j = 1,...,m), d.h. Oberflächenpunkte
vorgegeben werden. Diese verbindet man aber nun nicht - wie im Falle der
Polygonnetze - durch lineare Interpolationsfunktionen miteinander,
sondern entwickelt für sie stetig differenzierbare Funktionsgleichungen
und bildet damit eine möglichst glatte Interpolationsfläche für die
gegebenen Oberflächenpunkte. Im einzelnen geht man dazu so vor, daß für
jedes Rechteck

$$R_{ij} = \{ (x,y) \ / \ x_i < x < x_{i+1}, \ y_j < y < y_{j+1} \}$$

des Rechteckgitters eine Flächenfunktion $f_{ij}(x,y)$ aufgestellt wird (es
gilt i = 1,...,n-1 und j = 1,...,m-1) und dann die (n-1)×(m-1) Teilflächen zu einer Gesamtfläche über dem Rechteckgitter zusammengefaßt
werden.

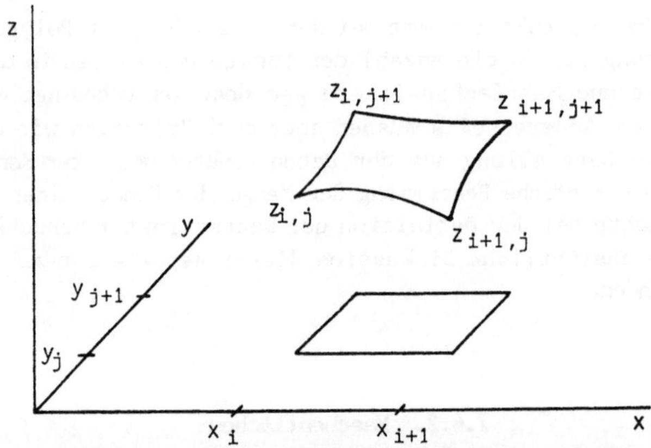

Abb. 7.10.: Flächenstück über einem Rechteckgitter

Eine stetig differenzierbare Funktionsgleichung für die Gesamtfläche und
damit einen glatten Flächenverlauf erreicht man dabei durch eine geeignete Bestimmung der Funktionen f_{ij} für die Teilflächen. Hierzu legt man
mithilfe eines ebenen Interpolationsverfahrens (siehe Abschn. 7.2.1.)
über jede Gerade des Rechteckgitters eine stetig differenzierbare -
meist kubische - Interpolationsfunktion durch die Höhenwerte der Stützstellen und benutzt dann die (kubischen) Funktionsgleichungen für die
Ränder eines Flächenstücks zur Definition einer sogenannten bikubischen
Funktion für die Teilfläche.

Der Verlauf der Interpolationsfläche hängt dann von dem zugrundegelegtem
ebenen Interpolationsverfahren für die Teilflächenränder ab. Zweimal
stetig differenzierbare Flächen - sogenannte **bikubische Splines** oder
auch **B-Splines** - entstehen durch Überziehen des Rechteckgitters mit

einem Gerüst zweimal stetig differenzierbarer kubischer Splines (vgl.
z.B. /Späth73/). Verwendet man für das Gerüst Hermite- oder Bezier-
Kurven, so ist die darzustellende Fläche einmal stetig differenzierbar
(vgl. z.B. /Foley82/.

7.4.3. Finite Elemente

Die Finite-Elemente-Methode, abgekürzt: FEM, ist ein numerisches Verfahren, z.B. zur Berechnung der Material-, Festigkeits- oder Tragfähig-
keits-Eigenschaften von technischen oder natürlichen Objekten oder Teilen davon, wenn diese irgendwelchen Belastungen ausgesetzt sind. So sind
durch die FEM Aussagen möglich über Deformationen, Spannungen und
Schwingungen aufgrund z.B. statischer, mechanischer, thermischer oder
magnetischer Einflüsse. Ihr Einsatzgebiet ist weit, es reicht vom allgemeinen Maschinenbau über Reaktorbau und Fahrzeugbau bis hin zur Luft-
und Raumfahrttechnik. Eine ausführliche Beschreibung der FEM ist z.B. in
/Zienkiewicz75/ zu finden.

Die Finite-Elemente-Methode beruht auf einer Aufteilung des untersuchten
Objekts in eine endliche Anzahl von sogenannten finiten Elementen (im
Unterschied zu den infiniten der Differentialmathematik). Dies sind
geometrisch und mathematisch einfach zu beschreibende Elemente wie Stab,
Balken, ebene oder gekrümmte Scheiben oder Platten, Voll- oder Hohlkör-
per. Mithilfe von vorzugebenden oder aus der Datenstruktur für die
Geometrie des Objekts ermittelten Knotenpunkten - vergleichbar den
Stützstellen für Interpolations- oder Approximationsverfahren - werden
diese Elemente so zusammengesetzt, daß ein für die Berechnungen brauch-
bares Modell des Objekts entsteht. Dieses Modell heißt Finites Elemente
Netz und wird anhand der Geometrie-Datenstruktur und benutzerseitigen
Eingaben heute häufig in interaktiver Arbeitsweise erstellt. Für seinen
Aufbau sind neben geometrischen Daten auch Angaben zu Koinzidenzen von
Knotenpunkten, Randbedingungen für die finiten Elemente sowie Anfangsbe-
dingungen für die äußeren Einflüsse auf das Modell erforderlich.

Die finite Elemente-Netzstruktur stellt sich grafisch dann wie in Bild
7.11. gezeigt dar und liefert eine Oberflächendarstellung durch ebene
und gekrümmte Teilflächen - stellt in dieser Beziehung also einen
Mittelweg zwischen den Polygonnetzen und den Maschenflächen dar. Das
Netz kann im Dialog manipuliert werden und ermöglicht durch Einfügen
zusätzlicher Knotenpunkte, Austausch finiter Elemente und Setzen geän-
derter Randbedingungen den Anforderungen entsprechende konstruktive
Veränderungen und Optimierungen.

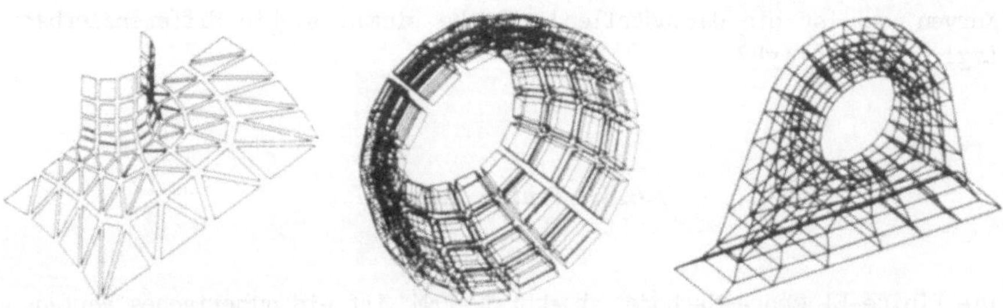

Abb. 7.11.: Finite-Elemente-Netze von Objekten (aus: /IKOSS81/)

Allerdings ist der Berechnungsaufwand für ein FEM-Netz gewaltig und ohne
Rechner-Systeme nicht durchführbar. Für die FEM sind lineare und nicht-
lineare Gleichungssysteme mit nicht selten vielen Tausend Unbekannten zu
lösen. Die zugrundeliegende Datenmenge und die Finite Elemente-Berech-
nungsprogramme, die heute meist mit CAD-Systemen gekoppelt sind, setzen
leistungsstarke Rechner für eine praxisgerechte Problemlösung voraus. Zu
einer möglichen Organisation eines FE-Programmsystems vgl. /Schrem73/.

7.5 Algorithmen zur Entfernung verdeckter Kanten

Im Abschnitt 4.2.3. wurde das Problem der "sichtbaren Kanten und
Flächen" behandelt und die prinzipiellen Lösungsmöglichkeiten
dargestellt. Hier beschreiben wir drei Algorithmen etwas ausführlicher.

7.5.1. Der Algorithmus von Warnock

Warnocks Algorithmus ist in die Kategorie Bildraumalgorithmen einzuord-
nen und basiert auf dem Arbeitsprinzip der fortgesetzten Bildunterteilung. Er eignet sich zum Lösen des Hidden-Line- und des Hidden-Surface-
Problems für beliebige Objekte. Die Beschreibung erfolgt nach /Suther-
land74/

Der Grundgedanke von Warnocks Algorithmus ist, daß es in jedem Bild
Bereiche mit hohem und Bereiche mit niedrigem Informationsgehalt gibt.
Bereiche mit niedrigem Informationsgehalt können durch einfache Berech-
nungen auf Sichtbarkeit und Nicht-Sichtbarkeit untersucht werden. Be-

reiche mit hohem Informationsgehalt, bei denen die einfachen Berechnungen das Problem nicht lösen können, werden durch Teilung in mehrere neue Bereiche aufgeteilt, für die jeweils die Berechnungen erneut durchgeführt werden. Ist der Informationsgehalt noch immer zu komplex, wird der Teilungsprozeß fortgesetzt, bis eine Entscheidung über die Sichtbarkeit getroffen werden kann, bzw. die Auflösung des Ausgabegeräts erreicht ist.

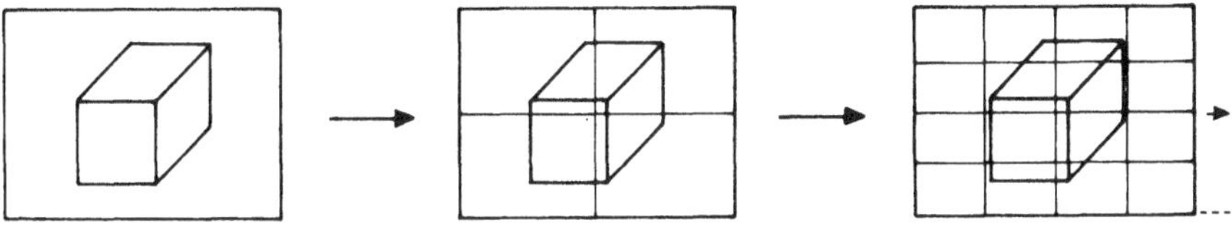

Abb. 7.12.: Fortgesetzte Bildunterteilung

Der Verlauf des Algorithmus im Einzelnen ist:

- Auswahl eines Rechtecks und Bestimmung aller darin liegenden Teile des Objekts.
  Hier wird das Rechteck mit allen Flächen des Objekts verglichen und festgestellt, in welcher Beziehung die Elemente des Objekts zu dem Rechteck stehen:
  - eine Fläche überdeckt das gesamte Rechteck
  - eine Fläche überdeckt keinen Teil des Rechtecks
  - genau eine Kante einer Fläche verläuft im Rechteck
  - genau eine Ecke einer Fläche liegt im Rechteck
  - alle übrigen Möglichkeiten.

- Berechnung der sichtbaren Teile innerhalb des Rechtecks. Falls das Rechteck nicht leer ist, wird überprüft, ob es eine Fläche gibt, die das ganze Rechteck überdeckt und vor allen anderen Flächen liegt. Dies kann z.B. durch eine Vergleich der Tiefe aller in Frage kommenden Flächen in den vier Eckpunkten erfolgen. Das Ergebnis dieses Tests legt fest, welcher der drei folgenden Schritte als nächstes durchgeführt wird.

- Berechnung der Ausgabe, falls der Rechteckinhalt für eine eindeutige Entscheidung einfach genug war. Die Art der Ausgabe hängt von der gewünschten Darstellungsart ab. Beim Hidden-Line-Problem ist das Rechteck leer, es verläuft keine Kante in diesem Bereich, beim Hidden-Surface-Problem wird das Rechteck mit einem bestimmten Grauton, bzw. Farbton dargestellt.

- Berechnung der vier Teilrechtecke, falls der Rechteckinhalt für eine eindeutige Entscheidung nicht einfach genug war. Hierbei kann ein Großteil der Berechnungsergebnisse vom vorhergehenden Rechteck für den neuen Start des Verfahrens mit den Teilrechtecken verwendet werden. Berührt z.B. eine Fläche das vorhergehende Rechteck nicht, kann es auch kein Teilrechteck verdecken.

- Berechnung der Ausgabe, wenn keine eindeutige Entscheidung möglich war und eine weitere Unterteilung über die Auflösung des Ausgabegeräts hinausgeht.

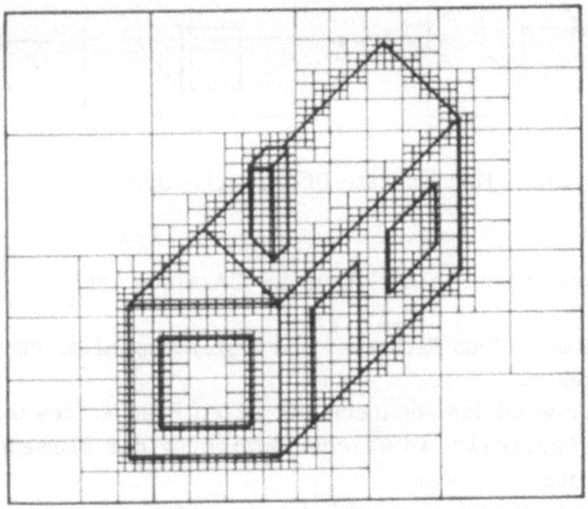

Abb. 7.13.:

Algorithmus von
Warnock

Diesen recht einfachen Algorithmus kann man bei Bedarf auch modifizieren, indem z.B. im zweiten Schritt ein etwas komplizierterer Entscheidungsalgorithmus ausgewählt wird, um Teilungen zu vermeiden oder indem man beim Aufteilungsprozeß andere Kriterien als eine Vierteilung vorgibt.

7.5.2. Das Prioritätsverfahren von Encarnacao

Das Prioritätsverfahren von Encarnacao /Encarnacao75/ zählt zu den List-Priority-Algorithmen und berechnet die verdeckten Kanten von beliebigen ebenflächig begrenzten Objekten.

Der eigentliche Hidden-Line-Algorithmus ist dabei lediglich anwendbar für Objekte mit ebenen konvexen Vielecken als Begrenzungsflächen. Um eine Anwendbarkeit auch für konkave Oberflächen und Flächen mit Löchern usw. zu erreichen, ist deswegen dem Prioritätsverfahren ein Algorithmus vorgeschaltet, der beliebige ebene Objektflächen in konvexe Vielecke zerlegt. Wegen der Einfachheit der späteren Berechnungen und Auswertungen werden als Zerlegungsflächen Dreiecke gewählt.

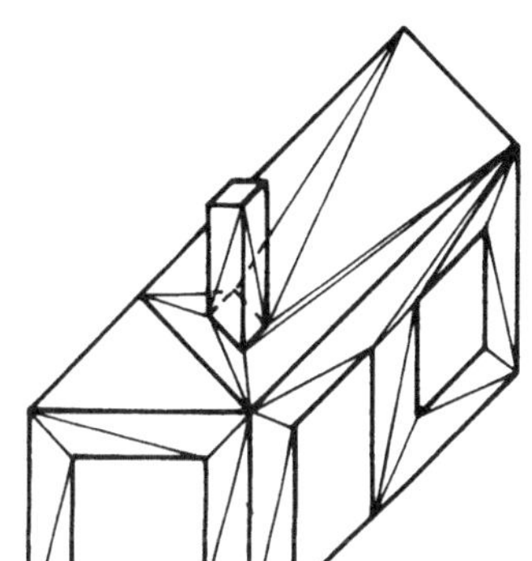

Abb. 7.14.:

Dreieckszerlegung
von Objektflächen

Setzen wir die Dreickszerlegung der Objektflächen voraus, so teilt sich das Prioritätsverfahren in zwei Hauptschritte.

Im ersten Schritt - der Prioritätenzuordnung - wird jedem Dreieck eine Priorität zugeordnet. Höchste Priorität erhalten die Dreiecke, die von keiner anderen Fläche verdeckt werden, niedrigste Priorität diejenigen, die von allen anderen verdeckt werden.

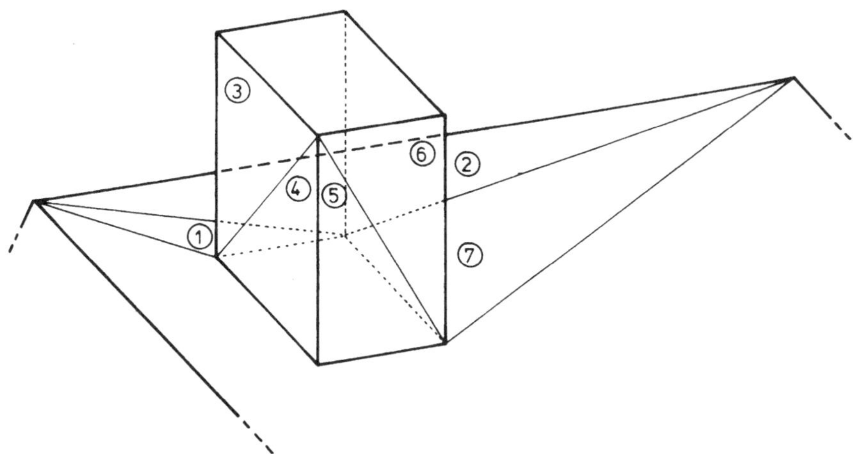

Abb. 7.15.: Prioritätenzuordnung. Eine mögliche Prioritätenliste wäre
3 - 4 - 5 - 1 - 6 - 2 - 7

Hierzu werden zunächst alle Dreiecke auf die Betrachtungsebene projiziert. Dann wird jedes Dreieck mit allen anderen Dreiecken in der Ebene
verglichen. Haben zwei Dreiecke in der Ebene gemeinsame Punkte, so wird
für einen dieser Punkte eine Rückrechnung auf die ursprünglichen, räumlichen Flächen vorgenommen. Aus den z-Koordinatenwerten können dann die
Tiefen der jeweiligen Bild-Dreiecke ermittelt werden und ihre Einordnung
in die Prioritätenliste erfolgen.

Die Prioritätenliste ist nicht notwendig eindeutig, da über die Reihenfolge von Dreiecken, die keine gemeinsamen Punkte haben, keine Festle-
gungen getroffen wird. Für das Beispiel in Abb. 7.15. wäre auch 6 - 5 -
4 - 3 - 1 - 2 - 7 eine mögliche Prioritätenliste.

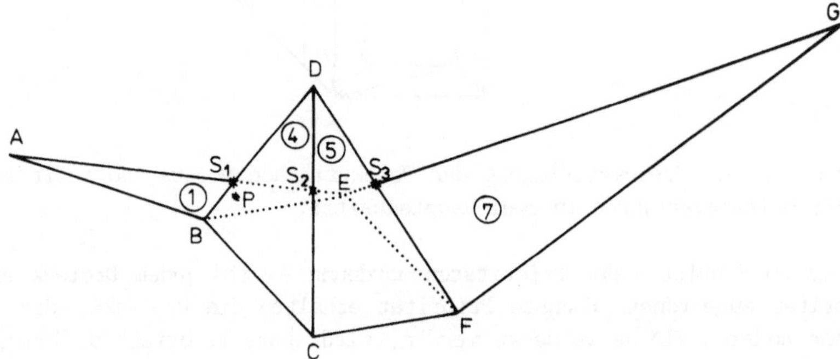

Abb. 7.16.: Prioritäten und Verdeckungen: P liegt auf Dreieck 1 weiter
            vom Betrachter entfernt als auf Dreieck 4. Also ist 4 von
            höherer Priorität als 1.

Im zweiten Schritt - der Bestimmung der Verdeckungen - wird untersucht,
welche Teile der Dreiecke sichtbar sind und welche nicht. Dazu wird jede
Kante eines Dreiecks gegen alle Dreiecke höherer Priorität überprüft.
Die Überprüfung erfolgt in der Betrachtungsebene und beruht im
wesentlichen auf Schnittpunktberechnungen von Geradengleichungen. Da als
Flächen nur Dreiecke auftreten sind für dieses Vorgehen nur vier Fälle
zu unterscheiden:

- Die Kante schneidet ein Dreieck nicht, bzw. trifft das Dreieck in
  einem Endpunkt. Beispiel hierfür ist die Kante AB bezüglich Dreieck 4
  in Abb. 7.16. Die Kante ist vollständig sichtbar.

- Die Kante schneidet ein Dreieck, beide Endpunkte der Kante liegen außerhalb des Dreiecks. Beispiel hierfür ist die Kante AE bezüglich

Fläche 4. Zwei Segmente (AS_1 und S_2A) der Kante sind sichtbar. (Da in
Abb. 7.16. S_2E auch innerhalb Dreieck 5 liegt, kann dieses Segment
nicht   sichtbar sein.

- Die Kante schneidet ein Dreieck und ein Endpunkt der Kante liegt innerhalb des Dreiecks. Beispiel hierfür ist die Kante GE bezüglich dem
  Dreieck 5. Das Kantensegment GS_3 ist sichtbar.

- Beide Endpunkte der Kante liegen innerhalb des Dreiecks. Beispiel
  hierfür ist die Kante EF bezüglich Dreieck 5. Die Kante ist vollständig verdeckt.

Hat man auf diese Weise alle sichtbaren Kanten bzw. Segmente ermittelt,
so werden aus dieser Liste sämtliche durch die Dreieckzerlegung neu
hinzugekommenen Kanten gestrichen. Die übrigen sind Objektkanten und
werden dargestellt.

7.5.3. Der Algorithmus von Appel

Wie das Prioritätsverfahren von Encarnacao eignet sich auch der Algorithmus von Appel /Appel 67/ zur Bestimmung der verdeckten und sichtbaren Kanten von ebenflächig begrenzten Objekten. Die Berechnungen erfolgen im Objektraum und stellen einen Mittelweg zwischen einem Punkt- und
Flächentest dar.

Der Algorithmus ist ausgerichtet auf Zentralprojektionen vom Betrachtungsraum zur Betrachtungsfläche und setzt für das bearbeitete Objekt
voraus, daß die Kanten der Flächen gerichtet sind, d.h. daß für einen
außenstehenden Betrachter eine Fläche sich stets auf derselben Seite
aller ihrer Kanten befindet.

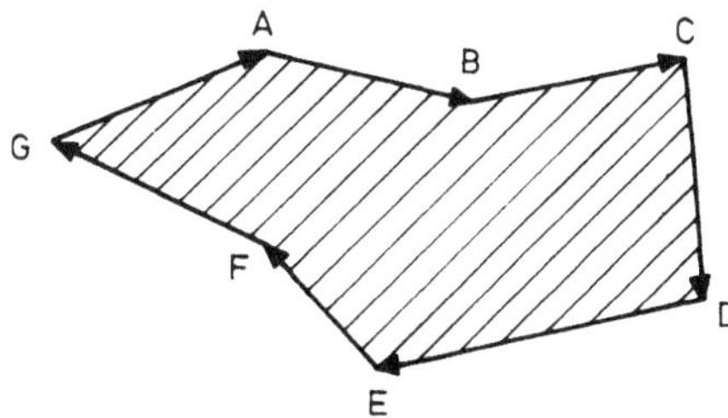

Abb. 7.17.: Gerichtete Kanten einer Fläche. In Kantenrichtung gesehen,
befindet sich die Fläche stets rechts von den Kanten

Eine Kantenrichtung kann z.B. durch die Reihenfolge bei der Speicherung ihrer Endpunkte festgelegt werden.

Grundidee des Algorithmus von Appel ist die Untersuchung der quantitativen Unsichtbarkeit von Testpunkten. Wie beim Punkttest wird ein Kantensegment durch einen Testpunkt repräsentiert. Die quantitative Unsichtbarkeit des Testpunkts ist die Anzahl der diesen Punkt verdeckenden Flächen. Ein Kantensegment kann also gezeichnet werden, falls die quantitative Unsichtbarkeit des betreffenden Testpunkts gleich Null ist.

Vor der Berechnung der quantitativen Unsichtbarkeit von Testpunkten wird ein Flächentest mit Hilfe eines einwärts gerichteten Normalenvektors durchgeführt. Dadurch entfallen für die weiteren Untersuchungen die Kanten, die zu zwei unsichtbaren Flächen gehören.

Die im Falle von nicht-konvexen Objekten übrigbleibenden Kanten nennt Appel Materialkanten und hebt durch den Begriff Konturkanten noch einmal diejenigen Materialkanten hervor, die zu einer unsichtbaren und einer potentiell sichtbaren Fläche gehören. In Abb. 7.18. sind z.B. die Kanten AB und HD Materialkanten und GC sowie JE Konturkanten. Die quantitative Unsichtbarkeit wird nun für Testpunkte auf allen Materialkanten untersucht.

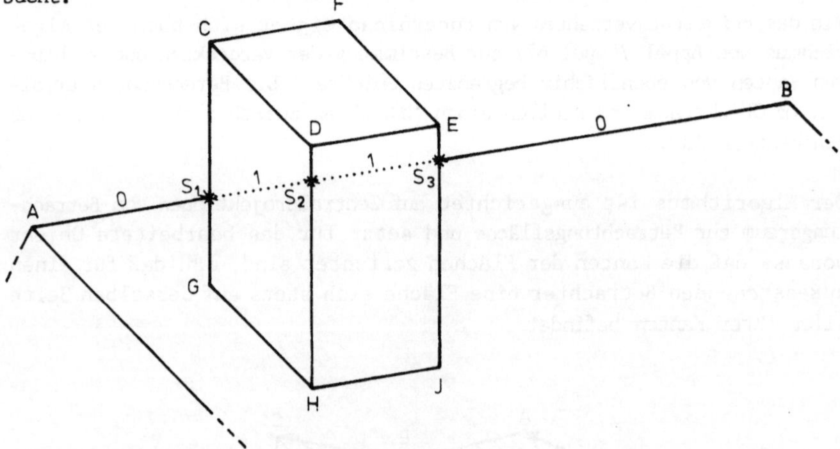

Abb.: 7.18.: Quantitative Unsichtbarkeit von Testpunkten

Bei dem Bestreben, möglichst wenige solcher Testpunkte für eine Materialkante zu betrachten und dadurch das Verfahren effizienter zu gestalten, konnte sich Appel den in Abb. 7.18. verdeutlichten Umstand zunutze machen: Nur an den Stellen, wo eine Materialkante hinter einer potentiell sichtbaren Fläche verschwindet bzw. hinter einer potentiell sichtbaren Fläche wieder hervorkommt, ändert sich die quantitative

Unsichtbarkeit. Innerhalb der Betrachtungsebene sind das gerade die Schnittpunkte der projizierten Materialkante mit den projizierten Konturkanten (S_1 und S_3). Schnittpunkte mit projizierten Materialkanten (S_2) können dagegen unberücksichtigt bleiben.

Für die Berechnungen im Betrachtungsraum müssen also Materialkanten nur Konturkanten gegenübergestellt werden und es ist zu untersuchen, wo eine Materialkante hinter einer Konturkante verläuft und ob die Materialkante hinter der Fläche, die von der Konturkante begrenzt wird, verschwindet oder dahinter hervorkommt. Entsprechend ist dann die quantitative Unsichtbarkeit um 1 zu erhöhen oder zu verringern.

Der erste Aspekt wird durch einen speziellen Tiefentest, den Dreieckstest, überprüft.

Appel bildet dazu die Ebene durch die zu untersuchende Materialkante AB und dem Projektionszentrum Z und berechnet den Schnittpunkt S_1 dieser Ebene mit der durch die betrachtete Konturkante FG festgelegten Geraden (vgl. Abb. 7.19.).

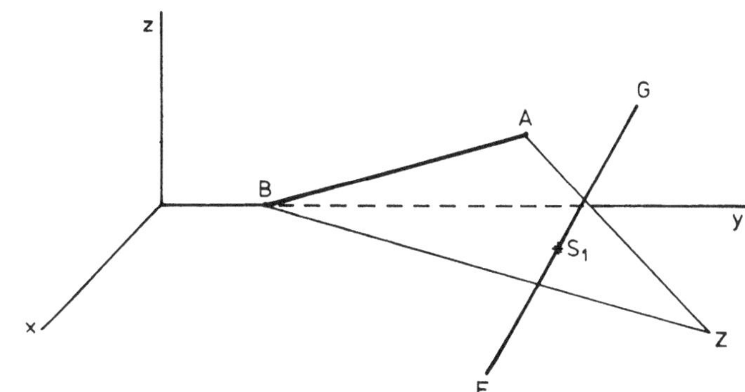

Abb. 7.19.: Dreieckstest

Ist S_1 auf der Konturkante FG und liegt S_1 innerhalb des Dreiecks, was man durch gerichtete Flächenkanten AB, BZ und ZA relativ leicht ermitteln kann, so verläuft die Materialkante AB hinter der Konturkante FG. Das Verhalten der Materialkante AB bezüglich der von der Konturkante FG begrenzten potentiell sichtbaren Fläche wird wie folgt überprüft (vgl. Abb. 7.20).

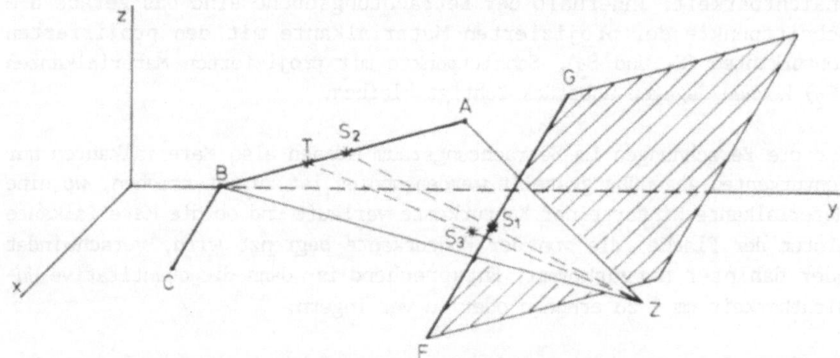

Abb. 7.20.: Verlauf der Materialkante AB im Verhältnis zu der von FG
begrenzten potentiell sichtbaren Fläche

- Berechnung von S_2 aus den Geraden durch AB und S_1Z.
- Wahl eines Punktes T auf dem Segment BS_2 sehr nahe bei S_2
  ($|S_2 - T| = 10^{-5}$)
- Berechnung eines Punktes S_3 aus der Geraden durch TZ und der Ebene, in
  der die betrachtete Fläche liegt
- Feststellung, ob S_3 innerhalb der Fläche liegt oder nicht; wiederum
  möglich mithilfe der gerichteten Flächenkanten.

Ist S_3 außerhalb der betrachteten Fläche kommt AB bei S_2 hinter der
Fläche hervor, andernfalls verschwindet AB bei S_2 hinter der Fläche.

Ist die quantitative Unsichtbarkeit beim Startpunkt A gleich x so ist
die quantitative Unsichtbarkeit von T, d.h. des Segments S_2B, im ersten
Fall gleich x-1 und im zweiten Fall gleich x+1.

Dieser Wert kann dann für die nächste zu betrachtende Materialkante (BC)
als Startwert verwendet werden.

Stichwortverzeichnis

Literaturverzeichnis

/Abelson81/   Abelson, H.; diSessa,A.: Turtle Geometry. Cambridge, Massachusetts, London: MIT-Press 1981.

/Angell83/   Angell,I.O.: Graphische Datenverarbeitung. München, Wien: Hanser Verlag 1983. Hanser Studienbücher

/Appel67/   Appel,A.: The Notion of Quantitative Invisibility and the Machine Rendering of Solids. In: Proceedings of the 22nd National Conference, ACM (Thompson 1967) 387-393

/Applicon81/   Solids Modeling. Edited by Applicon Inc., 32nd Avenue, Burlington, MA 01803 (1981), M 4308 10M/581

/Barth76/   Barth, F.; Schmidt,R.: Affine analytische Geometrie. München: Ehrenwirt 1976

/Bauer82/   Bauer, F.L.; Goos,G.: Informatik: Eine einführende Übersicht. 1.Teil, 3.Auflage Berlin, Heidelberg, New York: Springer 1982

/Becker77/   Becker, J.; u.a.: Numerische Mathematik für Ingenieure. Stuttgart: Teubner 1977

/Benz81/   Benz,C.; Grob,R.; Hampner,P.: Gestaltung von Bildschirmarbeitsplätzen. Köln: TÜV Rheinland 1981

/CalComp81/   CalComp-Funktionssoftware. Herausgegeben von CalComp GmbH, Werftstr. 37, 4000 Düsseldorf. Best.Nr. SO-TI-81-10-1

/CalComp83/   Interaktive graphische Systeme. Herausgegeben von CalComp GmbH, Werftstr. 37, 4000 Düsseldorf. HA-BR-83-7-1-HD

/Chiyokura83/   Chiyokura, H.; Kimura,F.: Design of Solids with Free-Form Surfaces. Computer Graphics vol 17, no 3 (July 83) 289-298

/DIN83/   Deutsches Institut für Normung: Graphisches
                 Kernsystem (GKS), DIN 66252. Köln,Berlin: Beuth
                 Vertrieb 1983

/Eckert80/   Eckert,R.; u.a.: Graphische Datenverarbeitung:
                 Entwicklungen auf den Weg zur Standardisierung.
                 Informatik Spektrum 3, Heft 4 (1980) 246-260

/Eigner82/   Eigner, M.; Maier,H.: Einführung und Anwendung
                 von CAD-Systemen. München, Wien: Hanser 1982

/Encarnacao75/   Encarnacao,J.L.: Computer Graphics. München,
                 Wien: Oldenbourg 1975

/Enderle82/   Enderle,G.; u.a.: Techniken der Modulverwaltung
                 für Methodenbanken und CAD-Systeme. In: J.Nehmer
                 (Hrsg): GI - 12. Jahrestagung. Berlin, Heidel-
                 berg, New York: Springer 1982 252-271

/Enderle83/   Enderle,G. u.a.: Die Funktionen des graphischen
                 Kernsystems. Informatik Spektrum 6, Heft 2
                 (1983) 55-75

/Fänger83/   Fänger,K,: GKS und das Bochumer Graphiksystem.
                 Kritischer Vergleich zweier rechner- und geräte-
                 neutraler Graphiksysteme. Ruhr Universität
                 Bochum, Arbeitsberichte des Rechenzentrums Nr.
                 8302, 1983

/Feldman68/   Feldman,J.A.; Rovner,P.D.: The LEAP Language and
                 Data Structure. In: Proc. IFIP Congress 1968
                 vol 1 579-585

/Foley82/   Foley,J.; van Dam,R.: Fundamentals of Interac-
                 tive Computer Graphics. Reading, Massachusetts:
                 Addison-Wesley 1982

/Fujimoto83/   Fujimoto,A.; Iwata,G.: Jag-Free Images on Raster
                 Displays. IEEE Computer Graphics and Applica-
                 tions vol 3, no 9 (December 83)

/Giloi78/   Giloi,W.K.: Interactive Computer Graphics.
                 Englewood Cliffs, New Jersey: Prentice Hall 1978

/Gorny74/   Gorny,P.: Entwurf eines Verwaltungssystems für
                 grafische Symbole zum Interaktiven Konstruie-

ren. IKP-Bericht 3/74 - Institut für Konstruktiven Ingenieurbau/Angewandte Informatik, Universität Bochum 1974

/Gorny84/   Gorny,P.: Zur Manipulation visueller Information. In: H.Schauer und M.Tauber (Hrsg): Psychologie der Computerbenutzung. Wien, München: Oldenbourg 1984

/Grafik-Handbuch83/   Grafik-Handbuch. Herausgegeben vom Rechenzentrum der Universität Oldenburg, Oldenburg 1983

/Grotemeyer69/   Grotemeyer,K.P.: Analytische Geometrie, Berlin: de Gruyter 1969. Sammlung Göschen 65/65a

/Hall83/   Hall, R.; Greenberg,D.: A Testbed for Realistic Image Synthesis. IEEE Computer Graphics and Applications vol 3, no 8 (Nov 1983) 10-20

/Hartwig81/   Hartwig,J.: Schnelle interaktive grafische Datenanalyse. IBM-Nachrichten 31 (1981), Heft 225 (Abb. aus Computer Woche, 1981, Nr.47)

/IBM83/   Graphischer Interaktiver Anwendungsmonitor II. Herausgegeben von IBM Deutschland GmbH, Postfach 800880, 7000 Stuttgart 80. IBM Form GT 12-2758-3 1983

/IKOSS81/   FEMGEN: A General Purpose Interactive Mesh Generator For Any Finite Element Program. Herausgegeben von IKO-Software Service GmbH, Albstadtweg 10, 7000 Stuttgart 80, 1000/10.81

/IKOSS83/   PHOENICS: Programmsystem zur Lösung praktischer Ingenieurprobleme im Bereich fließmechanischer, wärmetechnischer und chemischer Prozesse. Heraus-gegeben von IKO-Software Service GmbH, Albstadtweg 10, 700 Stuttgart 80, 1000/1.83

/ISO83/   International Standardization Organisation: Information Processing - Graphical Kernel System (GKS) - Functional Description. ISO DIS 7942 (1983)

/ISSCO83/   DISSPLA Graphics Software. Herausgegeben von
                 ISSCO-Deutschland, Am Loehrrondell, 5400 Koblenz
                 (1983), PM 4.0 (3/82 20M)

/Kaiser79/   Kaiser,H.: Analyse und Bewertung einer Kommuni-
                 kationsschnittstelle eines CAD-Systems unter be-
                 sonderer Berücksichtigung der Benutzerfreund-
                 lichkeit. Diplomarbeit am Institut für Rechner-
                 anwendung in Planung und Konstruktion der Uni-
                 versität Karlsruhe 1979

/Kalhoff81a/   Kalhoff,B.: Graphische Anwendungssoftware im
                 Rechenzentrum der Universität Kiel. Bericht 8106
                 vom Institut für Informatik und praktische
                 Mathematik der Universität Kiel 1981

/Kalhoff81b/   Kalhoff,B.: Graphische Grundsoftware im Rechen-
                 zentrum der Universität Kiel. 2.Aufl. Bericht
                 8109 vom Institut für Informatik und praktische
                 Mathematik der Universität Kiel 1981

/Kalhoff82/   Kalhoff,B.: Graphische Anwendungssoftware im Re-
                 chenzentrum der Universität Kiel, 2.Teil. Be-
                 richt 8205 vom Institut für Informatik und prak-
                 tische Mathematik der Universität Kiel 1982

/Kühn80/   Köhn,M.: CAD und Arbeitssituation. Berlin, Hei-
                 delberg, New York: Springer 1980

/Liang83/   Liang, Y.; Barsky,B.: An Analysis and Algorithm
                 for Polygon Clipping. Communications of the ACM
                 vol 26, number 11 (Nov 1983) 868-877

/Limbeck79/   Limbeck,L.; Schneeerger,R.: Computer Grafik.
                 München, Basel: Ernst Reinhard 1979

/Mallory80/   Mallory,K.; u.a.: Human Engineering Guide to
                 Control Room Evaluation. Techn Report NUREG/CR
                 1580, The Essex Corp., Alexandria, VA (July
                 1980) (zitiert nach /Swezey83/)

/Martens81/   Martens, M.; Schumacher,H.: Interaktive Hidden-
                 Line-Algorithmen und benachbarte Probleme der
                 Geometrie. Diplomarbeit am Fachbereich
                 Mathematik/Informatik der Universität Oldenburg,
                 1981

/mbp83/

Graphische interaktive Datenverarbeitung. CAD/CAM Rechnergestütztes Engineering. Herausgegeben von mbp GmbH, Semerteichstr. 47, 4600 Dortmund, PS 0042 0483

/Newman73/

Newman, W.; Sproull,R.: Principles of Interactive Computer Graphics. New York: McGraw-Hill 1973

/Oberquelle81/

Oberquelle,H.: Communication by Graphic Set Representations. Bericht IFI-HH-B-75/81, Fachbereich Informatik der Universität Hamburg 1981

/Olivetti83/

Schnell und exakt zeichnen. Mit dem Interaktiven Graphischen System von Olivetti. Herausgegeben von Deutsche Olivetti GmbH, Lyoner Str. 34, 6000 Frankfurt 71, Dr.Nr. 04/020/igs81 (1983)

/Requicha80/

Requicha,A.: Representations of Rigid Solids: Theory, Methods, and Systems. Computing Surveys vol 12, no 4 (December 1980) 437-464

/Rogers76/

Rogers, D.; Adams,J.: Mathematical Elements for Computer Graphics. New York: McGraw-Hill 1976

/Schrack78/

Schrack,G.: Grafische Datenverarbeitung. Mannheim, Wien, Zürich: BI-Wissenschaftsverlag 1978. Reihe Informatik/28

/Schrem73/

Schrem,E.: Die Konzipierung eines allgemeinen Rechenprogramms für die Anwendung der Methode der finiten Elemente. In: K.E.Buck (Hrsg): Finite Elemente in der Statik. Berlin, München, Düsseldorf: Verlag Wilhelm Ernst und Sohn 1973

/Scott82/

Scott,J.E.: Introduction to Interactive Computer Graphics. Reading, Massachusetts: Addison-Wesley 1982

/Siemens83/

Integrierte Anwendungen mit CADIS-2D und 3D. Herausgegeben von Siemens AG, Bereich Datentechnik, Postfach 830951, 8000 München 83, Best.Nr. U633-J-Z51-1 (1983)

/Siemens84/

CADIS-3D: Kurzbeschreibung. Herausgegeben von Siemens AG, Bereich Datentechnik, Postfach

| | 830951, 8000 München 83, Best.Nr. U862-J-Z57-2 (1984) |

/Späth73/   Späth,H.: Spline-Algorithmen zur Konstruktion glatter Kurven und Flächen. München, Wien: Oldenbourg 1973

/Sperner63/   Sperner,E.: Einführung in die analytische Geometrie und Algebra: Erster Teil. 6.Auflage Göttingen: Vandenhoeck und Ruprecht 1963

/Status Report79/   Status Report of the Graphic Standards Planning Committee of ACM/SIGGRAPH. Computer Graphics vol 13, no 3 (1979)

/Sutherland74/   Sutherland,I.; u.a.: A Characterization of Ten Hidden-Surface-Algorithms. Computing Surveys vol 6, no 8 (March 1974) 1-55

/Swezey83/   Swezey,R.W.; Davis,E.G.: A Case Study of Human Factors Guidelines in Computer Graphics. IEEE Computer Graphics and Applications vol 3, no 8 (Nov. 1983) 21-30

/Twyman80/   Twyman,W.: Schema for the Study of Graphic Language. In: P.A.Kolers u.a.(Ed.): Processing of Visible Language. New York, London: Plenum Press 1980 117-150

/Weber73/   Weber,H.H.: Lineare Programmierung. Frankfurt a.M.: Akademische Verlagsgesellschaft 1973

/Werler75/   Werler,K.H.: Probleme der grafischen Datenverarbeitung. Berlin: Akademie 1975

/Williams72/   Williams,R.A.: A General Purpose Graphical Language. In: F.Nake (Hrsg): Graphic Languages. Proc. IFIP Working Conference on Graphic Languages. Amsterdam: North-Holland 1972

/Wirth83/   Wirth,N.: Algorithmen und Datenstrukturen, 3.Auflage. Stuttgart: Teubner 1983

/Zienkiewicz75/ Zienkiewicz,D.C.: Methode der finiten Elemente. München, Wien: Hanser Verlag 1975